棉花轻简化
短季直播栽培技术研究

阳会兵　周仲华　杨俊兴　著

湘潭大学出版社

前　　言

中国是世界产棉大国，但21世纪以来，棉花种植用工多、投入大、效益低的问题凸显，已经成为我国棉花产业可持续发展和原棉竞争力提高的主要障碍。为解决这些问题，国内众多棉花科技工作者按照传统精耕细作技术的基本思路，以轻简节本为目标，研究建立了包括精准播种、简化整枝、轻简施肥、集中收获在内的系列轻简化栽培关键技术，为我国棉花生产从传统劳动密集型向轻简节本型转变提供了坚实的支撑。

21世纪以来，随着经济快速发展和城市化进程加快，中国棉花栽培技术发生了重大变革。中国没有照搬发达国家全程机械化植棉的路子，而是立足中国国情，建立并应用了“棉花轻简化栽培技术”，保障了中国棉花生产的持续发展。棉花轻简化栽培是指采用现代农业装备代替人工作业、减轻劳动强度，简化种植管理、减少田间作业次数，农机农艺融合，实现棉花生产轻便简捷、节本增效的耕作栽培方式与方法，是我国棉花科技工作者立足中国国情，通过对传统植棉技术创新改造而创建的新型栽培技术体系，是我国棉花生产由传统劳动密集型向轻简节本型转变的重要支撑技术。

棉花是我国重要的经济作物，棉花种植业的发展关系到纺织工业的兴衰，同时也涉及我国近一亿棉农及两千多万纺织工人的就业及再就业问题。人多地少，粮棉争地的问题一直存在，这使棉花种植面积一再缩减，导致国内棉花产量无法满足内需，还需要大量进口。为缓解粮棉争地矛盾，提高粮棉复种指数是解决我国棉花及粮食需求的一个有效方法，从而实现粮棉由一熟向两熟发展。因此，选育生育期较短，品种优良的短季棉品种势在必行。

长江流域棉田以油（麦）棉两熟为主，依靠套作和育苗移栽模式解决了季节矛盾，但近年来这种模式的劳动力成本越来越高，致使大量棉田冬季抛荒，对土地利用率和农产品供给安全造成了严重影响。随着农村劳动力的减少，劳动力成本不断上升，棉花生产向全程机械化发展成为必然趋势。长江流域棉区传统的"稀植大棵、大水大肥"棉花栽培模式能充分发挥棉株个体的生产潜力，在节约用种、提高单产方面发挥过重要作用，但该栽培模式用工多、生产周期长，尤其是吐絮经历期长，已成为棉花生产全程机械化的瓶颈，不再适合当地生产发展的需要。油（麦）后直播棉花短季直播栽培，选用早熟棉品种，通过迟播、增密、减氮，结合化调与脱叶催熟，能够缩短棉花生育期，提高植棉效益，不仅大幅降低了棉花的生产成本，还可实现棉油（麦）两熟接茬双直播。同时，由于该模式下棉铃吐絮集中，为机械化采收创造了条件。因此，棉花生产轻简化、机械化势在必行。

早熟棉适于油（麦）后直播，实现油（麦）棉一年两熟，对棉花产业稳定发展具有重要意义。本书对棉花的早熟性进行了研究分析和探讨，根据棉花的早熟性机制的特点，选育早熟棉花品种，对长江流域油菜（小麦）收获后直播棉花的栽培技术进行了相关研究，根据现有的研究基础，总结了油（麦）后直播棉花轻简化栽培的关键技术，为稳定长江流域棉区植棉面积，提高棉农植棉效益，切实增加棉田复种指数，解决粮棉的季节矛盾，实现棉花轻简化、机械化栽培提供了参考依据。

本书在编辑过程中，有选择地吸收了已公开发表的文献资料和生产经验，在此，谨向原作者表示衷心感谢。同时，吸纳了笔者及团队成员多年的棉花短季栽培的研究经验与成果，在此，感谢湖南农业大学棉花研究所的所有老师及研究生们的试验数据。本书的出版，得到了湖南农业大学优秀青年科学基金项目的支持。由于棉花科学技术发展较快，内容极其丰富，加之时间仓促，作者掌握的资料和水平有限，同时受地域的限制，书中的内容难免有疏漏和不妥之处，诚请同行专家和读者不吝赐教。

湖南农业大学　阳会兵

2019 年 6 月

目　　录

第一章　棉花轻简化栽培技术研究

我国传统植棉主要依赖于劳动密集型的精耕细作，这一方面是基于过去人多地少和农村劳动力资源丰富的国情，另一方面与棉花喜温好光和无限生长等生物学特性有关。近十多年来，随着农村劳动力转移和农业生产用工成本不断攀升，精耕细作的传统植棉技术难以为继，这已成为棉花生产持续发展的障碍。因此，必须彻底改变传统植棉技术，建立轻简化栽培技术，实现棉花生产的轻便简捷、节本增效。由精耕细作向轻简化栽培发展是我国棉花栽培技术的重大跨越。

第一节　轻简化栽培的背景

一、轻简化栽培问题的提出

21 世纪以来，随着工业化和农村城镇化进程的加快，我国从事农业生产的劳动力正在向第二、第三产业快速转移，农业劳动力成本快速上升，使传统费工、费力的劳动密集型大田经济作物——棉花的生产遭遇前所未有的挑战。棉花生产对轻简化栽培技术的需求日趋紧迫。棉花轻简化栽培是指以机械替代人工，减少生产过程的农艺环节，通过信息技术手段实现农技农艺智能化融合，从而实现大幅提高农机农艺作业效率的信息化农业技术的综合技术体系，最终达到减少农业生产投入，提高种植效益，实现棉花的绿色可持续生产。棉花轻简化栽培强调立足国情，采用与当地经济水平和生产、生态条件相适应的物质装备和信息技术，而不是照搬发达植棉国家的全程机械化、信息化的植棉技术；强调对传统精耕细作栽培技术的吸收继承和创新改造，而不是回归粗放生产；强调因地制宜、与时俱进的动态发展。近年来，我国轻简化棉花栽培技术的研究和应用取得了重要进展，棉花轻简化栽培已经深入人心。据统计，针对棉花生产高额的成本，用工量每减少 15 个/公顷，即可使皮棉生产成本降低 5.6%。

二、传统栽培技术的升级换代

(一) 棉花轻简化种植制度和种植模式演变及调控

1. 棉花种植制度现状及演变

我国棉花主产区棉花种植制度大体可分为两类：一类是冬季休闲，一年一熟制；另一类是棉花与其他作物复种，一年两熟或多熟制。目前，西北内陆棉区普遍实行一年一熟制；长江流域棉区普遍实行一年两熟制；黄河流域棉区在光、温、水肥较好的地区以一年两熟制为主，北部以及旱地、盐碱地主要实行一年一熟制，呈现两种熟制并存的格局。

我国棉花种植制度先后进行了两次大的改革。第一次在 20 世纪 60 年代至 70 年代，南方棉区基本实现麦棉、油棉、豆棉两熟制。第二次在 20 世纪 80 年代中后期，南方棉区在巩固两熟制的基础上，有些地区实现了粮菜棉、粮饲棉等三熟制；北方棉区主要在黄淮地区重点发展了以麦棉为主的两熟制。近年来，我国多熟制所占比例稳中有降，复种指数有所降低，这是为实现轻简化和机械化进行的有效调整。

2. 轻简化植棉需求背景下的种植制度优化

① 改麦(油、蒜)套作为麦(油、蒜)后移栽或直播。传统套作费工费时，也不利于机械化操作。因地制宜改套作为麦(油、蒜)后移栽或直播，通过配套品种、栽培技术与机械实现既简化又便于机械化的种植制度，以保持较高生产力。目前，无论是在黄河流域还是长江流域，都有一定规模示范成功的例子。② 在一年一熟制棉区，将豆科绿肥作物引入棉花冬闲田，在保障轻简化植棉的基础上，实现提高棉花产量，减少化肥使用，增加棉田生态效益的可持续发展。

(二) 传统栽培技术的升级换代及调控

1. 轻简化育苗移栽，省工、节本、降低劳动强度、增产增效

棉花轻简化育苗移栽技术是替代传统营养钵育苗移栽的新技术，该技术包括苗床基质育苗、穴盘基质育苗和水浮育苗等。这些育苗方式虽然遵循了传统营养钵育苗移栽的一般程序，但创造性地用基质或营养液替代营养土，并配合使用促根剂、保叶剂等植物生长调节剂，特别是研制应用育苗成套设备和棉苗移栽机，在一

定程度上实现了工厂化育苗和机械化移栽，简化了育苗与移栽程序，降低了劳动强度，实现了营养钵这一传统精耕细作技术的升级换代。众多科研工作者对轻简化育苗移栽新技术进行了系统研究，揭示了缩短轻简化育苗移栽棉苗缓苗期的生理机制。

2. 精量播种技术，免间苗、定苗

我国棉田机耕、机播和机盖(膜)技术已十分成熟，相应的机械配套也比较完整。新疆棉区已实现了机械化精量和准确定位播种、施肥、喷除草剂及铺设滴灌管和地膜等多道程序的联合作业。通过精量播种，每穴播 1～2 粒精加工种子，出苗后无须疏苗、间苗和定苗，减免了传统的间苗和定苗工序。利用机械在膜上自动打孔播种和覆土，实现自然出苗，免除了放苗工序。近年来，黄河流域棉区和长江流域棉区开展以机采棉为核心的全程机械化棉花生产技术研究与示范，精量播种是其重要技术环节。

3. 简化施肥，提高肥料利用率

棉花的生育期长、需肥量大，采用传统速效肥一次施入，会造成肥料流失，肥料利用率降低；多次施肥虽能提高肥料利用率，但费工费时。从简化施肥来看，速效肥与缓(控)释肥配合施用是棉花生产与简化管理的新技术方向。试验结果表明：缓释氮肥处理的棉花株高、果枝数、生物量及叶绿素含量较常规氮肥具有优势，果枝数显著提高了 18.75%～25.25%；缓释氮肥较常规氮肥更有利于棉株的地上部分干物质积累，从而有利于产量的形成。控释氮肥可提高棉花果枝叶比叶质量，可延长棉花单株地上部分生物量的快速增长持续期，推迟其快速累积持续期起止时间，增加其快速累积平均速率，增加棉花单株地上部分生物量快速累积期的累积量；控释氮肥可提高棉花果枝叶的光合能力，增加棉花单株地上部分生物量的累积，从而增加籽棉产量。与普通氮肥比较，适宜施氮量(240 千克/公顷)下，控释氮肥可提高籽棉产量 4.09%。

(三) 农艺简化

我国棉花生产周期长，并一直采用精耕细作的栽培管理技术，管理烦琐，用工多。黄河流域棉区棉花生长期长达 6 个月，从播种到收获有 40 多道工序；长江流域棉区棉花生长周期长达 8 个月，从播种到收获有 50 多道工序。棉花生产不仅费工，而且劳动强度大，严重制约我国棉花可持续健康发展。合理密植与化学调控结合、简化整枝与免整枝免打顶、化学打顶与机械打顶、棉花采收机械化等农艺管理的轻简化和机械化及机械整地与植保、精量播种与轻简化育苗移栽、缓(控)释肥与简化施肥等主要轻简化栽培技术措施的实现,是我国棉花生产实现轻简化的基础与保障。

1. 合理密植、简化整枝

传统经验认为棉花叶枝消耗营养,造成田间荫蔽,影响产量和品质,所以我国棉花生产管理一般均采取去叶枝为主的整枝措施。去叶枝方法是20世纪90年代棉花简化栽培研究的重点,在诸多研究的基础上,董合忠等提出"低种植密度条件下留叶枝栽培、中种植密度条件下粗整枝栽培和高种植密度条件下免整枝栽培",与合理密植相结合的简化整枝与免整枝栽培技术模式。在低种植密度条件下采用留叶枝栽培措施,中种植密度条件下简化整枝,在高种植密度条件下免整枝,可以节省用工,提高效益,推动农艺管理的轻简化。

2. 机械打顶或化学打顶

棉花打顶可改善群体光照条件,调节植株体内养分分配方向,控制顶端生长优势,使养分向果枝输送,增加中、下部内围铃数和铃重,增加霜前花。传统的棉花打顶完全靠人工进行,费工费时。新疆石河子大学机械电气工程学院研制的棉花打顶机实现了扶禾、聚拢、切顶、棉花主枝与侧枝同步打顶,基本满足了棉花打顶作业的农艺要求。1台棉花打顶机可打顶13.3~20.0公顷/天,作业效率约是人工的100倍;但也有报道显示,机械打顶会对棉花蕾、铃造成机械损伤,影响棉花产量和早熟性。化学打顶是利用植物生长调节剂抑制棉花顶尖生长,代替人工打顶的技术措施。目前常见的用于化学打顶的植物生长调节剂主要成分是缩节胺和氟节胺。化学打顶的棉花株高显著高于人工打顶处理,喷药后横向生长被明显抑制;化学打顶的棉花叶面积指数和叶片叶绿素含量显著高于人工打顶处理,且高值持续期长,至初絮期(出苗后115天)仍维持较高的值;化学打顶的棉花冠层上、中部透光率较高,生育后期冠层下部漏光损失较小;化学打顶的棉花群体光合速率显著高于人工打顶处理,且高值持续期长,至初絮期仍维持在16.04微摩/(米^2·秒)以上,较人工打顶的棉花高出14.35%~36.35%,差异性达到显著水平;化学打顶的棉花单株结铃多,氟节胺打顶棉花产量高于人工打顶。在黄河流域棉区利用缩节胺进行化学打顶试验也得出了相同的结论。

3. 机采棉种植技术

棉花生产机械化是一项系统工程,其核心环节是收获机械化,机采是实现棉花轻简栽培最后的关键环节。2013年,新疆生产建设兵团机采模式棉花种植面积超过50万公顷，占棉花种植面积的95%以上；机械化采收面积39万公顷，达到种植面积的66.3%以上。目前，新疆生产建设兵团70%～80%的棉田采用机械化收获，但仍存在很多问题。2012年起，长江流域棉区和黄河流域棉区开展了机采棉的试验示范，实现了机采棉零的突破，但遇到的问题也很多，众多科研工作者在机采棉适宜品种培育与筛选、株行距配置、脱叶与催熟技术和灌溉技术等方面做了大量的研究工作。Bai等运用基于空间统计学方法的株型量化和调控方法，筛选出一批株型适中、集中成熟、品质优良、适于机械化采收的棉花品种和新品系，其中包括中棉所60、鲁棉研28和中915等。与机采棉相配套的株行距配置方式有很多，其中66厘米+10厘米宽窄行模式使棉花的营养生长和生殖生长得到有效合理的协调，促进了生殖器官干物质的积累，且因中后期的通风透光性强，可提高棉花外围铃比例，为增产做贡献。对脱叶剂和催熟剂的研究结果表明，50%的噻苯隆·乙烯利有较好的脱叶和催熟效果。基于机采棉高产栽培关键技术的研究，集成机械化整地、植保、播种等配套技术；结合机械装备的研制，在新疆和黄河流域采用棉花一熟种植模式，在长江流域采用油（麦）后直播棉的种植模式，为轻简化、机械化植棉提供了支持。

第二节 轻简化栽培技术的内容与特点

一、棉花轻简化栽培技术的特点

棉花轻简化栽培既是与以手工劳动为主的传统精耕细作植棉相对的概念，更是对传统植棉技术的改革、创新和发展，是基于中国国情创立的现代化植棉新技术。它通过农机农艺融合、良种良法配套保持棉花产量不减、品质不降，解决简化与高产优质的矛盾。

（一）棉花轻简化栽培的特点

（1）棉花轻简化栽培是全程简化，它体现在棉花栽培管理的每一个环节、每一道工序，而不侧重于或局限于某个环节、某个时段、某个方面，这是轻简化栽培技术与过去提出和采用的一些简化栽培措施的重要区别。

（2）棉花轻简化栽培不但要因地制宜，更要与时俱进。一方面，它是动态发展的，其具体的管理技术、农业装备、保障措施等是在不断提升、更替和发展之中的，其重要特征是改革创新、与时俱进；另一方面，棉花轻简化栽培要符合当地生产和生态条件的要求，而不顾条件、不因地制宜，盲目追求规模化、机械化等是不可取的。

(3) 棉花轻简化栽培的目标是丰产优质、节本增效，在不断减少用工的前提下，减少水、肥、膜、药等生产资料的投入，保护棉田生态环境，实现绿色生产、可持续生产，经济效益、社会效益和生态效益相统一，这也是轻简化栽培的重要内容和目标。

(4) 棉花轻简化栽培最难、最核心的环节是“收”的轻简化，也就是集中收获或机械采收。但是要实现棉花轻简化收获必须从“种”开始，实行与机械化管理和收获相配套的标准化种植，在此基础上，根据当地的生态条件和生产条件，综合运用水、肥、药调控棉花个体和群体，构建合理群体结构，优化成铃、集中吐絮，为集中收获或机械采摘奠定基础。

(5) 总体来看，棉花轻简化栽培的实施没有严格的条件要求，但努力提高棉花种植的适度规模化、标准化，提高社会化服务水平，是其重要保障。当前条件下，依靠农民专业合作社等新型农业经营主体是推行棉花轻简化栽培的重要途径。

(二) 轻简化栽培与机械化的关系和区别

棉花轻简化栽培是对传统精耕细作技术的创新改造，与精耕细作、全程机械化等既有必然的联系又有本质的区别。我国传统的作物栽培技术是基于我国人多地少、经济欠发达的基本国情发展起来的高产栽培技术，其基本原理、方式和方法仍具有一定的生命力和先进性。棉花轻简化栽培既不能全盘否定精耕细作，更不能走粗放耕作、广种薄收的老路子，而是要吸收继承和创新改造传统精耕细作的栽培技术。

机械化是轻简化的重要手段和保障。包括播种、施肥、中耕、植保、收获在内的农业机械，以及新型棉花专用肥、植物生长调节剂、配套棉花品种等都是棉花轻简化栽培所依赖的重要物质保障。但是，农业机械化不是轻简化的全部，这包含两个层面的含义：① 轻简化要求以机械代替人工，但不是单纯要求以机械代替人工，而是强调农机农艺融合、良种良法配套；② 轻简化栽培还包括简化管理工序、减少作业次数，这与农业机械化有显著差异。

棉花轻简化栽培强调量力而行、因地制宜、与时俱进，这也与全程机械化不同。

棉花生产全程机械化涉及诸多环节，要求适度规模化种植、标准化管理、化学脱叶催熟、大型采棉机械采收、成套清理加工线清理。其要求如此严格甚至苛刻，在我国大部分产棉区目前尚难以做到，无法开展。但是，棉花轻简化栽培则不同，其内涵在不同时期、不同地区有不同的约定，采用的物质装备和农艺技术与当地经济水平、经营模式相匹配。可见，轻简化栽培更适合中国国情。

二、棉花轻简化栽培的关键技术

棉花具有多年生植物的无限生长习性，整枝打顶、多次施肥、分次采摘等传统植棉技术则较好地迎合了这一生物学习性。棉花地理分布范围广，所处气候条件复杂多变，锻炼出很强的抗旱、耐盐能力和环境适应性，对播种期、不同种植密度、株行距搭配、一穴多株、整枝、灌溉、施肥等技术措施有较好的适应性，这决定了简化管理程序、减少作业次数，实现“轻简植棉”的可行性。

（一）单粒精播壮苗技术

单粒精播、适当浅播的棉花种子在顶土出苗过程中受到的顶土压力适宜，产生的乙烯含量较高，增强了弯钩形成的关键基因的表达，促进弯钩快速形成，顶土出苗。与之相反，多粒穴播种子顶土力量大，一方面单株棉苗受到的压力小，乙烯生产少；另一方面会使表层土提前裂开，棉苗未完全出土就受到光线照射，弯钩形成的关键基因表达受抑制，弯钩提前展开，带壳出苗。单粒精播种子出苗后皆有独立的生长空间，互相影响小，易形成壮苗；多粒穴播种子出苗后拥挤在一起，相互影响大，下胚轴伸长基因过量表达，易形成高脚苗。

基于此，对棉花传统播种技术实行“三改”，建立了单粒精播技术：一改多粒穴播为单粒精播；二改深播（3 厘米）为浅播（1.5～2.5 厘米）或深播浅盖；三改稀植为适当密植，增加 30％～50％的播种穴数，适当缩小穴距。这一技术不仅保障了全苗壮苗，使发病死苗率降低了 36％，带壳出苗率减少了 90％，而且节约种子 50％以上，省去了间苗定苗工序，每公顷省工 15 个以上。为适应棉田两熟制精量播种的要求，可改春棉套种为早熟棉直播，采用蒜（小麦、油菜）后早熟棉机械精量直播技术，实现两熟制棉花的精量播种。为应对西北内陆春季低温干旱，可采用“宽膜覆盖边行内移增温、膜下适时适量滴水调墒”的保苗技术，即改窄膜覆盖为宽膜覆盖、将边行棉花适当内移，以保障种子发芽出苗所需的地温；改冬前或春季造墒为干籽干土播种，适时适量滴水，调控土壤墒情促进种子出苗，保障低温干旱条件下单粒精播棉花的全苗壮苗。

(二)免整枝技术

棉花具有无限生长习性,棉株主茎基部着生叶枝,叶枝不能直接结铃,因此,去叶枝是重要的传统植棉措施。为保证在有限生长期内开花结铃和吐絮,传统植棉要求适时打顶。大田试验发现,通过密植和人工遮阴改变光照强度和光谱特性可改变棉花的株型,诱发大量株型调控基因和激素相关基因差异的表达,特别是提高生长素合成基因和生长素极性运输基因 PIN1 的表达,促进独脚金内脂合成基因 MAX3 和 GhD14 等的表达,从而抑制叶枝生长发育。缩节胺通过对赤霉素生物合成的抑制,促进光合产物向根、茎和生殖器官(蕾、花、铃)的运输,减少了向主茎顶端运输,从而抑制了顶端生长。根据上述研究,各棉区根据生态条件和生产条件适当增加种植密度,高密度条件下利用小个体、大群体抑制叶枝生长,并配合化学调控、水肥调控等减免去叶枝和打顶环节,可以实现免整枝。其中,西北内陆棉区的技术要求如下:种植密度为 150 000～225 000 株/公顷,在前期缩节胺化控 2～3 次的基础上,棉花正常打顶前 5 天(即达到预定果枝数前 5 天),每公顷喷施缩节胺 120～220 克(新疆),棉花正常打顶后 10 天再次叶面喷施缩节胺 120～220 克/公顷(新疆);同时,采取部分根区滴灌、水肥协同管理、最后一水适当提前等措施。

其他棉区实现免整枝打顶的技术要求:黄河流域棉区春棉种植密度为 75 000～90 000 株/公顷,黄河流域棉区和长江流域棉区晚播早熟棉种植密度为 90 000～120 000 株/公顷。应提早化控,春棉首次化控由盛蕾期提前到 3～4 叶期,然后在盛蕾期和初花期时根据长势各化控 1 次,3 个时期缩节胺的用量分别为 15 克/公顷、22.5～30 克/公顷和 37.5～45 克/公顷,正常打顶前 5 天(即达到预定果枝数前 5 天),叶面喷施缩节胺 75～105 克/公顷,正常打顶 10 天后再次叶面喷施缩节胺 105～120 克/公顷。晚播早熟棉根据情况于盛蕾期化控 1 次,棉花正常打顶前 5 天(即达到预定果枝数前 5 天),叶面喷施缩节胺(75～105 克/公顷)1 次。

(三)一次性施肥技术

Yang 等研究发现:棉花花铃期累积的氮占棉花一生总量的 67%,其中,累积的肥料氮占总肥料氮的 79%;棉花对底肥氮吸收比例最小,对初花肥氮利用率最高;减施底肥氮、增施初花肥氮可显著提高棉花的经济系数和氮肥利用率,一次性基施缓(控)释氮肥也可达到相同效果,肥料利用率比传统施肥提高 14%～30%。根据棉花需肥规律合理施肥,特别是速效肥和缓(控)释肥配合使用,不仅能够提高肥料利用率，还能控制营养枝和赘芽的发育，协调营养生长和生殖生长的关系，促进棉花产量和品质的提高。基于轻简化施肥和提高肥料利用率的需要，建立了速效肥与缓（控）释肥相配合的一次性施肥技术，该技术的基本要求：① 以产定量。黄河流域棉区高产田单产籽棉 3 750 千克/公顷以上，适宜施氮量为 226～240 千克/公顷，氮肥（N）、磷肥（P_2O_5）、钾肥（K_2O）用量比为 1.0∶0.5∶（0.7～0.9）；长江流域棉区单产籽棉 3 600～4 500 千克/公顷，适宜施氮量为 240～270 千克/公顷，氮肥（N）、磷肥（P_2O_5）、钾肥（K_2O）用量比为 1.0∶0.6∶0.8；西北内陆棉区单产籽棉 4 500～5 250 千克/公顷，适宜施氮量为 300～335 千克/公顷，氮肥（N）、磷肥（P_2O_5）、钾肥（K_2O）用量比为 1.0∶0.5∶（0～0.3）。② 应用棉花专用缓（控）释肥减少施肥次数。以上推荐施肥量是采用速效肥和传统施肥方法通过多年联合试验获得的结果，速效肥改为缓（控）释肥、传统施肥方法改为滴灌施肥时，相应的施肥量可以进一步减少。长江流域棉区和黄河流域棉区套种春棉采用一次性基施缓（控）释肥，缓（控）释肥用量可较传统施肥量减少 10%～20%；晚播早熟棉在施足基肥的基础上于初花期一次性追施速效肥，施肥量较传统春棉施肥量减少 15%～20%。黄河流域棉区纯作春棉采用种肥同播、一次性基施缓（控）释肥，可比传统施肥量减少 10%左右；西北内陆棉区采用水肥一体化技术，施肥量可减少 15%左右。

（四）节水灌溉和水肥协同管理技术

多年研究发现，部分根区灌溉条件下，干旱区棉花植株一方面通过脱落酸信号调控气孔开度，以减少水分蒸腾；另一方面诱导叶片合成大量茉莉酸，作为信号分子经韧皮部运输到灌水区根系，促进灌水区根系 RBOHC 基因的表达，增加该侧根系 H_2O_2 含量，提高根系中 PIP 蛋白含量，增强 PIP 蛋白的活性，从而提高灌水区根系吸水能力。西北内陆棉区在传统膜下滴灌技术的基础上，一方面，通过调整滴灌带布局、灌水量和灌水频次，将传统灌溉改为部分根区灌溉，即由过去六行（棉花）两带（滴灌带）改为一行一带或两行一带，灌水量次数由 5～6 次改为 8～10 次，每次灌水量减少 30%以上，灌水终止期比过去提前 7～10 天；另一方面，按照棉花生长发育和产量品质形成的需要，利用滴灌施肥装置，将基于棉花产量目标和土壤肥力状况设计的棉花专用水溶性肥料融入灌溉水中，随滴灌水定时、定量、定向供给棉花，实现了节水、减肥不减产的目标。根据大田试验和生产实践，新疆棉田的水肥协同管理技术的施肥量中氮肥（N）为 270～300 千克/公顷，磷肥（P_2O_5）为 120～180 千克/公顷，钾肥（K_2O）为 50～100 千克/公顷。对于高产棉田，适当加入水溶性好的硼肥 15～30 千克/公顷、硫酸锌 20～30 千克/公顷。通常基施 20%～30%的氮肥、50%左右的磷钾肥，其余作为追肥在现蕾期、花铃期追施。黄河流域棉区则在淘汰漫灌的基础上，改长畦为短畦，改宽畦为窄畦，改大畦为小畦，改大定额灌水为小定额灌水，整平畦面，保证灌水均匀。同时，灌水与一次性施用控释肥结合，也可在一定程度上实现水肥协同管理。

（五）基于集中吐絮的群体调控技术

调控优化棉花群体结构是改善棉田环境、实现集中收获或机械采收的重要途径。黄河流域、长江流域和西北内陆三大棉区应改传统的“高密小株型”“中密中株型”和“稀植大株型”群体结构为“降密健株型”“增密壮株型”和“直密矮株型”群体结构。

西北内陆棉区以“调冠养根”为主线构建“降密健株型”群体。建立稳健基础群体、合理株行距搭配，滴灌调控温墒环境、结合化学调控和适时打顶（封顶）等措施调节棉株地上部分的生长，优化冠层结构，优化成铃、集中吐絮；通过棉田深耕和深松、水肥协同管理养根、护根，保障并延长根系活力，协调根冠关系。其重点是改一膜六行的大小行种植为一膜三行的等行距 76 厘米种植，种植密度由 225 000 株/公顷降为 150 000 株/公顷，株高由 60～70 厘米提高到 80～90 厘米，构建优化成铃、集中吐絮、脱叶彻底的“降密健株型”群体。

黄河流域棉区以“控冠壮根”为主线构建“增密壮株型”群体。一方面，以促为主、促控结合并适时打顶（封顶），调控棉株地上部分的生长，实现适时适度封行；另一方面，棉田深耕或深松、控释肥深施、适时揭膜或破膜促成发达根系，延缓早衰，实现正常熟相。其重点是改窄膜大小行种植为中膜等行距 76 厘米种植，种植密度由 60 000 株/公顷以下提高到 75 000 株/公顷以上，株高由 120～150 厘米降低到 90～100 厘米，构建优化成铃、集中吐絮的“增密壮株型”群体。

长江流域棉区以麦（油、蒜）后直播增密争早为主线构建“直密矮株型”群体结构。采用早熟棉品种，改套种为麦（油、蒜）后机械直播；密植控高，种植密度 90 000 株/公顷以上；系统化控，将株高控制在 80～90 厘米；在施足基肥的基础上，于盛蕾期一次性追肥，实现晚播早熟，构建集中收获的“直密矮株型”群体。

三、棉花轻简化栽培展望

棉花轻简化栽培是立足中国国情，以轻简省工、节本增效、可持续发展为目标建立起来的新型栽培技术体系。因地制宜、与时俱进是该技术的重要特征。基于此，一方面要大力推广应用该技术，为新旧动能转换和提质增效做出贡献；另一方面要在推广应用的过程中不断完善和发展该技术。棉花轻简化栽培技术的推广应从以下几个方面进一步开展：

（1）进一步优化种植模式。在热量和灌溉条件较好的两熟制或多熟制棉区，棉田套种仍是主导模式，但这种模式难以实行轻简化栽培，因此，要逐步改套种为麦（油、蒜）后早熟棉机械直播，构建“直密矮株型”群体结构，为全面推行两熟制棉田轻简化栽培提供便利条件。

（2）要更加环保和可持续发展。绿色环保是轻简化栽培的重要内容，通过提高水肥药的利用效率减少投入和控制面源污染；研发塑料地膜的替代品和替代技术，从根本上解决残膜污染问题。

（3）立足国情、因地制宜、与时俱进，随时把相关先进技术、手段和装备集成进来，但不是照搬国外的技术和方法，不能一味地强调全程机械化。

（4）继续推进农机农艺融合、良种良法配套。目前我国各棉区的种植模式繁杂，株距、行距配置不统一，套作、平作、垄作等种植模式复杂多样。要研究探索与机械收获相配套的栽培技术，通过良种良法配套、农机农艺结合进一步轻简化，省工节本、提质增效，而不是单纯依靠品种、依靠机械。

（5）轻简化栽培技术的推广应用要因地制宜、循序渐进。今后一个时期是传统栽培技术向轻简化栽培技术转变的重要时期，但这种转变不可能一蹴而就，而是一个长期的过程。因此，要通过先试验示范、再辐射推广的模式，因地制宜、循序渐进地推广应用棉花轻简化栽培技术。在推广和应用过程中，要注意发挥农民专业合作社等新型农业经营主体的带头带动作用，要通过推进适度规模化生产推动新技术的推广普及。

种植模式的优化，管理程序的简化和多程序合并作业，农机农艺融合、良种良法配套，建立和应用具有中国特色的棉花轻简化栽培技术是我国棉花生产持续发展的必然要求。毋庸置疑，轻简化栽培技术的推广普及，必将加快我国棉花生产“轻简节本、提质增效、绿色生态”目标的实现。

四、推广棉花轻简化栽培技术的对策措施

（一）培育和利用好新型棉花生产经营主体

按照农地“所有权、承包权、经营权”分置的原则，引导土地流转，推进适度规模

经营。对于植棉6公顷以上的新型经营主体给予土地流转补贴和贷款贴息;鼓励植棉大户、专业合作社、家庭农场等新型经营主体开展棉田基础设施建设、大型农机具购置,支持发展订单生产和品牌创建。

(二) 加强技术指导确保新技术落到实处

① 在棉花播种前,搞好棉花轻简化栽培技术的宣传和培训;在棉花生育期间,深入调研,及时制定和发布具体技术指导意见。② 做好棉花生育调查及预测、预报、汇总分析,全面客观了解和掌握棉花播种、生长发育、病虫害发生等适时情况,为科学指导棉花生产提供依据。③ 在生育关键期,科技人员要深入基层和棉花新型产业生产经营组织进行区域性技术指导,及时解答棉花生产中的问题,促进各项工作措施落实到位,并注重融合现代传媒技术在棉花技术推广中的实践应用。④ 搞好高产示范田创建,辐射带动新技术的推广。

(三) 以项目为抓手搞好轻简化栽培技术推广

当前,围绕棉花轻简节本、提质增效的技术项目较多。棉花绿色高产高效创建和提质增效等项目,由多个植棉大县承担了建设任务,同时,部分科研单位和高校还承担着国家棉花产业技术体系岗位科学家、综合试验站的任务及省级现代农业产业技术体系等项目任务。要把项目实施作为推动工作、带动推广的有效手段,进一步创新项目实施方式,突出种植制度改革优先、良种良法配套优先、农机农艺融合优先、投入品安全优先的"四个优先"原则,重视与棉花新型生产主体培育、适度规模经营、一二三产融合、棉花质量提升相结合,切实突破制约棉花生产共性技术和体制机制障碍,示范带动先进实用技术推广普及,全面推动区域棉花生产方式转变。做好项目实施方案、中期检查方案和绩效方案顶层设计,设立技术规范、技术措施、考核指标。积极引入项目实施激励竞争办法,开展项目中期检查、绩效评估。积极宣传推广各地好经验、好做法、好思路,扩大项目辐射带动作用和社会影响力。积极探索推进棉花行业培训的有效组织模式及支持和支撑棉花产业发展的新内容和培训方式。总之,大力推广普及棉花轻简化栽培技术,促进棉花生产从传统劳动密集型向轻简节本型转变,是我国棉花生产健康发展的必由之路。要充分认识棉花轻简化栽培技术的内涵,因地制宜,采取多种形式、手段和措施,特别是要发挥好新型棉花生产经营主体的作用,加快棉花轻简化栽培技术的推广应用。

第三节　轻简化与信息化技术融合

一、轻简化与信息化技术融合初见端倪

我国棉花生长管理环节多，人工投入大是限制我国棉花生产的主要问题，因此，急需将信息化技术和智能化技术应用于棉花生产过程中。信息化技术涵盖了棉花产前、产中和产后各过程的信息采集、传输、处理过程，包括作物生长模拟模型、作物生长决策系统和农业专家系统等。我国棉花信息化虽然起步较晚，但近年来发展快速。20世纪80年代之后，数学方法和计算机应用于农业和棉花栽培领域，中国农业科学院棉花研究所在棉花生产数据库与信息管理系统、长势监测和生长发育等方面开展了一系列的研究，促进了棉花栽培管理由定性管理走向定量的科学化管理。

(一) 棉花长势监测预警技术

毛树春等以产量是长势的积累为基础创建了中国棉花生长指数(China cotton growth index，CCGI)模型，并以经济学产销平衡理论为基础创建了中国棉花生产景气指数(China cotton production prosperity index，CCPPI)模型，利用这两个模型经过多年连续监测，对“棉花种多少、长得怎么样、生产如何管和产品卖给谁”作出了成功的解答，得到政府、协会、企业和农民的认可。由于棉花生长与产量密切相关，李亚兵等通过棉花长势指示性状建立了棉花单产预测的BP神经网络模型，并建立了不同时期CCGI与产量的关系模型，对棉花单产的预测误差小于5%。

(二) 基于数字图像的棉花长势监测技术

作物不同生育时期植株颜色的变化是表征作物长势的重要信息。李亚兵等利用数字图像技术，提取棉花图像中的颜色信息作为图像的特征向量，并结合颜色模型RGB和HIS，分析了颜色特征值与棉花早衰程度间的关系，为应用计算机图像识别技术解决诊断棉花早衰程度及定量长势监测提供了依据。有研究发现HIS和HSV颜色模型中的H值可以用来准确估测具有空间异质性的棉花冠层光合有效辐射的截获，这一结果为估测棉花冠层光截获提供了新的手段，也为优化作物冠层结构提供了理论基础。杨北方等利用网格取样方法，采集棉花冠层数字图像，结

果表明，群体冠层数字图像 H 值可用来描述棉花长势，为田间信息采集和快速监测提供理论依据。

（三）棉花精准栽培管理措施

21 世纪以来，新疆生产建设兵团开发节水灌溉技术，形成“密矮早防水”新体系和精准农业技术。用现代装备武装农业，包括种子精加工设备、灌溉装备、水分监测、采棉机和计算机决策模型等集成精准农业技术；用精加工包衣种子、专用肥和决策支持组成精量“种与肥”技术；用宽膜覆盖、软管自压输水和残膜回收组成精准灌溉技术；用脱叶剂、机械采收、运输和清除杂质组成精准收获技术；用视频监控生长和监测组成病虫精确防治技术。据程海等报道，到 2011 年新疆棉区膜下滴灌节水应用面积达到 191.1 万公顷，灌溉水均匀度可达到 90%～95%，节水效果显著。

二、轻简化栽培机理研究

（一）棉花株型量化调控理论和技术途径

光合有效辐射量是太阳辐射中能够被绿色植物吸收并用来进行光合作用的部分，是生物产量形成的基本能源，棉花冠层内部光的空间分布特征能直接反映棉花群体的株型特征。准确研究作物冠层内光合有效辐射时空分布特征，对于筛选、评价不同种植模式、种植密度、品种和化控等农艺措施等具有重要意义。

1. 棉花株型量化方法

棉花株型和光合有效辐射存在密切关系，棉花冠层光合有效辐射因植株生理、形态特征的空间异质性和外部环境的变异性表现出显著的时空异质性。邢芳芳等比较了 12 种不同的棉花冠层光合有效辐射空间分布插值方法，发现克里金插值法能够较准确地反映冠层内的光合有效辐射。孙恩虹和李亚兵等利用地理统计学的理论和方法量化 PAR 透射率在冠层不同位置的大小，考虑了光合有效辐射的空间异质性，实现了棉花光合有效辐射的准确计算，从而实现了棉花株型的准确量化。

2. 不同品种的棉花株型量化和调控技术

不同类型的品种在株型上存在显著差异，从而引起光截获的不同，最终导致产量差异。Bai 等对 10 个不同熟性和株型的品种冠层光的分布和吸收利用情况进行了量化和分析。结果表明，松散的晚熟型品种在整个生育期比筒形的中熟品种和紧凑的早熟品种截获更多的光合有效辐射，因此，生产更多的生物量。在棉花生育晚期，松散型品种光合有效辐射主要被冠层上层截获，筒形品种不同层次的光合有效辐射截获量相对一致，而紧凑型品种大部分的光合有效辐射则透过整个冠层。因此，可根据不同株型的品种不同时期的光合有效辐射截获情况对棉花生长进行调控。

3. 不同种植密度的棉花株型量化和调控技术

种植密度引起的棉花冠层结构的变化主要表现在光合有效辐射截获的差异。随着种植密度的增加，光合有效辐射从冠层上部到下部逐渐减少，且主要发生在冠层的中部和棉行附近。冠层光合有效辐射截获率与叶面积指数（Leaf area index，LAI）呈显著指数相关关系，且累积光合有效辐射截获与生物量呈显著线性相关关系，证明了光合有效辐射与籽棉产量的形成关系密切。因此，通过量化株型、改善冠层内的光分布是提高棉花产量的有效途径。为进一步探索冠层内部光合有效辐射截获量与产量的关系，完善株型调控理论以提高棉花产量，薛惠云等基于地理统计学的取样方法，从点、线和面 3 个方面分析了不同种植密度条件下棉花冠层内部不同空间位置的光合有效辐射的截获情况。结果表明，在棉花生育期早期，光合有效辐射截获在水平方向上的变化较大，然而到生育晚期，水平方向上的变化则较小。棉行中间和冠层下部的光合有效辐射截获率与棉花产量显著正相关，因此，通过改善这两部分的微环境来提高其光合有效辐射截获有利于提高棉花的籽棉产量。

（二）棉花成熟性量化调控理论和技术途径

近年来，我国新疆棉区棉花大面积晚熟，造成严重的产量损失。植棉机械化和轻简化是棉花生产的必然出路，但棉花的熟性问题（晚熟）导致机械化作业产量和品质的下降，严重制约轻简化和机械化植棉的发展。在熟性评价方面，国外学者做了大量的研究。Mauney 等指出棉花生长发育主要取决于温度。国外专家对棉花生长发育达到不同生育时期所需的积温开展了大量研究，研究表明：棉花从播种到出苗所需积温（15.5 ℃）约为 8～55 ℃，从出苗到现蕾所需积温（15.5 ℃以上）为 227～277 ℃，从现蕾到初花期所需积温（15.5 ℃）为 416～482 ℃，从初花期到盛花期所需积温（15.5 ℃）为 732～816 ℃，从盛花期到吐絮期所需积温（15.5 ℃以上）为 899～1 010 ℃。此外，Cotman 建立了基于时间变化的棉花生长发育标准曲线，为棉花长势监测和生产管理提供了理论依据。李亚兵等在 Cotman 基础上，结合棉花株型时空变化，完善了熟性调控指标，并开发了熟性调控技术产品 AFD

(Agent of flower bud differentiation),使新疆棉区的棉花能够提早开花、吐絮5～7天。

(三)棉花生长环境信息的自动化获取和调控技术

作物长势信息的快速获取技术是现代农业的重要研究内容。随着科学技术的不断发展,作物长势监测的理论、技术和手段不断进步和发展,通过作物模型、数字图像和遥感图像等获取作物长势信息的方法,由于人工参与少、信息量大、自动化程度高等优势,在农业中得到了广泛应用。雷咏雯等利用图像分析方法分析了棉花不同生育时期的地面覆盖度与生物学产量、叶面积系数的关系,结果发现棉花冠层覆盖度指标可以有效预测棉花生物学产量和叶面积系数。李亚兵等指出作物图像颜色特征模型HIS中的H分量受光照强度影响较小,只和物体的色调有关,适用光环境广,可广泛用于反映作物长势的潜在指标。近几年,无人机技术有了显著的发展。无人机在图像获取上具有传统遥感技术无法比拟的优势,已成为作物长势快速获取的新技术。尽管无人机图像在监测作物长势中存在信息量大、处理困难的缺点。但它仍是研究一定种植规模作物很有用的工具,能够充分提供有关作物长势和空间变异性的监测信息。

(四)其他轻简化栽培有关理论

以美国、澳大利亚为代表的世界棉花先进生产技术,基本实现了棉花生产的规模化和全程机械化,从整地到播种、灌溉、施肥、植保到收获全部采用大型现代化机具作业。立足于一家一户分散经营的国情,中国不能照搬发达植棉国家的全程机械化的路子,而是要坚持走符合中国国情的轻简化植棉路子。近几年,围绕精量播种、简化整枝、一次施肥、集中吐絮等轻简化栽培技术,我国棉花科技工作者开展了较为深入的相关理论研究。目前,已从弯钩形成与下胚轴伸长相关基因的差异表达,揭示了棉花单粒精播的壮苗机制;从内源激素代谢基因的差异表达和相关内源激素在棉株体内的差异分布,揭示了密植控制叶枝生长的机理;对氮素营养规律的研究,特别是明确了氮肥用量和施肥时间对棉花营养生长与生殖生长的调控效应,为简化施肥、提高肥料利用率提供了理论依据;发现棉花产量构成因素、生物产量与经济系数对简化栽培措施的适应协同性,解析了棉花轻简化栽培的丰产稳产机制,为简化管理措施、减少作业环节提供了理论依据。当然,轻简化栽培也必须以丰产优质为前提,近年来对促进成花技术和机理、抗逆栽培稳产机理等也有一些研究,为解决轻简化与高产的矛盾提供了支持。

（五）轻简化栽培展望

21世纪，棉花栽培学要紧密围绕产量、质量、效益和信息化同步提升这一重大科学技术革命，以节约型农业贯穿节约型棉花生产为研究的指导思想，开展栽培单项技术创新、综合集成、成果转化和相关机理研究。研究建立棉田集约型的水与旱、旱与旱，粮食和棉花，棉花与蔬菜轮作，棉花与绿肥轮作，绿肥与棉花间作制度，建立新型的棉田轮作和用养制度。积极开发接替地膜覆盖的新材料和技术，在解决残膜污染方面研发革命性的产品。研究棉花轻简化、机械化和智能化栽培技术，利用3S技术（遥感技术、地理信息系统和全球定位系统）研究棉花生产和生长信息采集，建立精量施肥和精确灌溉技术体系，实行精确施肥和灌溉管理，科学施药，提高肥水药利用效率。在长江流域棉区和黄河流域棉区，要加强成本低、效果好的缓（控）释肥的研制，制定与之配套的科学施肥技术，确保1～2次施肥的效果；加强高效水溶性肥料的研制，并与非充分灌溉技术结合，协同提高水肥利用效率。在西北内陆棉区，进一步发展和完善水肥一体化技术则是棉花轻简高效施肥的重要方向。

第四节　黄河流域棉花轻简化栽培技术

黄河流域棉区是中国三大主要产棉区之一。基于人多地少和原棉需求不断增加的现状，该棉区棉花生产长期以来一直依赖于以高产为主攻目标的精耕细作栽培技术。但是，进入21世纪以后，随着城市化进程加快，农村青壮年劳动力向城市转移，导致农村劳动力结构呈现“老龄化”“女性化”和“兼职化”的特征，难以支撑劳动密集型的传统精耕细作，棉花生产用工多、劳动强度大、生产效率低的问题凸显，成为黄河流域棉区棉花生产可持续发展的主要障碍。面对这一挑战，中国棉花科技工作者率先在黄河流域棉区提出了“轻简植棉”“快乐植棉”的理念，就棉花精准播种（含轻简育苗）、简化整枝（含化学或机械整枝）、轻简高效施肥和集中收花（含机械采收）等涉及“种、管、收”诸环节的关键技术开展了深入研究，集成建立了黄河流域棉区棉花轻简化栽培技术体系，并大面积推广应用，开创出一条适合中国国情的轻简化植棉道路，为黄河流域棉区棉花生产从传统劳动密集型向轻简节本型的转变提供了技术支撑。

一、黄河流域棉花生产技术现状与问题

当前,中国黄河流域棉区棉花生产管理存在的突出问题是种植制度复杂,户均植棉规模小,棉花管理烦琐,用工多,机械化程度低,农机与农艺不配套,急需轻简化、机械化、组织化和社会化服务予以破解。

(一) 棉田种植制度多样化,阻碍了棉花轻简化和机械化生产

种植制度是一个地区的农业基础生产力,也是生产方式和栽培管理技术的决定因素。中国黄河流域棉区种植制度十分复杂,既有一年一熟的单作或间作,也有以冬小麦、油菜、大蒜套种棉花为主的两熟制甚至多熟制。以套种为主要手段的两熟制曾一度促进了黄河流域棉区粮食和棉花面积的双扩大和产量的双增加(即“双扩双增”),但这一种植模式费工费时,大面积套种也成为棉花机械化和轻简化种植的重要障碍。以蒜棉套种为例,棉花需要在 3 月底 4 月初制备营养钵,4 月上旬播种、管理苗床,4 月底 5 月初移栽至蒜田,同时对大蒜还要人工抽薹、人工收获大蒜头;收获大蒜后,棉花要中耕除草、整枝打杈、防病治虫、多次收花,这些生产环节用工多、劳动强度大。虽然产出高,但投入大,扣除物化投入和人工成本,效益并不显著。近年来,中国棉田多熟制所占比例呈下降趋势,复种指数有所降低,这是为适应棉花轻简化和机械化生产而进行的自动调整。毛树春组织开展的棉情监测结果显示,2013 年棉田复种指数为 138%,比 2012 年减少 5%,其中,黄河流域棉区复种指数 142%,比 2012 年减少 4%。全国一熟制棉田占播种面积的 66.9%,增加 3.9%;两熟制棉田占播种面积的 28.7%,减少 2.2%;多熟制棉田(三熟、四熟以上)占播种面积的 4.4%,减少 1.8%。与此同时,种植模式不断调整,棉田套种模式已由过去单一的麦棉套种改为棉花与多种作物套种,而且接茬连种的比例也在提高,2013 年已占多熟制棉田的 8.2%,主要模式有油后移栽或直播棉花、麦后移栽或直播棉花、蒜后移栽或直播棉花,特别是油后和蒜后直播早熟棉成为一种新的种植模式正在长江流域棉区和黄河流域棉区试行。

(二) 棉花生产规模小,组织化程度低

中国棉花种植多以家庭小生产为主体,户均植棉面积小,棉花种植零散,难以发挥规模化植棉节本、增效作用。如果没有专业的组织生产,就难以形成规模和规模效益。2016 年初,笔者在全国植棉大省山东省进行了调查,发现山东省全省棉花多为一家一户的分散种植,2015 年户均植棉 0.32 公顷,全省规模化植棉面积

（单户超过3.33公顷的棉田面积）只占3%左右，规模化程度低。相比粮食生产，植棉业的社会化服务也严重滞后，服务方式少。

（三）棉花管理复杂烦琐，机械化程度低、用工多

黄河流域棉区棉花生产周期较长，且一直采用精耕细作的栽培技术管理棉花，工序复杂烦琐，用工多。该棉区棉花生长期超过6个月，从播种到收获有40多道工序，放苗、定苗、整枝、采摘等环节完全靠人工，每公顷用工225～375个，比小麦、玉米两季还多，管理烦琐、劳动强度大的问题一直十分突出。美国生产50千克皮棉的平均用工量仅0.5个工日，黄河流域棉区平均用工量达到15个工日。棉田管理烦琐、用工多是制约棉花可持续健康发展的重要因素。全国棉花机械化生产水平低，毛树春按照国家农业行业标准测算，2010年全国棉花耕种收综合机械化水平为38.3%，远远低于全国农业机械化水平（52.3%），其中，黄河流域棉区机械化水平只有25%，长江流域只有10%。正是由于机械化程度低，用工投入多，效益比较低，导致近年来黄河流域棉区棉花种植面积大幅度减少，且不断向盐碱地、旱薄地转移，提高单产和效益的难度越来越大。随着农村劳动力转移、劳动力数量减少，要满足“80后”和“90后”这些新型劳动者的需求，亟须从劳动密集型向技术密集型转变，用轻简化、机械化替代传统的精耕细作。另外，化肥农药投入量大、利用率低，地膜覆盖植棉残膜污染问题日益严重，实行“绿色”生产也势在必行。

二、棉花轻简化栽培技术发展历程

中华人民共和国成立之初，中国就开始重视研发省工省时的栽培技术措施，如20世纪50年代至80年代就对是否去除棉花营养枝开展研究讨论，为最终明确营养枝的功能和利用营养枝、简化整枝奠定了基础；20世纪80年代以后，推广以缩节胺为代表的植物生长调节剂，促进了棉花化控栽培技术的形成和应用，简化了某些栽培管理环节。之后在“十五”全国优质棉花基地科技服务项目的支持下，山东棉花研究中心等单位建立了杂交棉“精稀简”栽培和“短季棉晚春播”栽培两套简化栽培技术。杂交棉“精稀简”栽培选用高产早熟的抗虫杂交棉一代种，采用营养钵育苗移栽或地膜覆盖点播，降低杂交棉的种植密度，减少用种量，充分发挥杂交棉个体生长优势来实现高产；采用植物生长调节剂简化整枝或免整枝，减少用工，提高了植棉效益，在两熟制棉区得到推广应用。杂交棉“短季棉晚春播”栽培选用短季棉品种，晚春播种，提高种植密度，以群体争产量，正常条件下可以达到1 125

千克/公顷以上的皮棉产量，主要在盐碱地以及热量或水浇条件较差的地区推广，也取得良好效果。之后，国内对省工省力的棉花简化栽培技术更加注重，取得了一系列重要研究进展，包括轻简育苗代替传统营养钵育苗，采用缓（控）释肥深施代替多次施用速效肥等。但限于当时的条件和意识，以及不同地区对轻简化栽培技术的认可程度不同，对棉花轻简化栽培的概念和内涵并不十分清晰。

"十一五"期间，中国农业科学院棉花研究所牵头实施了公益性行业（农业）科研专项"棉花简化种植节本增效生产技术研究与应用"，组织全国棉花科研力量研究种植密度、适宜品种、科学施肥和控制三丝污染等重大问题，旨在使劳累烦琐的棉花栽培管理轻简化，形成符合现代农业理念的"傻瓜技术"，从而使棉农从繁重的体力劳动中解脱出来，将各自的技术创新有机合成，形成具有重要推广价值的普适性植棉技术。国家棉花产业技术体系成立后，棉花高产简化栽培被列为体系的重要研究内容。2011 年 9 月，在湖南农业大学召开的"全国棉花高产高效轻简化栽培研讨会"上，官春云院士提出"作物轻简化生产"的概念，喻树迅院士提出"快乐植棉"的技术，毛树春和陈金湘等提出"棉花轻简育苗"的概念。2015 年 12 月 6 日，在山东棉花研究中心召开的棉花轻简化生产论坛，进一步明确了棉花轻简化栽培的概念、内涵和技术途径。从此，"轻简植棉""快乐植棉"的理念深入人心。

棉花轻简化栽培是指简化种植管理工序、减少田间作业次数，农机农艺融合，实现棉花生产轻便简捷、节本增效的耕作栽培方式和方法。它包括以下几个含义：① 棉花轻简化栽培强调立足国情，采用与当地生产条件和种植制度相适应的物质装备和技术手段，而不是盲目照搬发达植棉国家的全程机械化技术与手段；② 棉花轻简化栽培强调因地制宜、与时俱进，其具体管理措施、物质装备、保障技术等都在不断变化、提升、完善和发展之中；③ 轻简化栽培不是粗放管理的回归，粗放的、不科学的轻简化栽培，与丰产优质背道而驰，绝不是棉花轻简化栽培的目标；④ 机械化是实现轻简化的物质手段，不是轻简化栽培的全部，农机农艺融合是轻简化的核心；⑤ 高产或丰产不是轻简化栽培的唯一目标，但是丰产是其基本要求，绿色环保、资源节约、提质增效都是轻简化栽培的重要目标。

三、棉花轻简化栽培技术体系的集成

在突破单项关键技术的基础上，根据黄河流域的生态条件、生产条件和现实需要，研究建立了针对性强、特色鲜明、先进适用的棉花轻简化栽培技术。针对黄河流域棉区一熟棉田，建立以精准播种减免间定苗为核心的黄河流域一熟制棉花轻简化丰产栽培技术，被农业部(现农业农村部)定为全国主推技术。主要内容为机械单粒精播减免间苗定苗，等行距宽膜覆盖并适时揭膜控冠壮根，密植与化控融合实现简化整枝、优化冠层、适时适度封行，1～2次中耕与缓(控)释肥深施结合简化中耕施肥，优化成铃结合脱叶催熟实现正常成熟、集中吐絮。虽然收花仍主要采用人工，但从种到管已经大大简化，并实现了农机农艺的结合。目前，从鲁西北和鲁北地区示范情况来看，每公顷用工大都控制在200个以下，较传统栽培技术减少用工90个以上，产量持平甚至略有增产。针对控制烂铃、早衰和发展机采棉的需要，建立了符合机械采收的“晚密优”栽培技术，即改早播种为适当晚播，播种期由4月中下旬推迟到5月上旬；合理密植，种植密度由45 000～60 000株/公顷提高到75 000～90 000株/公顷，行距由大小行改为等行距76厘米；精细整枝改为简化整枝，通过高种植密度对叶枝的抑制和化学调控的作用，实现免整枝；集中成铃结合脱叶催熟实现人工或机械集中收花。“晚密优”栽培技术有力地支撑了山东省机采棉的发展。近5年来，山东省全省按照机采棉“晚密简”栽培模式种植的棉花在1万公顷左右，实际年机采面积2 000公顷以上，并呈逐年扩大之势。

针对黄河流域棉区的套作棉花，在不改变“精稀简”基本栽培路线下，改传统营养钵育苗移栽为轻简育苗移栽；改速效肥多次施用为速效肥与控释肥结合实现一次施肥；改稀植为合理密植，种植密度由15 000～22 500株/公顷提高到30 000株/公顷左右；改早拔秆为适当推迟(机械)秸秆粉碎还田，特别是蒜套棉条件下，将拔棉柴时间由9月下旬推迟到10月10日左右，在产量不减或增加的前提下，大幅度减少了用工，提高了棉花的早熟性。针对棉麦、棉油和棉蒜套作难以实现机械化的难题，建立了蒜后直播短季棉栽培技术，内容包括早熟品种晚播种，选用生育期短、株型紧凑、适合高种植密度种植的短季棉品种，5月底以前机械精量播种，减免间苗定苗环节；合理密植化学封顶，简化整枝；化控、肥控相结合，施足底肥，在盛蕾期或初花期追肥一次，及时争取棉花适时“封行”。蒜后直播短季棉虽然产量低于蒜套春棉，但因省工节本，效益提高10%以上，而且为实行机械化植棉奠定了基础，展现出良好的推广应用前景。

四、黄河流域棉花轻简化栽培的建议

黄河流域棉区已经建成符合国情、操作性强、省工节本的轻简化栽培技术体系，有效解决了传统精耕细作技术存在的管理烦琐，用工多、劳动强度大、生产效率低等难题，并在黄河流域棉区棉花生产中发挥了重要作用。印度和巴基斯坦等周边植棉大国尚未开展轻简化植棉的研究，仍以人工栽培为主，单产低、人工投入多、生产效率低；美国等发达植棉国家依靠资源和技术优势，全面采取规模化、全程机械化、信息化植棉，但少见对轻简化植棉研究，更少见对两熟制棉花轻简化栽培的研究。我们建立的棉花轻简化丰产栽培技术体系，立足于中国国情、符合现实需要，针对性、适用性与可操作性强，与传统精耕细作的栽培技术相比，平均减少用工40%以上、物化投入15%以上，且更加绿色环保；与印度、巴基斯坦等发展中植棉国家比较，减少用工50%以上、增产40%以上；与美国等发达植棉国家相比，尽管在机械化、信息化方面尚有显著差距，但该技术的单位面积棉花产量、产值和综合效益高10%～15%。但也必须看到，黄河流域棉区轻简化植棉水平地区间不平衡，农艺技术与物质装备融合度不高。另外，烂铃、早衰和生产品质差等问题也十分严重，必须尽快解决。

1. 要优化种植制度和种植模式

在热量和水浇条件较差的地区，坚持一熟种植；在热量和水浇条件较好的地区，在稳定现有麦棉两熟和麦油两熟制的基础上，稳步发展棉花与大蒜等高效作物的两熟制。种植模式要做进一步调整，改麦（油、蒜）棉套种为麦后或油后或蒜后直播棉连作，为推行机械化生产奠定基础。

2. 要完善提升精准播种技术水平

精准播种是一个系统工程，要在以下4个方面下功夫：① 要进一步提高整地质量，保证棉花种子萌发出苗处在最佳的微生态环境；② 进一步提高种子质量，不仅要求种子发芽出苗能力强，还要通过科学的包衣处理实现抗病、杀虫、稳长之目标；③ 进一步完善播种技术，通过升级播种机械，像新疆棉区一样全面实现机械化精量和准确定位播种；④ 进一步提升联合作业水平，实现播种、施肥、喷除草剂、盖膜等多道程序的联合作业。

3. 继续研制新型肥料及其施用技术

进一步简化施肥和提高肥料利用率，棉花的生育期长、需肥量大，采用传统速效肥一次施下，会造成肥料流失，利用率降低；多次施肥虽能提高肥料利用率，但费工费时。专用缓（控）释肥一次深施是简化施肥的新方向。为确保一次施肥的效果，必须加强成本低、效果好的缓（控）释肥的研制，进一步研究配套的科学施肥技术。

4. 要因地制宜发展棉花采收机械化

黄河流域棉区一熟棉田，虽然地块大小不一，但很大一部分棉田单块面积较大，地表平整，气候特点适宜，农田基本设施适当建设后能满足大型农业机械作业的要求，因此，具备棉花机械化收获的基本硬性条件。应选用适宜机械化收获的棉花品种，在保证棉花单产的前提下改进棉花种植模式，加强棉田管理，示范推进机械化采收。黄河流域棉区的两熟棉田，由于种植规模小，且采用麦棉、蒜棉套种的栽培模式，实现机械化的难度很大，应首先改革种植模式，实现麦后、蒜后棉花机械化直播。

5. 加快选育适宜轻简化栽培、机械化收获的棉花品种

生长发育稳健、叶枝弱、赘芽少、适应性和抗逆性强、品质好、易栽培管理的棉花品种适合轻简化栽培，也受农民欢迎。棉花收获机械在作业过程中会对吐絮棉株产生挤压、缠绕、抽拉、碰撞等作用，对棉花品种的要求也较高，要求棉铃含絮力适中，以便于机械采收。目前，黄河流域棉区种植品种较多、性状多样，各地土壤气候条件差异性较大，均对棉花的生长造成影响。因此，适宜不同地区机械化采收作业的棉花品种需要进一步筛选和培育。

面对农村劳动力数量减少和质量下降的挑战，中国棉花科技工作者积极探索“轻简植棉”“快乐植棉”的途径和关键技术，在棉花精准播种、简化整枝、轻简施肥和集中成铃等关键技术方面已经取得了一系列重要进展，集成建立了具有核心推广价值、操作性强的轻简化棉花生产技术体系，为“快乐植棉”提供了新技术、新方法。为实现更高层次的轻简化栽培，应进一步简化播种和采收两个环节，减少管理环节，改“轻种重管”为“种管并重”；在继续创新轻简化栽培关键技术的同时，加强农机农艺融合，特别是要进一步突破机采棉技术，推进机采棉在黄河流域适宜地区的发展。

第二章　湖南棉花生产现状与前景

棉花是湖南省重要的经济作物。当前，湖南棉花价格内高外低，植棉机械化程度低，劳动强度大，棉农植棉效益下降、植棉积极性低落，棉花生产形势不容乐观。持续稳定发展湖南棉花生产，在洞庭湖棉区实现全程机械化是湖南棉花产业体系的首要任务。

第一节　湖南棉花生产现状

一、全国棉花生产形势

棉花是我国重要的经济作物，是仅次于粮食的第二大农作物，棉花利用价值大，可谓浑身是宝，籽棉经脱籽后的皮棉是棉花的主要产品，在纺织工业中是重要的原材料，而其他部分比如着生在棉籽上的短绒、棉籽、棉壳、棉酚、棉秆等经过加工后都具有较高利用价值。棉纤维是天然的纺织工业原料，因其具有吸湿、保暖和不带静电等天然优良特性，深受各国人民喜爱。我国棉花常年种植面积大约为8 000万亩(1 亩≈667 平方米)，是世界上棉花生产大国，种植面积仅次于印度，约占世界棉花种植总面积的 15%，而且棉花总产量和单位面积产量均处于世界首位。尽管如此，当前国内棉花资源仍然满足不了快速增长的消费需求，每年仍需大量进口棉花。我国是棉纺织大国、棉纺织品消费大国和棉花进口大国，据统计，2006—2010 年，我国年均棉花生产总量逐年上升，约占同期世界棉花产量的 30%，但是国内棉花消费需求同样巨大，年均棉花需求量大概在 1 000 万吨以上，自给率在 70%左右，造成了国内需求的 30%缺口需要通过进口来填补。棉花是我国继大豆和食用油之后的第三大进口农产品。国内有限的耕地资源，加上城市化进程加快，造成了耕地、水和其他自然资源越来越稀缺，劳动力成本不断提高，再加上粮棉争地、棉经争地、棉果争地矛盾愈来愈突出，导致国内棉花生产稳定发展更加困难。面对如此严峻的挑战，棉花生产必须作出相应的调整，不能单纯依靠传统的种植技术，应积极推广植棉轻简化、机械化和现代化等，以科技创新、技术创新带动棉花产业的发展，提高棉花单产水平及总产量，以此来提高我国棉花生产水平以及在国际市场上的竞争力。

我国自2001年加入世界贸易组织（WTO）以来，棉花消费激增，供需缺口加大，棉花产业安全形势越来越严峻。我国棉花供应必须立足于国内棉花生产，大幅度提高我国棉花生产能力是当前棉花生产的迫切任务。但由于受耕地面积减少、粮食安全和粮棉比价等因素的影响，我国棉花种植面积不可能大幅度增长，提高棉花生产能力的唯一途径是加强科技创新、提高棉花生产科技水平和国际市场竞争力，在稳定种植面积的基础上，提高棉花单产水平，增加总产量。

二、湖南棉花生产在全国的地位

湖南省是我国棉花种植的主要省份。21世纪以来，尤其是“十五”以来，在全国棉花生产出现徘徊、下滑的时候，湖南省棉花生产、纺织产业仍能快速发展。棉花种植面积和总产量分别由2006年的14.6万公顷和18.9万吨上升到2011年的24万公顷和30万吨，分别增长了64.4%和58.7%。从棉花的种植面积、总产、单产、品质和公检量等综合指标看，湖南棉花生产在全国的地位不断提高，由第8位上升到第5位，仅排在新疆（兵团）、山东、河北、湖北之后。在此期间，湖南的棉花加工和纺织企业由288家上升为507家，轧花能力达到100万吨；纺纱能力由150万锭上升为356万锭，且装备上升了两个档次；纺纱用棉由30万吨上升为60万吨；纺织工业产值、上缴利税和净利润分别由2006年的175亿、5.1亿和2.2亿元增加到2011年的683亿、23.1亿和18.6亿元，分别增长了2.9倍、3.5倍和7.5倍，工农业总产值达到818亿元。“十二五”期间，湖南省为打造千亿元棉花产业而奋斗。

三、湖南棉花发展的优势

近年来，国家重点支持发展新疆棉花生产，我国棉花生产种植出现了“北进东移”的趋势。但由于新疆受水资源短缺和气候条件的限制，大规模发展棉花生产受到限制。为确保我国棉花生产安全，我国仍将长期保持西北内陆（新疆）、黄河流域和长江流域三大棉区的棉花生产格局。洞庭湖是我国重要的优质棉种植区域，湖南棉花生产在一定时期内难以被其他作物替代，棉花产业仍是本区域的优势产业。① 湖南气候多变，洞庭湖水位下降，种植水稻等作物受到一定的限制。② 种植棉花对劳动力素质要求不高。目前，湖南棉区从业人员主要是妇女和“留守”老人，棉花生产是他们重要的经济来源。③ 湖南棉区夏季高温（35 ℃以上），伏旱时间较长，大量需求的作物如玉米难以高产，而其他作物如大豆、芝麻等市场需求不稳定，效益也不稳定，与种植其他作物相比，湖南省棉纺工业发达，棉花市场需求较为稳定，市场波动小，且运输成本低。棉花是湖南农村经济的重要支柱。限于结构调整的系统性、长期性及该区域的种植习惯，目前没有新型主导产业能替代棉花在湖南农村经济中的支柱地位。

第二节　湖南棉花生产存在的突出问题

一、植棉劳动力短缺、效益下降，棉农积极性低落

近年来，随着农村劳动力转移，棉区劳动力急剧减少，老龄化严重。棉农大多是妇女和“留守”老人，文化素质普遍不高，接受植棉新技术的能力受到限制。据调查，洞庭湖棉区 50 岁以下进城务工的劳动力占 92.3%，60 岁以下的棉农只有 39.7%，而 60 岁以上的棉农高达 60.3%。同时，相比水稻、油菜等其他作物，棉花生产机械化程度不高。棉花生产劳动力强度大，用工多，人工成本高，植棉效益低，严重影响了广大棉农植棉的积极性。据调查，湖南棉花生产用工 24 个/亩（1 亩≈667 平方米），是水稻、玉米的 3 倍，是小麦、油菜的 4 倍以上。

二、棉花品种“多、乱、杂”，生产上缺乏当家品种

自 21 世纪初审定的“湘杂棉 3 号”在湖南及长江流域棉区被大面积推广以来，湖南虽审定了不少棉花新品种，但由于这些品种同质化严重，在产量、品质特别是抗性方面没有重大突破，致使这些品种在湖南省棉花生产中发挥的作用小、推广面积不大，在生产上形成不了当家品种。同时，由于供种渠道多样化，外省一些不适应湖南生态区的棉花品种大量涌入，形成了湖南棉花生产主栽品种不突出和品种“多、乱、杂”局面，棉农“一户一种”“一户多种”的现象十分普遍。目前，湖南每年种

植20万公顷以上的棉花，却没有一个品种种植面积超过1.33万公顷。如2012年，衡南县种植了0.77万公顷棉花，栽种品种多达60种以上；安乡县种植了2.67万公顷棉花，栽种品种超过100种。同时，杂交棉制种人工成本增加较大，而种子销售价格仍停留在20世纪90年代末50元/包的水平，低于成本价格。棉花品种"多、乱、杂"，农业技术人员很难把握众多品种的特性，良种不能与良法配套，品种审定时的优良特性得不到充分发挥，其结果导致棉花产量不高，纤维品质差异大，棉纺企业不愿收购，农民植棉经济效益进一步降低，严重影响农民植棉的积极性。

三、棉田基本建设相对滞后，抵御各种自然灾害能力减弱

湖南棉花主要分布在洞庭湖平原、丘陵地带及衡阳盆地，土壤类型多样，既有肥沃的河流、湖泊淤积土，也有平原沙壤土，还有地力较差的丘岗红、黄壤土。棉田主要集中在不利于灌溉和不能种植水稻的荒坡、旱地。同时，由于受棉农"一家一户"小规模种植方式的限制和植棉效益低等因素的影响，棉农对棉田基本建设重要性认识不足，投入减少。由于棉田基本建设的滞后，致使湖南大部分棉田抵御各种自然灾害的能力减弱，大部分棉田"靠天吃饭"，难以做到旱涝保收。2013年，湖南广大棉区7月至8月遭受了历史上特大的干旱，造成棉花减产和品质下降，棉农损失严重。

四、棉花种植密度过低，吐絮、收花时间长、用工多

自20世纪90年代中期以来，湖南大面积推广杂交棉种植，并且一直采取大棵稀植和大水大肥，以充分发挥单株个体优势获得高产的栽培技术。棉花种植密度多为1 000～1 200株/亩，甚至更稀疏。这种栽培技术非常适合杂交棉生长发育特性，适应当时湖南棉区人多田少、劳动力资源丰富和发展精耕细作农业的需要，对湖南棉花生产曾做出了重要贡献。但是，随着湖南广大棉区劳动力越来越少，人工成本越来越高，这种栽培技术的弊端也日益凸显。杂交棉大棵稀植的栽培技术虽然能够获得高产，但棉花植株高大，生育期过长，成铃吐絮时间长且过于分散，收花用工多，人工成本加大。同时这也不符合棉花机械化采摘中棉花集中吐絮的要求。

五、棉花生产全程机械化未取得突破性进展

棉花生产全程机械化的关键是棉花采摘的机械化。虽然湖南近年来在棉田机械精细整地、棉花机械精准直播、棉田机械化施肥、棉花病虫害"统防统治"及利用

小型收花器收花等方面做了大量实践与探索,并且在某些方面还取得了较大进展,但与实现棉花生产全程机械化差距甚远。机械化直播面临季节、成苗率和整齐度等问题,机械化采收的最大难题是棉花吐絮期长且分散。半机械化采收需要等待棉花大量吐絮后,天晴无露水、棉株干燥的条件下才能使用,但湖南棉区在采收期常遇秋雨绵绵,致使棉花不能及时收获,一部分籽棉掉落田间,一部分棉纤维过度成熟影响品质。此外,这种小型收花器仍需要人工一朵一朵地收,效率低且不易收净,常造成浪费。棉花栽培技术如何适应棉花生产全程机械化,这是湖南棉花产业发展将要面临和解决的重要问题。

第三节　棉花全程机械化生产技术路径

农业的根本出路在于机械化。洞庭湖棉区是湖南最大的棉区,该棉区地势较平坦,有利于机械化作业。因此,实现洞庭湖棉区棉花生产全程机械化、减轻劳动强度、提高植棉效益是湖南棉花生产持续、稳定、健康发展的必由之路,是湖南现代农业棉花产业体系的首要任务。

一、棉花生产全程机械化思路

在洞庭湖棉区开展棉花生产全程机械化是一个复杂的系统工程,包括机械耕地整地、机械播种、机械植保、机械中耕施肥、机械收获等各项技术的集成。目前,随着中国农机行业的发展,在棉花生产过程中的棉田耕地整地、播种和中耕植保施肥等环节都已完全可以通过机械化作业完成,但棉花采摘收获机械化成为唯一瓶颈。2012 年,财政部和农业部(现农业农村部)启动了“长江、黄河流域棉区棉花采摘机械研制”重大行业计划,目前已研制出适合长江、黄河流域棉区棉花机械采摘的中、小型样机,且价格适中。2013 年 10 月,农业部(现农业农村部)在中国农业科学院棉花研究所召开了全国棉花机械化采摘收花现场观摩会。棉花生产种植规模化是开展棉花生产全程机械化的前提和首要条件。首先,必须改变现有的“一家一户”种植生产方式,加大棉区土地流转力度,棉花生产向种植大户、家庭农场转移,培育、发展棉花专业合作社,这便于机械化作业,提高植棉规模效益。同时,要考虑洞庭湖棉区气候特点、耕作制度、棉农种植习惯,协调处理好与前茬作物的矛盾。其次,必须以棉花栽培专家为主体,结合育种与农机专家实现农机与农艺的融合，彻底改变过去重育种、轻栽培的思维，根据棉花生产全程机械化对棉花品种特性的要求科学制定棉花育种目标。根据洞庭湖棉区气候特点、油棉连作的耕作制度，结合近几年棉花生产全程机械化的实践，洞庭湖棉区棉花生产全程机械化的思路是：5月中、下旬棉花油后板土直播-机械化中耕、施肥、除草-病虫害统防统治-调控与化学封顶-9月下旬化学脱叶-10月中旬棉铃集中吐絮，机械化采摘。

二、棉花生产全程机械化需要攻克的关键技术

（一）棉花促早熟集中吐絮技术

棉花促早熟集中吐絮技术是洞庭湖棉区棉花生产全程机械化的核心。为协调洞庭湖棉区“棉、油”两熟栽培耕作制度，湖南棉花吐絮必须集中在9月底至10月中旬近20天的时间内，10月中旬前利用采摘机械一次性完成收花。同时，机械化收花要求棉田吐絮集中、一致，吐絮畅，僵瓣花少；棉花收获株高不超过110厘米，棉株不倒伏。为了达到这一目标，除选用早熟、集中结铃品种外，在整个棉花生长过程中必须采用科学栽培技术，如高种植密度栽培、科学施肥、提早化学调控、提前封顶和化学脱叶等。

（二）棉花油后直播技术

棉花油后直播技术是洞庭湖棉区棉花生产全程机械化的关键。棉花油后精准直播是最轻简的育苗技术，特别是在棉花机械化收花要求高种植密度的情况下，其省工的优势是营养钵育苗、基质育苗和水浮育苗等育苗技术无可比拟的。棉花油后直播不仅省工、减轻劳动强度、便于机械化操作，而且还可以协调“棉、油”两熟的突出矛盾。此外，还能增强棉花抗倒伏能力。湖南应加大对适应机械化作业、机械化采摘棉花品种的选育和审定力度。洞庭湖棉区棉花生产全程机械化，油菜须选用早熟油菜品种，棉花品种要求早熟（生育期100～110天）、抗病、优质、高产、成铃吐絮集中、吐絮畅，同时，要求株型紧凑，第一果枝距地高度不低于15厘米，收花株高不超过110厘米，不倒伏，便于全程机械化作业。杂交棉种子生产成本高，宜选用常规棉花品种。棉花油后直播种植密度以5 000～6 000株/亩为宜，收获种植密度不低于4 500株/亩，单株成铃10～15个，亩成铃50 000～60 000个，棉花平均产籽棉250～300千克/亩。

（三）棉花棉铃防霉、防烂技术

棉花棉铃防霉、防烂技术是洞庭湖棉区棉花生产全程机械化的保障。8月至9

月，湖南广大棉区常常遇到低温、阴雨天气，棉铃霉烂十分普遍，产生大量僵瓣花，影响棉花产量和机械化采摘。开展棉花油后直播，加大种植密度后，势必加重棉田荫蔽，棉花棉铃烂桃风险增大。通过采用科学施肥，减少氮肥用量，提早化控、提前封顶，控制收花株高不超过110厘米等栽培技术可以有效减轻棉田荫蔽度，减少棉花烂桃。同时要结合药剂防治棉铃霉烂，减少僵瓣花，减轻烂铃损失，增加棉花产量。

第三章　棉花短季栽培概述

第一节　棉花短季栽培的背景

当前,国内外棉花价格严重倒挂,粮棉争地矛盾日益突出。培育高产优质的早熟棉品种是缓解粮棉争地矛盾、实现粮棉双丰收的有效途径。然而,棉花的早熟性是一个综合性状,由生育期、各生育时期、霜前花率和果枝始节等因素构成。这些早熟性状均属于复杂的数量性状,受基因和环境共同控制,在不同群体、不同环境中还表现出不同的遗传模式。同时,多数研究认为,棉花的早熟性和产量之间存在显著负相关,要在较短的生长季节内获得生产上满意的产量,无疑加剧了早熟性和产量之间的矛盾。为深入认识棉花早熟性本质及其与产量间的内在联系,喻树讯等对棉花早熟性构成因素进行了遗传和相关分析;蔡应繁等对棉花早熟性和产量进行了主成分和典型相关分析。棉花的早熟性是由多基因控制的复杂的数量性状,同时,存在加性效应与显性效应。播种-开花、花铃期、全生育期等性状是短季棉早熟的重要指标性状,Godoy 和吴吉祥等的研究中指出生育期、始花期、铃期和果枝始节都是以加性效应为主,而显性效应则次之。

为充分利用棉花无限生长习性,发挥个体生产潜力,长江流域棉区通常采取育苗移栽、宽行稀植、大水大肥、主攻秋桃的高产栽培技术途径。特别是杂交棉推广以来,逐步形成了“以个体换群体,以时间换空间”为显著特点的杂交棉栽培技术体系。这种栽培方式的棉花单株生产力得到了充分发挥,在节约用种量、避免蕾期田间荫蔽等方面十分有效,但制钵、移栽环节劳动强度大,且棉花成熟吐絮经历期长,从 8 月上、中旬开始吐絮,到 11 月中、下旬甚至 12 月仍在吐絮,收花环节费时费工成本高,不利于发展机械化收花。随着劳动力的减少,这种劳动密集型的棉花生产方式将被淘汰。同时,由于棉铃形成的时空变化很大,大量依靠秋桃增产、棉株外围铃比例增加也会导致棉花纤维品质降低,特别是纤维品质的一致性较差。棉花产量进一步提高受到单株生产力的限制,较长的生产季节也增大了棉花受自然灾害影响的风险。因此,近年来棉花油后直播栽培已成为长江流域棉区棉花栽培研究的热点,但油后直播的研究主要强调播种期,对棉花收获后的茬口重视不够。为适应棉田多熟种植和棉花轻简化机械化栽培,刘爱玉等研究提出通过栽培措施的综合运用,实现长江流域棉花短季栽培的理念,以实现棉油接茬双直播,即不仅要在收获油菜后直播棉花,还要在收获棉花后的茬口能直播油菜。

长江流域棉区一直是我国三大主产棉区之一,该区地处中亚热带至北亚热带的湿润区,热量充足,雨水丰沛,土壤肥力高,限制因素少,棉花一直是该区的优势农作物,在2015年棉花产业发展目标上仍肩负着生产全国总量20%的重任。近年来,由于物价上涨,农村劳动力匮乏,该棉区棉农种植方式并未明显改变,再加上棉花全生育期一般可长达200天以上,机械化程度低,田间管理需要投入大量的人力物力资源,棉农植棉效益较低,棉花生产积极性受挫,造成棉田种植面积不断缩小,这严重制约了该棉区棉花产业的发展。为适应现代化生产,提高棉花种植效益,棉花生产亟须走轻简化、机械化的道路。

第二节　长江流域油后直播棉花短季栽培概述

棉花育苗移栽技术的研究成功与推广应用,缓解了棉花生长前期与冬季作物争地的矛盾,在棉花生产中发挥了主要作用。棉花生长后期与冬季作物争地的矛盾始终未得到很好的解决,一直依靠套作方式缓解。但套作不利于机械化作业,对棉花现代化生产的发展形成了障碍。为了实现棉花和冬季作物均能机械化播种和移栽,必须实现单作,即在冬作物完全收获后种植棉花,在棉花完全收获后种植冬作物。这对缩短棉花生长期提出了客观要求。

棉花短季栽培的核心就是缩短棉花的大田生育期,同时还能获得优质高产。近年来,随着经济快速发展,农村劳动力向城市转移,棉花生产成本上升,棉花直播作为一种省时省工的栽培方式重新受到重视,而直播也契合短季栽培模式。在发达国家植棉的机械化程度很高,在美国,一个人能种植10万亩棉花,而其采取的播种方式正是直播。棉花短季栽培是指采用适宜的早熟品种,运用栽培措施大幅度缩短棉花全生育期，通过提高棉花平均日产量获得高产的栽培方式，是适应棉花产业现代化、机械化生产发展需要的栽培技术体系。长江流域棉花短季栽培目标是将棉花全生育期控制在150天以下，较当前育苗移栽、大水大肥栽培模式的全生育期210～230天缩短了1/3左右。在长江流域，植棉机械化程度低，如何提高该区的植棉机械化程度，增大植棉效益是当前棉花生产的核心。油后直播棉花，有利于实现棉田机械化栽培，节省工本，提高劳动生产率。油后直播棉的播期一般在5月下旬至6月上旬，比移栽棉推迟了约40天，生长发育进程相应推迟，有效结铃期短，单株结铃少，铃重亦较轻，但是直播棉播种期间的温度高而稳定，又无前作物的隐蔽，播种后出苗快，苗期和蕾期显著缩短，迟播早现蕾，只要管理得当，就能迅速搭好丰产架子。

研究发现，在长江流域棉区油后直播关键栽培技术为选择早熟性好的品种，种植密度在4 500株/亩为宜，坂田直播能够省时省工，把握全苗是高产的基础，适时催熟，促进集中吐絮。李景龙等通过研究发现，棉花油后直播省去了移栽这一环节，缩短了生育期，一定程度上减轻了田间劳动强度，降低了生产成本，同时，直播有利于棉花集中吐絮，利于机械收花，另外，直播棉较移栽棉产量更高。研究表明，直播棉生育期最短，且其株高、果枝数、单位面积总铃数和籽棉产量在相同栽培措施下较移栽棉高。邹茜等通过研究棉花短季直播栽培与营养钵育苗移栽产量和效益，结果表明，短季直播棉较移栽棉全生育期缩短89天，直播棉吐絮期集中在9月至10月上旬，缩短了约61天，株高、单株果枝数及单株成铃数都降低了，并且达到极显著水平。短季直播棉较移栽棉产量虽减少了，但是差异未达到显著水平，且用工减少了47.2%，植棉纯收益增加967元/亩。有研究认为，直播棉应当重视棉花中后期的管理，在这一时期，利用有利的温光条件能促进棉花集中成铃。直播棉由于生育时期推迟，前期较移栽棉成铃少，但在中后期温热资源充足，这一时期棉花成铃占总铃比重的很大比例，并且集中成铃有利于棉花集中吐絮，同时，不会显著影响纤维成熟度，加强中后期培育管理是直播栽培夺取高产的关键，所以在生产上应当重视棉花中后期管理，以此达到理想产量。

一、油后直播棉花短季栽培的核心内容

（一）推迟播种，集中吐絮

当前，长江流域棉区棉花育苗移栽在4月上、中旬播种育苗。短季栽培应在5

月中、下旬直播，播种期推迟 40～50 天。但集中吐絮，全生育期结束时间提前。当前长江流域棉区育苗移栽棉在 8 月上、中旬开始吐絮，到 11 月中、下旬结束，历期 90～100 天。短季栽培要求棉花集中在 9 月至 10 月上旬吐絮，吐絮历期缩短 40～50 天，10 月 15 日前收花结束，吐絮结束日期提前 30～40 天。

(二) 提高棉花日产量，发挥群体优势获得高产

棉花短季栽培由于生长时间短，要实现高产，必须提高单位面积干物质和产量积累的速率。以籽棉产量 4 500～5 250 千克/公顷为目标，全生育期 150 天的短季栽培，日均籽棉产量需达到 30～35 千克/公顷；而当前育苗移栽棉花全生育期平均 220 天，实现相同的产量目标的日均籽棉产量仅需 20.45～24.86 千克/公顷。棉花短季栽培日均籽棉产量需较当前育苗移栽模式提高 40.79%～46.70%。

二、棉花短季栽培的优势

(一) 缓解粮油争地争季节的矛盾

洞庭湖植棉区大部分棉农采用棉花-油菜套种种植模式。棉花营养钵育苗移栽和油菜收割都在 5 月上、中旬，油菜熟后也放置于田间，脱粒也往往在田中进行。由于农村劳动力有限，往往造成棉苗不能及时移栽，产生了棉油争地、争季节的矛盾。棉花改为 5 月下旬播种，10 月上旬完成收花后直播油菜，避免了棉油争地、争季节。长江流域棉区棉花大棵稀植、大水大肥的栽培方式全生育期过长，与冬季作物争地的矛盾突出。以冬季种植油菜为例，长江流域半冬性油菜一般要求 9 月播种。为缓解与棉花争地的矛盾，常采用育苗后在棉田套栽油菜的方式，早熟棉田 11 月上旬收获后拔秆移栽油菜。但这种方法费力费工效益低，越来越多农民放弃种植油菜，因而造成大量棉田冬季闲置。选用早熟油菜品种可推迟到 10 月上、中旬播种，棉花短季栽培 10 月上、中旬可收花结束，这可解决棉花与油菜的争地矛盾，为油菜机械化直播创造条件。

(二) 避开灾害天气，提高产量品质

洞庭湖植棉区在 4 月中、下旬往往有倒春寒出现，对营养钵育苗存在很大的威胁；8 月中、下旬则会受台风影响，阴雨天较多，造成棉田中下部出现霉烂桃。油后直播棉在 5 月下旬播种，出苗后棉苗迅速生长，无缓苗期，即使比育苗移栽棉迟播种 30 天，苗期仍可缩短生育进程 25 天。而且调整了棉花集中开花时间，提高了成铃率；避开了雨季，减少了烂桃，提高产量和品质。

（三）棉花短季栽培可减少棉花生产环节和管理成本

棉花短季栽培与现行的育苗移栽、大棵稀植和大水大肥栽培法比较，至少在以下 3 个方面可以省工节本：① 短季栽培法采用直播，可减少育苗移栽环节用工 60～75 个/公顷。② 全生育期由 210～230 天缩短为 150 天以下，田间管理时间缩短，病虫草害防治和肥水管理等田间管理工作量减少，可减少用工 45～60 个/公顷。现行栽培法棉花田间生长时间长，病虫草害防治、施肥次数多，用工相应增加。如湖南棉花栽培技术规范中，除苗床肥外，移栽大田一般分基肥、提苗肥、蕾肥、初花肥、花铃肥、盖顶肥和壮桃肥等多次施肥，而短季栽培法可实行 1～2 次施肥。③ 短季栽培法吐絮集中，人工集中采收可提高采收效率 30%～40%，可减少棉花采收环节用工。现行栽培法棉花吐絮时间长，需多次采收，如果 10 天左右采收 1 次，则需 7～9 次；而短季栽培法可实现人工 1～2 次采收或一次性机械采收。人工集中采收可减少用工 75～90 个/公顷。

（四）减轻病虫草害损失

棉花在 5 月下旬播种，比常规种植方式晚播 1 个多月，免除了这段时间的病虫草害。且直播棉生育进程加快，苗期缩短，棉花苗期害虫，如蚜虫、棉盲蝽和蓟马等的发生危害程度也很轻。由于播种推迟，温度较高，棉花苗期病害也大大减轻。洞庭湖棉区棉花枯、黄萎病危害较重，死苗缺株或弱苗现象普遍，油后直播棉因加大了种植密度，充分考虑了棉花生长过程中的缺株、死苗、弱苗情况，田间因病虫草害造成的损失低于移栽棉。

（五）棉花短季栽培有利于稳产和提高纤维品质

采用现行的育苗移栽、大棵稀植、大水大肥栽培法，棉花生产季节长，增大了受自然灾害和病虫害影响的风险，产量进一步提高受到单株生产力的限制。短季栽培法通过栽培措施的科学组合，优化群体结构，依靠群体生产能力提高产量，减少了棉花受自然灾害影响的风险，也减少了病虫危害的时间，有利于棉花高产稳产。同时，现行依靠发挥个体生产潜力的大棵稀植栽培法下，由于棉铃形成的时空变化很大，大量依靠秋桃增产、棉株外围铃比例增加也导致棉花纤维品质差且不一致。短季栽培棉花集中在光热条件好的 8 月开花成铃，且种植密度增加，内围铃比例增加，有利于提高棉花的生产品质。棉铃和棉纤维发育的下限温度为 15 ℃，适宜温度范围为 25～30 ℃。品级为 3 级以上的棉纤维，铃期所需积温（15 ℃以上）在 1 200 ℃以上；成熟度大于等于 1.0 的具有纺织价值的 5 级以上的棉纤维，其铃期所需积温(15 ℃以上)在1 000 ℃以上。湘北日平均气温稳定通过 15 ℃终日(80%保证率)集中在 10 月 11 日—14 日,由此向前累加,积温在 1 200 ℃以上的日期,大约在 8 月 25 日。该日期之前开花结铃可形成 3 级以上优质棉。因此,该时期可作为湖南最佳开花期或优质开花期。

(六) 棉花短季栽培有利于实现全程机械化生产

长江流域近年来在棉田耕整、播种、施肥和病虫害防治等环节的机械化应用方面取得了较大进展,并在利用小型收花器收花方面进行了大量实践与探索,但仍与棉花生产全程机械化差距甚远。棉花采摘的机械化已成为棉花生产全程机械化的瓶颈。机械化采收最大难题是棉花吐絮期长且分散,小型收花器采收需要等棉花大量吐絮后,在天晴无露水、棉株干燥的条件下才能使用;而长江流域棉区在采收期常遇秋雨绵绵,致使棉花不能及时收获,或者籽棉掉落,一部分棉纤维过度成熟影响品质。棉花短季栽培吐絮集中,可降低棉花因淋雨或过成熟而影响纤维品质的风险,有利于实现机械化采收和全程机械化生产。目前,油菜收割基本实现了机械化操作,棉花大型和中小型直播机械也在生产中广泛运用,同时,施肥、病虫草害防治以合作社的形式实行统防统治,油后直播棉实现集中吐絮后,就能实现一次性收花;整个油后直播棉生产过程可大大减少人工投入,真正实现棉油生产全程机械化,达到高产高效。

三、棉花短季栽培的可行性分析

(一) 棉花出苗和生长季节气温高,加快棉花生育进程

棉花生育受温度影响很大,在一定范围内,温度越高,生育进程越快,生育期越短。各生育时期随品种和环境条件的变幅大,如苗期中熟品种为 40～50 天,早熟品种为 30 天左右。如果棉花生长处于温度较高的时期,各生育时期的经历期可相应缩短,从而实现短季栽培。如棉花 4 月播种由于温度低且不稳定,一般需经 7～15 天出苗;若采用地膜覆盖和塑料薄膜保温育苗,则播种至出苗期缩短为 5～7 天。短季栽培于 5 月中、下旬播种,此时气温高且稳定,只要选择发芽率高的种子,棉花播种后出苗快而整齐,可缩短播种至出苗的经历期,一般 3～5 天可出苗,且基本上能够实现一播全苗。

(二) 增加种植密度以弥补个体产量不足,实现短季栽培高产稳产

作物产量取决于单株产量和群体数量。光合作用是作物产量形成的生理基

础，产量的高低取决于作物对光能的利用效率及光合产物向产品器官转运积累的效率。作物对光能利用效率由光合面积、光合强度和光合时间等决定。棉花短季栽培群体光合时间大幅度缩短，但通过增加种植密度、增大光合面积可弥补光合时间短造成的影响。当前依靠充分发挥单株个体优势获得高产的棉花栽培技术，种植密度多为 15 000～18 000 株/公顷，甚至更低。这种栽培技术适合杂交棉生长发育特性，在充分利用棉花的无限生长习性、发挥个体生产潜力方面十分有效，但不能实现短季栽培。若以籽棉产量 5 250 千克/公顷为目标，约需成铃1 050 000 个/公顷，种植密度为 15 000 株/公顷时，单株成铃需达到 70 个；种植密度为 30 000 株/公顷时，单株成铃需达 35 个；种植密度为 45 000 株/公顷时，单株成铃需达 23.3 个；而当种植密度达 60 000 株/公顷时，单株成铃只需17.5个。棉花短季栽培将种植密度增加到 60 000 株/公顷左右，单株果枝数 10～14 个、开花成铃时间在 30～40 天内即可满足成铃需求，易实现高产稳产。

（三）化学催熟可缩短吐絮历期，实现集中吐絮

脱叶剂可加速棉铃的成熟开裂，使棉花提早吐絮。我国自 20 世纪 70 年代中后期开始对棉花的乙烯利催熟技术进行了广泛研究，取得了很大成效。目前，催熟脱叶剂的种类较多，黄河流域棉区和新疆棉区普遍应用催熟脱叶，技术较为成熟。但长江流域棉区棉花生产中应用较少，一般仅对贪青晚熟棉田进行催熟脱叶。黄河流域棉区和新疆棉区催熟脱叶技术的成功应用为长江流域棉花短季栽培提供了经验。棉花短季栽培成铃较为集中，应用适宜的催熟脱叶剂可进一步促进集中吐絮，缩短吐絮历期，进而缩短棉花全生育期。

近年来，长江流域棉区棉花油后直播栽培受到广泛重视，很多棉花科研工作者进行了大量的尝试和研究，取得了较好的进展。湖南农业大学棉花研究所的试验表明，2012 年 5 月 15 日直播，10 月 15 日吐絮率达 95%；2013 年 5 月 25 日直播，由于当年干旱高温导致生育进程加快，至 10 月 7 日吐絮已基本结束。研究结果表明，长江流域完全可以通过栽培措施调控棉花生育期，实现短季栽培。2006—2010 年，我国年均生产棉花 706 万吨，占同期世界棉花产量的 28.7%。我国棉花供应必须立足于大幅度提高国内生产能力。但由于受耕地面积减少、粮食安全和粮棉比价等因素影响，我国棉花面积不可能大幅度增长，唯一的途径是加强科技创新，提高棉花生产科技水平，提高单产，增加总产。棉花油后直播技术易于实现棉花生产农机与农艺相结合，可以大幅减少生产成本，提高棉花生产的比较效益，在洞庭湖植棉区具有广阔的前景。

第三节　棉花短季栽培影响因子研究

一、棉花播种期效应研究

播种期对作物生长发育影响很大，适期播种是棉花重要的丰产措施，其可以保证棉花种子在发芽出苗时处于最佳的环境条件，利于一播全苗、壮苗，为棉花全生育期健康的生长发育奠定了基础。不同地区由于气候温度不同，棉花播种期有所差异，一般而言，确定棉花播种期主要依据是当地温度变化情况，尤其是地温的变化情况。实践证明，当地表温度稳定在 14 ℃时可作为播种期。长江流域棉花移栽育苗一般在 4 月中、下旬播种，露地直播一般选择在 5 月中下旬，这段时间温度回升且较为稳定，能够满足棉花出苗的条件。目前国内外对棉花播种期研究较多，但是得出的结果却不尽相同。有研究表明，适当晚播有利于改善棉花库源关系协调棉花营养与生殖生长，能延缓衰老，起到增加棉花产量的效果。但是国内外也有研究结果表明，早播能够提高棉花产量，而晚播棉花成铃吐絮较迟，霜前花率低，另外棉花成铃历时短，积累的有机物不足，产量和纤维品质都会相应下降。

赵新华等研究表明播种期能显著影响棉铃干物质积累和氮素的积累与分配，从而影响棉花产量以及棉花纤维品质。比如在晚播条件下，棉花的中部果枝成铃所经历的时间段日平均气温降低，从而造成了棉花光合作用产生的有机物以及氮素不能顺畅到达棉籽和纤维中，同时，也导致铃壳的再转运过程受阻，棉籽和纤维的干物质积累量和氮素累积量都减少，最终铃重及棉纤维品质降低，产量减少。黎鸿慧等通过研究不同播种期对短季棉生长发育的影响，试验结果表明，早播会使棉株早衰，缩短棉花生育期，甚至过于提早播种对棉株农艺性状影响很大，而晚播则会导致棉花生育期延长，对棉株农艺性状如植株高度、果枝数以及花蕾数影响不大。其他研究还得出，不同播种期对棉花成铃数的影响，早播和迟播都会减少棉花产量，迟播降低得更为显著，这具体表现为早播和迟播都会导致棉花成铃总数减少，而晚播会使结铃高峰期推迟较多，早播对棉花成铃分布影响较大，降低棉花中上部及内围成铃数。范正旺等研究表明，播种期不同对棉花生育性状及产量构成有影响，提早播种期对棉花生育进程影响很大，具体表现在前期植株生长缓慢，在棉花生长后期非常容易早衰，缩短了棉花生育进程，同时也导致棉花减产。李金才等通过研究不同播种期对棉花纤维品质的影响，结果表明，在对不同播种期反应的敏感程度上，中、下部果枝的棉花纤维品质比上部表现得更为强烈，在一定范围内，适当早播有利于改善中、下部果枝棉花的纤维品质，特别是中部果枝棉花的纤维品质。

二、棉花氮素效应研究

肥料是影响棉花产量的重要因子之一，而氮素是棉花需要量最大的营养元素，且棉花对氮素也最为敏感。与其他作物相比，棉花生育期长，其氮肥需求量相对较大，但氮肥施用过多，不仅会造成浪费，提高了成本，还可能造成棉花营养生长与生殖生长不均衡，造成棉花贪青晚熟，影响棉花产量，而施氮过少则会导致棉花植株生长矮小，生物量积累少，影响棉花产量，因此，确定合理的施氮量对指导棉花生产具有重要意义。马秀珍等研究不同氮肥用量对棉花产量的影响，结果表明，在一定范围内，增施氮肥有利于提高棉花产量，施纯氮比氮、磷、钾配合使用效果好。姜兆全等的试验结果也表明，施氮量在一定范围内，增施氮肥能促进棉花株高、单株成铃数以及产量的增加，而施肥过量则会对棉花生长产生不利影响，会导致单株成铃数以及产量的降低，试验得出了在中上等肥力水平下，施纯氮量为 23.3 千克/亩可获得籽棉产量为 33.3 千克/亩。Wang 等的研究发现氮素水平和环境条件可改变棉花产量及其构成因素，试验中缺氮对照小区的产量明显低于各氮素处理小区，说明氮素能够调控棉花产量，过高或过低的氮素水平均会导致棉花减产。

棉花植株较大，生物量积累多，其具有吸氮量多的生物学内在特性。棉花施氮量对棉花干物质积累影响较大，进而影响产量。研究发现，促进干物质积累可通过合理增施氮肥来实现，每增加 1 千克的纯氮量可以使单株棉花的干物质增加约 1.4 千克。棉花干物质的积累量直接影响着棉花的产量和品质。马宗斌等研究结果表明，施氮过少会造成棉花干物质积累少，产量不高；而施氮过高，虽然有利于营养器官生长，干物质积累显著增大，但分配不合理，生殖器官所占比例并未相应增大，产量增加不明显，在施氮量为 20 千克/亩时，棉花干物质积累量较大，而且分配到生殖器官的比例较高，籽棉产量比不施氮的处理增加了 15.29%，比施氮量为 10 千克/亩的处理增加了 9.77%，差异达到显著水平；与施氮 30 千克/亩的处理产量差异不显著。

棉铃是棉花的收获器官，其受氮素的影响直接影响着棉花产量和品质，马溶慧等通过研究氮素水平对棉铃干物质积累分配和纤维品质的影响，试验结果表明，棉铃各组成部分的干物质积累受氮素的影响顺序为棉纤维＞棉籽＞铃壳。其他研究还发现，不同时期成铃对氮素反应不一样，伏桃对氮素水平敏感，缺氮和高氮能显著降低断裂比强度，秋桃受缺氮影响较大，但对高氮不敏感。同样有研究表明，单株铃棉花氮素能显著增加单株铃数，棉花生长后期追加叶氮可减少蕾铃脱落，棉花蕾铃数的变化总是与各氮处理的干物质重的变化密切相关，铃重和单株铃数对氮素水平反应敏感，是产量的决定因素。

氮素是棉花需要的大量元素，但是其利用率并不是随施肥的增多而增大，薛晓萍等研究表明，过量施肥会导致棉株营养器官比例增大，生殖器官比例减小，积累的有机物主要集中在茎枝与叶片，不能向花蕾铃转移，棉花产量不会随施氮增多而增加。其他研究还发现，氮素的累积利用率与施肥量并不存在正比关系，随着生育期推进，氮素利用率变化呈S型曲线，说明氮肥利用率有一个最快时期，未到或超过这个时期，其利用率都会下降。张旺峰等也通过对棉花吸收氮素的动态研究发现，棉花吸收氮素效率也表现出慢、快、慢的趋势。

林涛等研究表明，增施氮肥对单株结铃数影响显著，对铃重、衣分等无显著影响，氮肥施用过多或过少都不利于高产结构的形成，施氮量在20～30千克/亩，其氮肥利用率最高，能显著增加棉花产量，施氮量对棉花纤维品质影响较大，纤维长度、马克隆值与施氮量的关系呈开口向下的抛物线模式，施氮过多会显著降低纤维强度，氮肥对不同空间分布的棉铃纤维品质影响显著，其中，纤维长度、比强度受氮肥的影响较大，而马克隆值、伸长率、短绒指数受其影响相对较小。张培通等研究发现，在适宜的施氮量内，纤维强度和马克隆值随施氮的增加而降低，对纤维长度影响较小，而过量的施氮会对纤维长度、比强度及马克隆值产生不利影响。氮素是叶绿素的重要组成成分，施氮能提高棉花叶片中叶绿素的含量，起到延缓植株衰老的作用。罗新宁等研究发现，不同施氮量叶绿素含量差异显著，增施氮素能增加棉花叶绿素含量，同时，也能缩小不同叶位之间叶绿素含量差异，同等施氮水平，不同叶位叶片SPAD值差异显著。李伶俐等研究施氮量对杂交棉主茎功能叶叶绿素的影响发现，施氮不足会导致叶片叶绿素含量前期增加得慢，后期衰减得快，而增施氮素会出现相反的结果，且叶绿素含量能稳定在较高水平。

三、棉花种植密度效应研究

棉花产量构成因素为单位面积株数、单株成铃数和单铃籽棉重，提高棉花产量可以从这3个方面去考虑。棉花群体与个体之间存在一定的矛盾，群体过多会导致个体所需资源减少，个体生产力受到限制。而个体过少，虽然资源满足了自身发展，但总体上并不一定能增加产量。因此，提高产量必须让个体与群体之间和谐发展。棉花种植密度随品种的演替及栽培措施的改进不断变化，西北内陆棉区形成了符合当地环境条件的“矮、密、早、膜”综合栽培技术体系，而长江流域棉区稀植大棵的种植模式已不太适应当地经济社会的发展，合理密植是一项经济有效的增产技术，适宜的种植密度能建立合理的群体结构，协调好个体与群体的关系，充分利用热量、肥料、光照等资源，促进棉花优质高产。确定一个合理的种植密度群体，必须要适应当地的气候条件、土壤肥力，另外还要兼顾田间管理、成本投入等因素。

种植密度对棉花产量影响较大，主要表现在干物质积累上，不同群体干物质积累速度与总量差别较大。刘瑞显等通过研究种植密度对棉花干物质、氮素积累与分配的影响，结果发现，增大种植密度能提早棉花干物质积累及氮素积累的快速积累日，但种植密度并不是越大越好。研究发现，在长江流域，抗虫杂交棉种植密度为2 000株/亩时，干物质与氮素快速累积速率较高，并且快速累积期长，干物质积累量与生殖器官的分配指数最大，棉花产量最高。王志才等研究发现，高密度种植的棉花最大叶面积指数比低密度种植下提早约13天，而低种植密度下群体透光率较高，干物质积累总量并不是简单随种植密度增加而增大，种植密度超过一定范围后，干物质积累将不会增加，以种植密度为5 800株/亩的干物质积累最大。其他研究还发现，在对籽棉产量影响上，随着种植密度的增加，群体果节数增加，结铃率与铃重降低，总铃数出现先上升后下降的趋势，最终以种植密度为4 600株/亩的籽棉产量最大。潘群斌等研究也发现，籽棉产量并不是随种植密度增加而增加，在试验中，种植密度为3 500株/亩的产量比2 000株/亩增产约13.25%，而比4 000株/亩增产近26.66%。

王树林等研究结果表明，不同年份间棉花株高、单铃重、衣分及皮棉产量差异较为明显，各项指标在多雨年份显著高于干旱年份。棉花株高、单株成铃数及单铃重随种植密度增大而降低，成铃率随种植密度增加而降低，在成铃分布上表现为随种植密度增加伏桃比降低，而单位面积总铃数及单位面积皮棉产量随种植密度增加出现了先增加后降低的趋势，种植密度为5 800株/亩的皮棉产量显著高于3 400株/亩和7 000株/亩。路正营等通过研究不同种植密度（4 000株/亩、5 000株/亩、6 000株/亩和7 000株/亩）对晚春播早熟棉生育动态和产量的影响，结果发现种植密度为5 000株/亩时，较其他处理并未显著降低单位面积总铃数，单铃重与低种植密度下一致，与其他处理相比，棉花籽棉产量与皮棉产量达到最大值，分别为 324.5 千克/亩和 125.6 千克/亩。赵振勇等研究也认为，过高的种植密度会导致单株成铃数和单铃重下降，当个体生产力下降的幅度大于群体生产力增加量时，棉花单位面积产量会下降，增大种植密度产生了负效应。李蒙春等发现种植密度在 9 500～15 400 株/亩范围内，尽管单株成铃数随种植密度增大而降低，但单位面积总铃数增加，单位面积产量也随之增加。

种植密度对棉株的农艺性状影响很明显，棉花的农艺性状主要包括株高、果节数、果枝数、果枝始节高度等。棉田个体构成了群体结构，个体发育得好能促进群体的和谐发展。株高特别是株高日增量适宜与否能作为反映群体结构好坏的重要标志之一。株高的高低与种植密度有极显著相关性。研究显示，种植密度与株高呈负相关，棉花产量受单株果枝数与亩果枝数的影响。中科院上海植生所王天铎研究发现，棉花产量在高种植密度(5 000～10 000 株/亩)下随种植密度增加而降低，在种植密度为 5 000～10 000 株/亩种植密度范围内，单株果枝数与产量呈负相关，果枝数的增加并不能提高棉花产量。但是当棉花果枝数较低时，降低种植密度并不能显著减少棉花产量，所以在大田生产中应当保持适当的果枝数，过多或过少的果枝数都不利于棉花获得高产。研究表明，株高日增量受种植密度影响较大，种植密度不同棉花株高日增长量有明显差别，主茎绿叶数和果枝数等都会随着种植密度增大而降低，果节数和单株成铃数受果枝数影响较大。李国锋等通过研究苏抗"103"获得高产时的适宜种植密度发现，种植密度为2 000～4 000 株/亩时，果枝数受种植密度影响较大，变异系数最大达到了 16.27%，提高种植密度会减少单株果枝数，单株果枝台数最大为 19.6 个，最小为 16.6 个。

文俊等通过研究不同种植密度对棉花生育生理特性的影响发现，种植密度对棉株光合作用影响较大，在不同生育时期内，不同种植密度处理光合速率差别较大，种植密度最小与最大处理之间的光合速率差异达到了极显著水平，各处理叶绿素含量都出现了先上升后下降的趋势，且最高含量均在盛花期。其他研究还发现，在种植密度为 2 200～3 600 株/亩时，单位面积生物量积累随种植密度增加而上升，种植密度为 3 600 株/亩时，棉花产量达到了最大值，为 138.10 千克/亩。棉花纤维品质指标较多，主要有纤维长度、马克隆值、纤维比强度和伸长率等，由于形成纤维的过程是一个长期复杂的过程，包括了纤维分化阶段、伸长阶段、快速伸长期和脱水期等时期，其纤维品质最终形成受遗传和环境共同的影响，所以纤维品质可以通过栽培措施人为改善。目前种植密度对棉花纤维品质影响结果不太一样，有研究表明，种植密度对纤维品质存在一定的影响，增加种植密度有利于马克隆值降低，上半部平均长度增加。同样也有研究认为，马克隆值受种植密度影响较大，其他指标则受影响小，而比较不同果枝部位的纤维并无显著差异。朱丽丽研究发现，纤维长度、成熟度及马克隆值与种植密度呈显著负相关，而纤维细度则与种植密度呈正相关，比强度与种植密度呈开口向下的抛物线关系。

四、化学调控效应研究

近年来，我国农村种地"老龄化""女性化""兼职化""副业化"的现象日趋突出，农村劳动力资源的减少导致棉花用工生产成本增加，植棉效益和收益下降。2014年，棉花籽棉价格已降至 6 元/千克以下；2015 年，长江流域棉区和黄河流域棉区实际播种面积较 2014 年分别下降 30.8%和 37.4%。另外，在适宜的光照、温度、水肥等环境条件下，棉花具有纵向和横向无限生长发育的特性，其生育前期往往雨水过多且温度较高，易造成营养体生长过旺，从而使得营养生长和生殖生长不协调，最终导致棉花早衰，蕾铃脱落严重，产量和品质降低。因此，协调好棉花营养生长和生殖生长之间的关系，是实现棉花优质、高产、高效至关重要的因素。棉花产量和品质等性状不仅受遗传效应的影响，还受大田温度、光照、水分、养分和栽培管理措施等因素的直接影响。施用植物生长调节剂，被列为中华人民共和国成立以来棉花栽培领域三大技术（化学调控、育苗移栽、地膜覆盖）变革之首，且在国内外棉花生产上得到了广泛应用，其中，缩节胺（1，1-dimethyl-piperidinium chloride，DPC）应用最广泛。缩节胺又名健壮素、助壮素，商用名称为 Pix，通用名为甲哌鎓，是一种抑制性外源植物生长调节剂。缩节胺是赤霉素生物合成抑制剂，通过减少棉花内生赤霉素水平抑制细胞的伸长和扩大，进而影响棉花的生长，塑造良好株型，改善生理特性、产量、纤维品质。根据作物补偿机制中的得失补偿和差异补偿，发展以轻简化栽培技术为要求的缩节胺化学调控技术，是我国棉花生产发展的必然趋势。缩节胺在实际应用中灵活性比较大，只有根据具体的田间环境条件和棉花生长发育状况进行合理调控，才能达到预期效果。

在棉花生产过程中，运用缩节胺进行化学调控是我国发展轻简化棉花栽培技术的必然趋势。缩节胺对棉花生长发育的调控作用可以分为基本效应和复合效应两类，基本效应指喷施缩节胺后棉花在形态和功能上的直接变化，如农艺性状变化等；复合效应是指在基本效应的基础上，结合外界环境等其他因素共同作用后形成的变化，如产量性状变化等。

(一) 缩节胺对棉花种子萌发及根系活力的影响

种子萌发是棉花生育周期中最脆弱、最重要的过程,容易受到病虫害等外部环境条件的影响,种子萌发的质量对出苗率、幼苗长势、棉花的繁衍与生存等有一定的影响。国内外关于缩节胺对棉花种子萌发的影响已有较多报道,周春江等以新陆早 8 号为供试品种,研究了缓释缩节胺包衣处理对棉花农艺及经济性状的调控效果,结果发现,随缩节胺使用剂量的增加,3 种缓释材料包衣处理的棉花出苗率均逐渐下降。赵强等以中棉所 49 号为材料,采用高、中、低 3 个剂量的缓释缩节胺对种子进行包衣,结果发现,棉花出苗所需时间随着缩节胺包衣剂量的增加而延长。田晓莉等对棉花种子进行缩节胺拌种,采用生物试法测试发现,将未应用缓释技术的拌种作对照,由于包被在种子表面的缩节胺释放快、释放量大,因此,植株吸收到的缩节胺多,生长受到的延缓作用强;采用^{14}C-缩节胺同位素标记法测试发现,种子经缩节胺拌种后,种壳上的缩节胺一方面直接被种胚吸收,另一方面向土壤中扩散进而被幼苗的根系吸收。根系是植物吸收水分和养分的重要器官,根系活力对根系的生命活动、功能有很大影响。缩节胺能通过增加棉花侧根数及同化产物向根系分配的比例来促进棉花根系的发育。田晓莉等以转基因抗虫棉 SGK321 为试验材料,研究了缩节胺与 DTA-6 复配对转基因抗虫棉根系功能的调控,结果发现,缩节胺处理棉花的根系活力在盛花期提高了 13.95%,结铃盛期的根系伤流量提高幅度较大,伤流液中游离氨基酸的流量在盛花期和结铃盛期分别较清水处理的对照组提高了 8.50%和 32.87%,改善了根系的功能。De Almeida 等用缩节胺处理棉花品种 FM993 的种子,结果表明,缩节胺对棉花幼苗生长有延缓作用,可以促进根系发育,提高根系活力,对根长无显著影响。王宁等以国欣棉 3 号为材料,用 200 毫克/升缩节胺浸种 12 小时,结果表明,缩节胺浸种处理的棉花幼苗根系活力增强,且显著改善了棉花幼苗根系的 ROS 代谢水平。根系组织的 ROS 代谢得到改善可能是缩节胺浸种提高棉花幼苗根系活力的机制之一。

(二) 缩节胺对棉花农艺性状的影响

农艺性状是判断棉花生长状况的重要指标。塑造理想株型,防止疯长,构建合理群体,是棉花高产稳产的基础。研究表明,喷施缩节胺可以降低棉花株高、主茎节数和节间长度,还可有效降低果枝始节位置及始节高,增加有效果台数,增大果枝粗度,缩短果枝长度,对棉株上部主茎节间平均长度和中上部果枝平均长度的生长具有抑制作用。杨长琴等以中棉所 50 为材料,采用裂区设计,研究了种植密度和缩节胺对麦后直播棉产量和冠层结构的影响，结果发现，缩节胺用量越高，不同果枝夹角和长度越低；且缩节胺在蕾期、开花期、打顶后的用量比例为1∶2∶4时，有利于改善冠层特征，实现早熟高产。杨成勋等以新陆早45号和中棉所50等为试验材料，研究了喷施化学打顶剂对棉花冠层结构及群体光合生产的影响，结果表明，田间喷施缩节胺打顶可以塑造株型，改善冠层中下部光环境，调节棉花冠层结构。由于棉花株高、分枝主要受品种遗传和环境条件的影响，所以利用缩节胺对棉花进行化控，塑造良好的冠层结构成为棉花取得优质高产的关键技术。

（三）缩节胺对棉花产量和纤维品质的影响

单位面积结铃数、单铃质量和衣分是棉花产量的3个主要构成因素。其中，衣分主要由遗传特性决定，结铃数和单铃质量则受环境影响比较大，可以通过农艺措施进行调节，尤其是结铃数可塑性较大。棉花产量和纤维品质不仅受棉花品种本身的遗传特性制约，化控等栽培措施对其影响也较大。大量试验研究表明，缩节胺对棉花产量及其构成因素的调控效应是不一致的。任晓明等以清水为对照，分别于苗期、蕾期、初花期、打顶后5天喷施缩节胺，研究发现，缩节胺系统化控对衣分没有显著影响，但使棉花品种国欣棉3号和欣抗4号的单位面积结铃数显著增加，单铃质量也显著提高，两个品种籽棉产量分别比对照显著提高10.2%和13.7%。徐新霞等研究发现，缩节胺喷施3次效果最佳，棉株单株结铃数和单铃质量显著增加，皮棉产量达到3 583.3千克/公顷。宋妮等采用桶栽试验，研究不同水分状况下喷施缩节胺对棉花蕾铃和产量的影响，结果表明，缩节胺对棉株蕾铃生产影响小，土壤含水量较高时喷施缩节胺可使棉花增产。Gwathmey等研究表明，在窄行系统中，喷施缩节胺可以使棉花的下部果枝铃增多，有益于结铃，提高单位面积结铃数和皮棉产量。Yang等研究发现，在现蕾期和开花期喷施缩节胺可以显著提高皮棉产量。而其他一些研究结果显示，喷施缩节胺可以降低产量或对产量无显著影响，也可以降低单铃质量和衣分或对单铃质量和衣分无显著影响。在棉铃的时间和空间分布上，研究表明，喷施缩节胺可提高伏前桃和秋桃产量，降低上部果枝结铃数和单铃质量，增加中、下部果枝铃数比例。Mao等研究表明，喷施缩节胺导致棉铃向植株中、下部果枝集中，增加中、下部果枝成铃数，减少上部果枝铃数，单株结铃数略有增加，可以改变棉花成铃空间的分布。

有关缩节胺化控对棉花纤维品质的影响研究也较多，且影响结果也不一致。何钟佩等研究发现，缩节胺处理对棉花纤维细度、纤维强力、断裂长度和成熟系数各项指标均没有不良影响。Wilson 等喷施不同剂量缩节胺进行棉花窄膜试验，结果发现，棉花纤维长度提高了 1.1%～1.8%，而纤维强度、马克隆值、整齐度指数均无显著变化。刘燕等研究了缩节胺和打顶与整枝对华杂棉 H318 产量及纤维品质的影响，结果表明，缩节胺对整齐度指数和马克隆值（没有改变马克隆值等级）有显著影响，但是对纤维上半部平均长度和断裂比强度无显著影响。Ren 等研究表明，在现蕾期或在现蕾期和开花期喷施缩节胺可以显著提高纤维长度（1.7%）和纤维强度（2.8%）。综上所述，缩节胺对棉花产量和纤维品质的影响结果不尽一致，这可能是受光照、温度、水肥、化控等因素综合影响造成的。

（四）缩节胺对棉花生理生化特性的影响

库源关系的协调是棉花获得高产的基础，大量试验结果表明，喷施缩节胺后，棉花叶片增厚且叶色变得深绿，叶绿素含量增加，光合物质积累增加，光能利用率提高，保证了较高的群体光合能力。研究表明，缩节胺打顶处理棉花叶片的叶绿素含量较人工打顶处理高 31.12%～60.43%，叶面积指数高且高值持续期长，光合面积增加，光合时间延长。刘翠等研究发现，合理的甲哌鎓喷施次数能增强铃对位叶光合能力，促进铃对位叶合成更多的可溶性糖与可溶性蛋白，使更多的光合产物向产量器官转移，延缓叶片衰老进程，提高生育后期叶片光合速率，从而促进棉铃中光合产物的累积。低浓度缩节胺能提高棉花花铃期的叶绿素含量，降低丙二醛含量；而高浓度则使叶绿素含量下降，丙二醛含量上升。周运刚等以新陆早 44 号为材料，研究了不同缩节胺处理对棉花生理生化特性的影响，结果表明，缩节胺处理前期叶片中的叶绿素、游离脯氨酸、可溶性蛋白含量随缩节胺浓度的增大而逐渐增加，而处理后期叶绿素、游离脯氨酸含量则低于用清水处理的对照，适宜的缩节胺浓度可以提高棉花细胞耐渗透压能力，增强抗胁迫能力。冯国艺等研究发现，新疆超高产棉花冠层形成特征表现为，冠层各部位叶片群体光合速率高且在冠层垂直方向呈均匀分布，冠层中下部叶面积指数分布比例高，吐絮期冠层上部叶片群体光合速率下降缓慢。唐光木等发现，喷施缩节胺可以促进叶片同化物向生殖器官转移，使可溶性蛋白含量降低、叶片气孔面积减小，还可以增强叶片硝酸还原酶和谷氨酰胺合成酶活性，抑制棉花植株氨挥发。

库源关系的协调还包括干物质分配的协调，棉花群体光合能力的强弱、产量的高低与干物质积累的多少关系密切。Pettigrew 等研究发现，在盛花期喷施缩节胺后，棉铃中干物质质量比例提高了 8%。罗宏海等研究表明，在相同种植密度下，盛铃期以前群体总干物质累积量在不同缩节胺化控量处理间无明显差异；而盛铃期以后群体总干物质累积量则随缩节胺化控量的增加而降低。此外，徐新霞等研究还发现，缩节胺可以有效协调营养生长与生殖生长的矛盾，合理喷施缩节胺有助于促进棉株生殖器官干物质积累。由此可知，缩节胺可促进棉株干物质的转移，改变源库关系，最终影响棉花的产量和品质。

第四章　短季棉的早熟性机制研究

第一节　短季棉的概念及特性

一、短季棉的概念

棉花是我国重要的战略物资和生活必需品，在国民经济中占有重要地位。棉花栽培品种主要有陆地棉（*Gossypium hirsutum* Linn.）、海岛棉（*Gossypium barbadense* Linn.）、草棉（*Gossypium herbaceum* Linn.）和亚洲棉（*Gossypium arboretum* Linn.），其中，陆地棉产量占世界棉花产量的95%，是主要的棉花栽培种。中国是世界上主要的棉花生产国和消费国，"人多地少"是我国的基本国情，随着社会经济的进步，"人增地减"的发展趋势将严重影响我国农业的发展，人民生活水平的提高。增加复种指数，改革种植制度，从一熟到多熟，从单作到间种套种是我国农业发展方向。短季棉的培育和推广，有效地缓解了粮棉争地矛盾，实现棉花一熟向两熟乃至多熟发展，适应棉花机械化的发展需要。

短季棉是一类生育期短、生长发育过程快、株型较矮且紧凑、开花结铃集中、晚播早熟的棉花品种。我国早期育成的短季棉品种多存在衣分低、品质差等缺点。但近年来，随着育种技术的不断提高，新近育成的短季棉品种（系）在较好地保持了早熟性、丰产性和抗逆性的基础上，衣分和纤维品质得到显著改善，如中棉所50、中棉所67、新陆早42号、鲁棉532等，衣分可达38%以上，纤维上半部平均长度≥28毫米，断裂比强度≥28厘牛/特，马克隆值在4.8以下，较好地满足了棉纺织工业的要求。利用短季棉生育期短的特性，在我国热量较差地区及多熟制棉田种植短季棉，一方面，可以提高土地利用率，顺应农业结构性调整，另一方面，能够减免地膜使用，减少农药化肥用量，实现棉花的绿色可持续生产。

早熟短季棉形态可归纳为：植株矮小，株型紧凑；主茎及果枝节间短；第一果枝节位低。早熟短季棉品种有 3 种类型，即全生育期发育都快的类型；前期发育慢，后期发育快的类型；前期发育快，后期发育慢的类型。前人对棉花早熟性鉴定认为果枝始节、苗期、始蕾期、花期、铃期、开花纵间隔期、横间隔期、产量、生育期等与棉花早熟性相关。陆地棉早熟性状受基因型和环境共同控制，是复杂的数量性状。当前分子生物学和遗传学在植物遗传育种方面应用广泛，利用分子标记技术将田间表型性状与分子标记结合起来进行分析，从而揭示了早熟棉的分子遗传规律。利用分子标记技术，可对早熟棉进行早代选择，提高了选择的效率，缩短了育种进程，提高育种的效率。

二、短季棉的特性

短季棉是一种生育期相对较短的棉花品种类型，生育期比中熟春棉品种短 20～30 天，具有独特的品种特性和栽培特点。短季棉的品种特性主要表现在生育期短（100～115 天），植株矮且株型紧凑，开花结铃集中，晚播早熟。其中，在北疆特早熟棉区种植的短季棉，生育期 100～112 天，株高 75～85 厘米，果枝始节位高 15 厘米以上。短季棉的栽培特点主要表现在种植模式多样，既可在黄淮海棉区做麦棉夏套、长江流域棉区做麦（油）后移栽或麦（油）后直播，也可在西北内陆早熟棉区做一熟春棉种植。其播种期弹性较大，黄淮海棉区棉花播种一般集中在 5 月 15 日—6 月 5 日，多强调“密、矮、控”栽培，即采取高种植密度（75 000～120 000 株/公顷）、早打顶（7 月 20 日前后，单株果枝数 9～11 个）、适当化学调控（株高控制在 75～95 厘米），通过塑造合理株型并控制单株的生产量，充分发挥其群体优势，进而实现高产高效。喻树迅等认为棉花的早熟性是在一定的气候栽培条件下，充分利用当地光热资源生产出较高经济产品的能力。据此将早熟棉的形态特征归纳为以下几点：① 果枝始节位低，一般在第 4 节至第6 节或在更低的节位上出现第 1 个果枝，有利于早发；② 主茎和果枝的节间短，植株较矮且紧凑，主茎与果枝的夹角较小，能够充分利用光能，并减少营养生长消耗，利于光合产物更多地向生殖器官转运；③ 中、下部果枝结铃多，铃大小适中，铃壳薄，铃期短，吐絮早而集中，且棉铃成熟后易脱水。

第二节　短季棉的早熟性机制

早熟是短季棉最显著的特性，也是其在多熟制及特早熟地区占有优势并得以推广应用的立足之本。短季棉的利用是从研究揭示其早熟性的机制开始的。近年来，随着分子生物学技术的发展，短季棉早熟性的分子机制也得到一定的揭示。归纳现有研究，短季棉早熟性的机制主要体现在以下几个方面。

一、短季棉的光合作用和碳氮代谢特点

光合作用及碳氮代谢能力强弱决定着棉株生物量的积累，以及由营养生长向生殖生长转换的早晚。邓绍华等研究发现，短季棉品种中棉所 10 号的叶绿素含量高于中熟棉品种，从而提高了其光合作用强度，这可能与中棉所 10 号叶片较厚和叶片栅栏组织细胞较长有关。在夏播条件下，短季棉光合作用的高峰提前至初花期，光合产物的制造和积累也得以提前，从而为提早现蕾、开花、结铃打下了基础。沈法富等研究指出，成熟期较早的中棉所 10 号与成熟期较晚的中棉所 16 和中棉所 36 相比，光合产物向生殖器官输送的时间提前。郭庆正等采用^{14}C同位素示踪技术研究不同熟性棉花品种碳同化产物分配时发现，苗期短季棉品种光合产物运出比例高于中熟品种，且主要运往顶芽，运往根中的较少，中熟棉品种则相反；盛蕾期短季棉品种的碳同化产物运往棉蕾的比例明显高于中熟品种，有利于早熟。自现蕾后，短季棉分配到生殖器官中的碳水化合物（可溶性糖和淀粉）明显高于中熟棉，利于短季棉纤维发育。由此可见，光合作用高峰出现早且光合产物侧重向生殖器官分配，是短季棉早熟性的重要机制。

氮代谢在棉株生长和纤维发育中均起着重要作用。早熟棉在开花期以前，以扩大营养体为主，即以发根、长茎和增叶为中心，并逐步向增蕾转移，这期间氮素吸收利用较少，现蕾后加速，氮素吸收利用高峰集中在开花结铃期。但与中熟品种比较，早熟棉的氮素吸收速率峰值出现较早。春播条件下，短季棉自现蕾至结铃的各生育时期，叶片中非蛋白氮含量始终高于中熟棉，开花期尤为明显，短季棉品种中棉所 10 号的非蛋白氮较中熟棉品种中棉所 31 高 47%，说明非蛋白氮是决定物质积累的重要因素之一。夏播条件下，短季棉叶片中全氮含量与春播条件下的表现相一致，而蛋白氮含量增加明显，中棉所 10 号在蕾期、花期和结铃期分别有 12 种、

10种和15种氨基酸的含量高于中棉所31，其中以天门冬氨酸的增幅最大。较高的氨基酸含量对氨的输送和蛋白质的合成起着重要作用，旺盛的氮代谢为蛋白质的快速转化和加快有机体的发育提供了保障。喻树迅等研究指出，早熟品种较晚熟品种具有较多活跃的过氧化氢酶和巯基化合物，且早熟棉品种的蛋白质、氨基酸在整个生育期均明显高于中熟棉，为其在有限的时间内获得高产奠定了物质基础。由此可见，氮素吸收速率峰值出现早且氮代谢旺盛是短季棉早熟的又一重要机制。

二、短季棉的花芽分化及其激素调控特点

棉花具有无限生长习性，在生育进程中同时存在着生根、生叶和长枝等营养生长与现蕾、开花和结铃等生殖生长。通常认为棉花生殖生长从现蕾开始，但实质上早在现蕾之前棉花花芽已经分化，从解剖学的角度来讲这应该是棉花生殖生长的开始。花芽分化是植物由叶芽生理组织状态转变为花芽生理组织状态，然后再发育成花器官原基雏形的过程，是植物进入生殖阶段的起点。花芽分化进程影响着蕾期、花期及第一果枝节位高低和果节节间的长短。当棉苗生长发育到一定阶段，在适宜的环境条件（如光照、温度等）下，通过复杂的生理生化变化和形态结构变化，就会在植株的一定部位分化形成花芽。棉花的花芽是形成棉铃和纤维产量的基础，花芽分化的迟早决定着结铃是否适期，花芽分化的多少则关系到蕾花铃的多少，甚至产量的高低，花芽分化在棉花产量和品质建成中起着极为重要的作用。任桂杰等研究发现，早熟品种中棉所16在第2片真叶展开时即开始花芽的形态分化（由营养生长转向生殖生长），中熟品种中棉所12则在第4片真叶展开时开始花芽分化。陈布圣通过对多个品种的比较也发现早熟棉品种的花芽分化早于中、晚熟品种。除外界因素外，影响花芽分化的内因也极为复杂。营养物质是花芽形成的基础，植物激素则对花芽分化起着至关重要的调控作用。植物的花芽分化受多种激素的综合调控。内源激素的含量及其动态平衡影响陆地棉花芽的分化，高浓度的赤霉素（Gibberellin acid，GA）、细胞分裂素（Cytokinins，CTKs）、脱落酸（Abscisic acid，ABA）和低浓度的生长素（Indole-3-acetic acid，IAA）有利于陆地棉花芽的分化，高水平的CTK/IAA、ABA/IAA、GA3/IAA和低水平的ABA/GA3均能促进陆地棉花芽的分化。控制花芽分化的激素在不同部位的调控机制也不尽相同，如生长素，在棉花茎尖中低含量促进花芽的分化，而在主茎叶内高含量促进花芽的分化。沈法富等对3个短季棉品种主茎叶内源激素的研究发现，从棉花现蕾至开花期，主茎叶中生长素和玉米素（Zeatin riboside，ZR）的含量均出现高峰值，标

志着棉花由营养生长向生殖生长的转变。任桂杰等研究发现，茎尖内高含量的生长素对棉花的花芽分化有抑制作用，无论早熟还是中熟棉品种，在花芽原基开始分化时，内源生长素的含量都明显降低，进一步证实茎尖中的生长素含量降低有利于棉花花芽的分化。在激素调控过程中，高水平的细胞分裂素能够加大营养物质向生殖器官的转运，而减少营养物质向营养器官分配，进而促进花芽的分化。短季棉通过调节棉株不同部位内源激素的含量和比例，促进其早分化和形成花芽，这也是短季棉早熟性的重要机制。较早的花芽分化起始和更快的花芽分化进程使短季棉早蕾早花，这是短季棉早熟性形成的形态基础，而花芽分化前期较高的碳氮比值和更高的 GA3、ABA 含量及 GA3/IAA、ABA/IAA 比值，是短季棉能更早地起始花芽分化和更快地完成花芽分化的生理代谢基础。

三、短季棉早熟性的分子机制

棉花的早熟性是新陈代谢变化与物质转化速度相协调的一种表现。早熟性为复等位性，是由多个基因控制的数量性状。植物早熟性与开花时间密切相关，开花受多种通路（自主途径、光周期途径、春化途径、赤霉素途径、温度途径和年龄途径等）协同作用的调节，因此，对植物开花途径中的关键基因进行功能研究具有重要意义。拟南芥（*Arabidopsis thaliana* L.）中的 FLOWERING LOCUS T(FT)基因与成花密切相关，它作为转录因子对植物内部遗传信息和外部环境信息调控下的信号进行整合，并在植物顶端分生组织向调控开花通道的下游发出成花转变的信号，进而正调控下游的开花基因，促进花芽分化和开花。以中棉所 36 叶片基因组 DNA 和 cDNA 为材料，克隆得到开花相关基因 GhFLP1，该基因在花蕾中优势表达，说明该基因可能在调控棉花开花时间方面发挥特定的功能；且在早熟品种（中棉所 36、中棉所 74）中的表达量明显高于中熟品种（中棉所 60、鲁棉研 28 号），猜测该基因可能与棉花的早熟性相关。前人研究表明，植物开花受赤霉素（GA）和水杨酸（Salicylic acid，SA）的影响较大。张盼等采用外源赤霉素和水杨酸对棉花幼苗进行处理，发现 GhFLP1 的表达受外源激素水杨酸和赤霉素诱导；农杆菌介导转化拟南芥，对该基因进行功能验证发现，转基因拟南芥莲座叶数目减少，开花时间提前；对转基因拟南芥内源开花基因进行表达量检测，发现一些促进开花基因（如 AtFT、AtAP1、AtLFY、AtSOC1）表达量上调，抑制开花基因 AtFLC 表达量明显下调，说明 GhFLP1 可能参与陆地棉开花时间的调控。王聪聪等以早熟品种中棉所 50(CCRI50）和中熟品种鲁棉研 28 号为材料，对 GhFLP5 基因的时间和 4085 期空间表达模式进行分析发现，其在叶片中优势表达，且在早熟品种 CCRI50 中的表达高峰早于中熟棉品种鲁棉研 28 号，这与前人研究关于棉花花芽分化理论的结果相一致，推测 GhFLP5 很可能与花原基发育有关；与此同时，GhFLP5 在叶片中的表达受到水杨酸和脱落酸的诱导之后表达量上升，而外施茉莉酸(Jasmonic acid, JA)则会抑制 GhFLP5 的表达；在拟南芥中异源表达该基因，拟南芥呈现明显的早花表型，推测 GhFLP5 基因可能 通过生长素和赤霉素途径调节植物开花转型。Ma 等通过全基因组关联分析(Genome-wideassociation study, GWAS)发现，开花决定期的 GhCIP1 基因在早花品种中的表达量显著高于晚花品种，利用病毒诱导的基因沉默(Virus-induced gene silencing, VIGS)技术进一步验证发现，沉默棉株不着生果枝和花蕾，说明 GhCIP1 在调控棉花开花时间上起到了重要的作用。另外，早花棉中的 GhUCE 基因也参与了棉纤维起始发育的调控。Jia 等研究发现，与早熟性相关的候选基因 EMF2 在早熟品种中棉所 74 中的表达量显著高于晚熟品种 Bomian1。利用与数量性状位点(Quantita-tive trait locus, QTL)紧密连锁的分子标记进行辅助选择，挖掘与早熟性相关的单核苷酸多态性(Single nucleotide polymorphism, SNP)或 QTL 等位基因，能够缩短育种年限，提高育种效率。范术丽等以中棉所 36 和 TM-1 为亲本构建 1 个包含 207 个单株的 F2 作图群体，检测到 12 个与短季棉早熟性状相关的 QTLs，其中有 2 个 QTLs 分别与开花期和霜前花率相关，且有利于提高早熟性，表型贡献率分别达 38.45% 和 39.73%。艾尼江用陆地棉品种新陆早 8 号和新陆早 10 号分别与陆地棉 TM-1 杂交，构建 F2 及 F2：3家系群体，利用简单序列重复(Simple sequence repeat, SSR)标记以复合区间作图法(Composite interval mapping, CIM)构建两张早熟陆地棉品种的遗传图谱，共检测到 61 个显著性 QTLs。杨继龙以短季棉品种中棉所 36 和具有陆地棉背景的海岛棉渐渗系材料 G2005 为亲本，构建 F2：9 重组自交系群体，共检测到 43 个与早熟性相关的 QTLs。基于高密度遗传图谱进行棉花早熟性的 QTL 定位，发现与早熟性状(现蕾期、开花期、全生育期、株高、果枝始节、果枝始节高)有关的 QTL 共 247 个，并在 22 条染色体上发现 55 个 QTL 重合区，占总 QTL 的 60% 以上。Li 等在 26 条染色体上检测到 47 个早熟相关性状 QTL，每个 QTL 的表型变异(Phenotypic varition explained, PVE)在 2.61%～32.57% 之间，在 PVE 区间内预测并注释了 112 个基因，发现 GhD03G0885 和 GhD03G0922 两个候选基因在早熟品种中棉所 213 中的表达量显著高于中熟品种鲁棉研 28，推测 GhD03G0885 和 GhD03G0922 基因在控制棉花开花方面可能起作用。Su 等通过基因组测序开发了大量的SNP标记，在8个SNP位点和5个早熟性状之间鉴定了13个关联，发现早熟品种(中棉所50和中棉所74)开花期的CotAD-01947基因表达量显著高于中熟品种(鲁棉研28和中棉所41)。王清连等还研究了miRNA在陆地棉花芽分化中的调节机制，miRNA通过调控靶基因的表达来诱导陆地棉花芽的分化。miRNA参与激素的信号转导及花芽分化过程。miR164和miR166分别通过靶向NAC和HD-ZIPⅢ转录因子，促进茎尖分生组织的发育，诱导陆地棉花芽的分化。赤霉素受miR156的靶基因SPL转录因子的调控，ghrmiRn16靶向F-box蛋白，参与泛素介导的降解途径，引起赤霉素含量下降和生长素含量上升；ghrmiRn2可能靶向β-氨基己糖苷酶，间接调控糖信号，为花芽分化提供能量，并促进脱落酸的合成和信号转导。

第三节　短季棉的栽培利用

我国传统种植短季棉的区域主要有3个生态区，即北部特早熟生态区、黄河流域生态区和长江流域生态区。北部特早熟生态区主要分布在北疆和河西走廊，该区将短季棉作为春棉种植；黄河流域生态区主要分布于黄淮海棉区，主要是棉麦(蒜)两熟种植，种植方式有棉麦(蒜)套种、套栽或麦(蒜)后直播；长江流域生态区主要包括麦(油)后移栽棉和麦(油)后直播棉两种。近年来，随着种植业结构调整和绿色生产发展的需要，短季棉的栽培利用范围得以拓展，如作为无膜棉品种和机采棉品种利用等。

一、短季棉蒜(麦、油菜)后直播

蒜(麦、油菜)套春棉是包括鲁西南产棉区在内的黄河流域棉区和长江流域棉区，普遍采用的高效种植模式，但用工多，机械化程度低，不适合棉花轻简化、机械化生产。随着我国经济社会的发展，劳动力转移和用工成本逐年提高，传统蒜(麦、油菜)套棉模式已不适应现代农业生产发展的需要。改变传统的棉花种植方式，实行棉花轻简化生产是破解当前棉花产业困境的重要技术途径。利用短季棉生育期短、适合高密度种植和结铃集中等特性，山东棉花研究中心研究建立了蒜后短季棉直播轻简化栽培技术，提高了鲁西南两熟制棉田的机械化作业水平。该技术是选用生育期短(110天之内)、株型紧凑、结铃性强的短季棉品种。于5月底前采用机械直播,出苗后不间苗、不定苗,种植密度为 90 000～120 000 株/公顷。7 月中旬打顶,减免去叶枝。采用“化控肥促”相结合,株高控制在 80～90 厘米。9 月底喷施脱叶催熟剂,促进棉铃集中吐絮,实现一次收花。另外,在长江流域和黄河流域部分地区,随着轻简化、机械化植棉的推进,各地正在研究示范油后、麦后抢茬机械直播短季棉技术,充分利用短季棉生育期短、结铃集中和易管理等特点,实现土地的高效利用和绿色生产,现已取得良好效果。

二、短季棉无膜栽培

西北内陆棉区是全国最大的产棉区,但该棉区面临播种期地温低、无霜期短、干旱缺水等问题,地膜覆盖在提高地温、节水保墒方面发挥了重要作用,但地膜残留给农业生产和生态环境带来一系列问题,不仅严重破坏土壤结构,使耕地质量下降,影响棉花出苗,而且还降低棉花纤维品质。喻树迅团队 2017 年在新疆沙雅县选用早熟棉品种中棉 619,采取适期晚播、提高种植密度、滴灌带浅埋等措施,在不覆盖地膜的情况下,获得平均籽棉产量 5 475 千克/公顷,略低于附近覆膜栽培的棉花。短季棉无膜栽培的试种成功,为解决棉田残膜污染提供了颠覆性的技术途径,发展前景很好。我国存在较大面积的盐碱地,包括内陆盐碱地和滨海盐碱地两种类型。利用棉花耐盐性较强的特性发展盐碱地植棉,是稳定棉花生产的一项重要途径。中度和重度滨海盐碱地植棉一般采用沟畦地膜覆盖,轻度盐碱地则采用平作地膜覆盖。利用短季棉生育期短的特性,在轻度盐碱地通过适当晚播能够有效解决前期热量不足、地温回升慢对棉花出苗的不利影响,保证棉花正常出苗成苗,并可以减免地膜使用。利用短季棉品种,结合增加密度、早打顶和喷施脱叶催熟剂等农艺措施,利于集中收获或机械采收。

三、灾后短季棉抢时翻种

棉花生育期较长,在冷热气流多变的棉区,常遭受冰雹灾害。针对不同的受灾程度,采取合理的补救措施能够减少甚至避免损失。通常轻伤、重伤型棉田要及时加强田间管理,争取不减产和少减产,受灾极重的棉田则要及早改种。对于改种棉田,应根据不同棉田区别对待:在山东省,如在 5 月 5 日前受灾,可考虑抢时翻种中早熟棉花品种;在 6 月 5 日前受灾,可考虑抢时翻种短季棉品种。利用短季棉生育期短,适合密植,晚播早熟的特性,减少损失。

四、发展趋势及展望

我国主要产棉区的种植制度、种植模式和棉花品种类型复杂多样，这是由人多地少、不同棉区生态条件和生产条件差别大的国情所决定的。随着棉花轻简化和机械化生产的发展，短季棉将发挥越来越重要的作用。在水、肥、光、热等资源丰富的棉区，可发展茬后机械直播短季棉，实现多熟制高效棉田棉花栽培的轻简化。在光热资源不足、盐碱程度较重或土壤贫瘠棉区（田），可发展短季棉无膜种植，通过提高种植密度，充分发挥小个体大群体的优势，实现集中结铃吐絮；在保证高产稳产的前提下，减少农药和用工投入，并减免地膜使用，实现棉花生产的轻简节本绿色高效。今后，在短季棉的研究和应用中，要注重以下几个方面：① 进一步揭示短季棉早熟性的机制。通过多学科合作，利用生理学和分子生物学技术从花芽分化的角度深入揭示短季棉的早熟性机制，为短季棉分子育种提供理论支撑。② 选育生育期更短、纤维品质优良的短季棉新品种。采用分子育种技术与常规育种技术结合，继续研究培育生育期更短、抗逆性突出、早熟性好、纤维品质明显改善的短季棉品种，为实现高产优质提供品种保证。③ 深入研究无膜短季棉全程机械化生产技术。在适宜棉区开展短季棉无膜种植农艺技术研究的基础上，加大播种、植保、采收等配套机械的试制与研发，实现农机农艺融合，集成建立短季棉无膜种植技术体系。通过示范展示、技术培训以及媒体宣传等多种途径加大对该技术的推广，加快推进棉花的轻简节本、绿色高效生产。

第五章　油后直播棉早熟性及矮化机理研究

早熟棉适于麦(油)后直播,实现粮棉一年两熟,对棉花产业稳定发展具有重要意义。早熟棉是适宜缓解当前粮棉争地、植棉面积逐渐减少现状的一种棉花类型,其最主要的特点是生育期短,适于晚春播、初夏播或夏播,可以与冬小麦、油菜等冬季作物实现粮棉一年两熟,提高复种指数,在增加粮食产量、保证粮食安全的同时,确保棉花的种植面积及产量,为国家农业战略的实施提供坚实的基础。

利用早熟棉晚春播的特性可以避免因早春干旱和盐碱浓度升高对棉花出苗造成的危害,可以在不适宜种植粮油作物的滨海盐碱地地区(如山东东营、滨州和河北黑龙港等地区)晚春播种植棉花,从而有效增加棉花种植面积。在春季气温低、秋季气温下降快、光热条件差、降水少的西北内陆地区(如辽宁、新疆、甘肃和内蒙古等地区)种植早熟棉还可以提高棉花的霜前花率,改善棉花品质。由于早熟棉的选育,我国植棉区域已扩展到北纬 46°、海拔 500 米的地区。利用早熟棉可晚播的特性还可以避开因早春干旱、低温和晚霜等因素引发的苗期病虫害,在减少农药施用量的同时,还可以减少田间管理用工,达到节本省工的双功效。因此,利用早熟棉不仅能够提高土地复种指数、扩大棉花种植区域,还可以避免自然灾害、减少农药污染,实现经济效益和生态效益的协调发展和共同提高。

株高是高等作物的重要农艺性状之一,植株过高容易引起倒伏,从而使植物减产,而矮化的植株具有很强的抗倒能力,这使得矮秆品种成为很多作物选育高产品种的一个重要方向。Pamelletal 最先在水稻上发现自然矮秆突变体,矮化突变体的研究和应用推动了水稻、小麦等作物的矮化育种的进程。作物矮秆基因的发掘和利用成为育种研究的一个重要方面。植物矮化基因资源也是研究植物激素生物合成和信号传导及植物生长发育的重要资源,是培育矮化品种的重要基础。大多数矮化突变体都因激素合成途径或应答调节过程的基因突变,导致茎的生长和发育发生改变。

第一节　棉花早熟性遗传机理

早熟是棉花育种过程中的重要的育种目标性状。棉花早熟性是一个复杂的综合性状，该性状与各生育阶段的长短、中下部果枝结铃率的高低、第一果枝节位的高低及吐絮集中程度等多种性状有关。

一、早熟棉的遗传特性

早熟棉具有株型较矮、较为紧凑，生育期较短和生长发育较快等特点。但由于早熟性状相对复杂，对其进行遗传分析十分重要。Godoy 等对陆地棉早熟性的遗传分析表明，开花期和吐絮期表现极显著的加性效应；第一果枝节位、株高及平均成熟期则表现出显著的加性效应和显性效应，但以显性效应为主。赵伦一等对陆地棉早熟性指示性状的遗传力研究后指出，棉花出苗期、现蕾期、开花期、初絮期的遗传力和“第 1 次籽棉产量占籽棉产量的百分比”的相关系数依次增加。同时，现蕾期和盛絮期的遗传力较之其他性状高，而且两者和“第一次籽棉产量占籽棉产量的百分比”有极显著的正相关关系，因而，以现蕾期或盛絮期作为评定陆地棉早熟性的指示性状是较为合适的。从育种的要求来说，以现蕾期作为指示性状，对当年选择更有现实意义。牛永章依据对特早熟陆地棉品种的农艺性状和经济性状广义遗传力研究提出，各供试性状广义遗传力从高到低依次是：生育期＞衣分＞果枝节间长度＞植株高度＞纤维长度＞籽指＞主茎节间长度＞叶片宽＞铃重＞第一果枝节位＞果枝成铃数＞单株籽棉产量＞单株总铃数。由于各供试性状的基因效应不同，有的性状以加性基因效应为主，有的性状则是显性基因效应或上位性基因效应有所偏重，因而各供试性状的狭义遗传力大小的顺序与广义遗传力大小的顺序不尽相同。林昕利用麦后夏播的棉花早熟品种系统地分析了早熟性和丰产性与农艺性状的关系，研究表明，株高与早熟性成极显著的负相关关系，果枝数与早熟性呈显著的正相关关系。Tiffany 等利用 12 种测定棉花早熟性的方法进行了广义遗传力和狭义遗传力估算，结果表明，用皮棉产量计算的平均成熟期、用籽棉产量计算的平均成熟期和用铃数计算的平均成熟期 3 个方法的广义遗传力和狭义遗传力估值均较高，变异系数最低，一般配合力(GCA)与特殊配合力(SCA)之比值最高。

喻树迅对棉花的霜前花率、苗期、蕾期、铃期、全生育期、第一果枝节位、株高、铃重和脱落率 9 个性状进行遗传分析，研究表明，蕾期和脱落率两个性状的遗传率很低(3.86，12.3)，易受环境影响。而结铃性较大地受遗传所控制。在棉花种植过程中，使蕾期稳健，减少脱落，对提高早熟性有明显的效果。在棉花早熟育种中其他 7 个遗传率高的性状作为早熟性鉴定指标对棉花的早熟进行选择有效。苗期、铃期、第一果枝节位、株高和霜前花率的遗传相关大于环境相关，遗传率高，它们之间的关系主要受基因遗传控制，可作为测定早熟的指标。第一果枝节位是鉴定棉花早熟性的可靠形态指标，它对霜前花率的直接效应和通过蕾期对霜前花率的间接效应都很高，第一果枝节位低的品种一般表现早熟，同时，早熟性较好还要求蕾脱落率低。霜前花率和全生育期是早熟性最终表现的性状，其遗传率高，能稳定遗传，在棉花早熟育种中可将这两个性状作为主要指标性状。脱落率是影响早熟性的主要性状，受多基因控制并易受环境影响，蕾脱落率高，则霜前花率低。通过分析还表明，苗期对全生育期的直接正效应高于蕾期和铃期；蕾期脱落率的间接正效应也十分明显，所以在棉花育种中可将苗期、蕾期、脱落率、第一果枝节位及霜前花率作为鉴定早熟性的指标。

二、早熟相关 QTL 定位

早期针对棉花早熟性的研究主要集中于评价标准的筛选以及田间试验，随后开始对不同熟性棉花的生理生化差异展开研究。随着 DNA 分子标记技术的迅速发展与研究方向的不断调整，研究人员也开始在分子水平上进行早熟性遗传机制的研究，主要利用早熟棉构建遗传图谱，围绕着苗期、蕾期、开花期、花铃期、生育期、霜前花率、第一果枝节位、第一果枝节位高度、株高和吐絮期等早熟相关性状进行数量性状基因座(Quantitative trait locus，QTL)定位研究，为早熟棉育种及候选基因挖掘提供坚实的分子基础。

Guo 等认为第一果枝节位的出现时间是棉花早熟性的关键标志，并将该性状作为评价早熟性最可靠的指标，利用 1 个 F2 群体定位了 5 个与之相关的 QTL，分别位于 15 号、16 号、21 号和 25 号染色体，其中 16 号染色体上有 2 个位点。另外，他们用两个 F2 群体分别构建了包含 168 个标记和 149 个标记的连锁图谱，又发现了 1 个与第一果枝节位相关的 QTL 定位的结果，分别定位到 8 个和 5 个相关 QTL。qNFB-c21-1 和 qNFB-c25-1 分别在两次研究中同时定位得到，所用母本材料都是 DPL61，但之后没有更加深入的研究报道。Li 等用百棉 2 号与 TM-1、中棉所 12 进行杂交，利用 F2：3 群体对第一果枝节位和第一果枝节位高度相关 QTL

进行定位,2 个群体共定位到 8 个与第一果枝节位相关的 QTL 和 6 个与第一果枝节位高度相关的 QTL,其中在 17 号染色体上存在与这 2 个性状均显著相关的位点;同时对苗期、蕾期、花铃期、生育期和霜前花率等其他早熟相关性状进行 QTL 定位,最终定位到 54 个相关 QTL。Lacape 等通过对陆地棉与海岛棉种间 RIL 群体进行多年、多点性状调查,对株高、开花期及吐絮期进行 QTL 定位,分别得到 5 个、11 个和 6 个相关 QTL。Li 等以 2 个 F2∶3 群体为材料定位了包括早熟在内的与株型性状相关的 QTL 位点。Liu 等以 CRI12 和 J8891 为亲本构建的 RIL 群体及永久 F2 群体为材料,定位了 19 个株高主效 QTL 位点。虽然这些研究都取得了比较重要的成果,但它们之间存在的共同缺点是图谱的标记数量少,标记间距较大,种植密度偏低,结果的精确性较差。随着高通量测序技术的快速发展,单核苷酸多态性(Single nucleotide polymorphism,SNP)标记也在棉花中逐步应用,为早熟相关位点的定位研究提供技术支持。Jia 等用中棉所 36 和 G2005 构建了陆地棉种内 RIL 群体,采用限制位点相关 DNA 测序技术结合 SSR 标记,构建了 1 张包含 6 434 个位点的高种植密度遗传图谱,图谱中包含 6 295 个 SNP 和 139 个 SSR 标记,共检测到 247 个早熟性相关的 QTL 位点,包括 39 个开花期 QTL、47 个全生育期相关 QTL、40 个花铃期 QTL、33 个株高 QTL、43 个第一果枝节位 QTL 和 45 个第一果枝节位高度 QTL;其中,有 52 个可重复检测的 QTL 及 52 个主效 QTL;重复性最好的位点 qFT-D3-3 可在 6 个环境中检测到,最高可解释 29.37%的表型变异。Su 等通过特异性位点扩增片段测序技术对 355 份陆地棉进行简化测序,选出其中 185 份进行早熟性全基因组关联分析,得到 8 个紧密关联的 SNP,且与 5 个早熟性相关性状之间构成 13 个关联组合;同时,得到 11 个早熟性高度优异的 SNP,并通过聚合效应分析验证了这些 SNP 的作用;检测到 D3 染色体 1 个非常突出的位点(rs13562854),并且通过荧光定量获得 1 个候选基因(CotAD_01947)。这些结果为陆地棉早熟性分子机理的探究提供了更多认识,为陆地棉早熟育种提供了非常可靠的遗传资源。

三、早熟相关基因的克隆与功能验证

花发育与棉花早熟性密切相关,开花时间决定熟性的早晚。因此,研究棉花开花相关基因,探索其表达和功能,了解开花调控机制并将其运用于实际育种中,对于我国棉花产业的发展至关重要。对于棉花基因功能的研究大多集中在抗逆及纤维发育方面,关于开花相关基因的功能研究较少。Lai 等用陆地棉顶端分生组织、蕾和花的全长cDNA构建了1个开花相关基因的ESTs数据库,插入片段在500~3 000个碱基对,共得到了22 915个高质量的ESTs,14 373个Unigene。卫江辉等从中棉所36中克隆到GhFBO,这个F-box基因在花、茎、叶中表达量远远高于其他组织,可能在花发育过程中有重要作用。王力娜等通过克隆得到两个MADS-box基因GhMADS11和GhMADS12,两者在花器官中优势表达。李洁等从中棉所36中克隆到1个ORF长426碱基对的SPL转录因子Gh-SPL3,在3叶期的顶芽中表达量较高,推测其在生长阶段的转变中扮演重要角色。张文香等克隆到3个MADS-box基因GhMADS22、GhMADS23、GhMADS29,转化GhMADS22基因拟南芥的花器官发生变异。Li等从陆地棉中克隆到GhLFY基因,ChIP试验表明GhLFY基因受到GhSOC1基因的调控,35S∶LFY株系开花提前,植株形态发生改变,侧枝被茎生花替代。顾超等从海岛棉中克隆到3个开花相关基因GbCO、GbMFT1和GbMFT2,GbCO在一天之中节律性表达,夜间表达量高于白天,可能与光周期相关;GbMFT1和GbMFT2均可以促进烟草开花。Wang等从陆地棉中克隆到6个FPF基因家族的基因,发现35S∶FPF1拟南芥株系开花提前,而转基因棉花株系营养生长较好,开花会推迟。Li等从陆地棉中克隆到GhFT1,转化到烟草上,发现GhFT1可以促进烟草开花,使侧枝生长,并影响叶形态建成,86%转基因植株的花在开放前就脱落,这可能是由于不能进行减数分裂造成的。Zhang等从陆地棉中克隆到MADS-box基因GhSOC1和Gh-MADS42,GhSOC1可以使拟南芥开花提前,棉花花器官变异,染色质免疫共沉淀。实验表明GhSOC1能结合GhMADS41/42和GhSPL3的启动子,直接调控基因表达。GhMADS42基因使拟南芥开花提前,顶端花序和侧生花序都发生变异。

第二节 棉花早熟性育种研究进展

棉花和粮食都是国计民生的重要物资。中国主要棉产区也是粮食的重要生产基地,在宜粮宜棉地区,人多地少,粮棉争地矛盾尤为突出。面对粮棉生产的严峻形势,通过优化作物种植结构,提高耕地复种指数,向粮田要棉和向棉田要粮是解决粮棉争地矛盾的有效途径。在如此形势下,我国早熟棉育种得以迅速发展。

一、我国早熟棉的发展及品种演变

我国早熟棉的选育与金字棉的引进和利用有关。金字棉系 1890 年由 T. J. King 从美国北卡罗来纳州的糖块棉(Sugar loaf,又译为塔糖棉)中选出的丰产单株繁殖而成,20 世纪初引入朝鲜,中国 1919 年从朝鲜引入。王道均等研究结果指出,山西特早熟棉区在 1949 年前普遍种植金字棉,1949 年后,大面积种植过辽东金字棉(关东 1 号)、涡及 1 号、晋中 200、晋中 169、2421(朝阳 1 号)、68-148 和黑山棉 1 号等品种,这些品种都有金字棉的早熟性质,其早熟性能均较好。黑山棉 1 号在辽宁省和其他省、直辖市作为早熟棉花品种或作为麦茬和油菜茬连作棉花品种,推广面积最多时曾超过 10 万公顷。20 世纪 70 年代,黄河流域棉区各地科研单位开展麦(油)后复种棉花研究,其棉花品种多采用黑山棉 1 号。中国农业科学院棉花研究所从黑山棉中选出 23 号长绒变异株后,又从中选出变异株 509,1980 年定名为中棉所 10 号。1979—1981 年,中棉所 10 号连续 3 年参加黄河流域棉区适于耕作改制棉花品种区域试验,中棉所 10 号成为黄河流域和长江流域两大棉区麦(油)棉两熟栽培的主要早熟棉品种;同时,在北部特早熟棉区迅速推广应用,1984 年推广面积达 70 万公顷。中棉所 10 号还是我国 20 世纪 80 年代早熟棉育种的优良亲本,以中棉所 10 号作亲本杂交育成的早熟棉品种有中棉所 14、中棉所 16、豫棉 5 号和鲁棉 10 号等,这些品种都曾在生产上得到大面积推广应用。中棉所 10 号对促进黄淮棉区粮(油)棉两熟制的发展起了很大的推动的作用,但其适播期短、纤维成熟度差,易感病,不能完全满足生长发展的需要。

20 世纪 90 年代,通过审定的早熟棉品种有中棉所 16 号、鲁棉 10 号、豫棉 7 号、豫棉 9 号、皖棉 6 号、鄂棉 13 号等,其平均生育期与中棉所 10 号相当,衣分、纤维品质、抗病性与中棉所 10 号相比较均有所提高,初步实现早熟、丰产、优质、抗病等诸多性状的聚合。这些早熟棉品种在生产上的推广应用,有力地促进了粮(油)棉两熟制迅速发展。特别是中棉所 16 号,1989—1994 年累计推广面积 367.06 万公顷,1994 年推广面积最多时已超过 93.3 万公顷,获国家科技进步一等奖。20 世纪 90 年代,通过审定的早熟棉低酚棉品种有中棉所 18、中棉所 20 和辽棉 13 等,不仅保持了种子的棉酚含量低于国际卫生组织规定的标准和蛋白质、脂肪含量高的特点,而且农艺性状也有改进,初步扭转了低酚棉品种产量、纤维品质和抗病性等不如有酚棉的局面,在生产上得到大面积推广应用。如中棉所 20 号,因其综合性状优良,1992—1998 年,累计推广面积 52.28 万公顷,1999 年,获国家科技进步二等奖。2000 年以来，我国黄河流域和长江流域的早熟棉培育以早熟、丰产、抗虫为主要目标，此后的品种多为转基因抗虫棉，如鲁棉研 19 号、中棉所 50、中棉所 58、鲁棉研 35、中棉所 73 和中棉所 74 等。其中，中棉所 50 连续 7 年被农业部(现农业农村部)作为黄河流域麦棉两熟的主推品种，并在河南、安徽、湖北和江苏等地进行了连续多年的麦后直播示范，取得了良好的效果。在新疆棉区，以早熟、优质、适合机械化采收为目标，育种单位先后选育了早熟陆地棉品种，如中棉所 49、新陆早 32 号、新陆早 33 号、新陆早 42 号等棉花品种。新陆早33 号具有早熟、高产、优质、适宜机采等优点，截至目前，累计推广面积67 万公顷，是北疆棉区主推品种之一；新陆早 42 号具有早熟性好，丰产性突出，纤维品质优良，抗枯萎，适应于北疆、南疆等早熟棉区种植，累计推广面积 20 万公顷左右。

随着棉花种植面积的日益下滑，国家对棉花产业进行了结构调整，棉花种植向规模化、机械化、良种化和高品质化转移。早熟棉花品种的培育也要以特早熟、优质、高产、多抗和适宜机械化为主要育种目标，育种单位先后培育了生育期在 100 天以内的优质品种，如锦科 707 和中棉所 94A213。锦科 707 具有特早熟、高产、优质等特点，在 2016 年通过国家审定，生育期为 98 天，纤维品质在双 30 以上；中棉所 94A213 具有特早熟、优质和多抗等特点，生育期为 98 天，纤维强度达到 32 厘牛/特以上，特别适合黄河流域麦后直播。在新疆棉区，审定了多个新陆早系列棉花品种，生育期在 120 天左右，纤维品质均在双 30 以上，如新陆早 52 号、新陆早 55 号、新陆早 59 号、新陆早 64 号、新陆早 65 号、新陆早 66 号、新陆早 67 号、新陆早 68 号和新陆早 69 号等。这些早熟、优质新品种的培育为促进我国优质早熟棉品种的种植，推进优质棉国产化进程具有重要意义。

二、我国早熟棉种质资源的创新利用

目前，我国从美国引进的种质资源基本上都是来源于墨西哥 1 个家系的 12 个棉株，这说明我国现有的陆地棉种质资源遗传多样性较为狭窄，新种质的匮乏已经成为限制我国早熟棉育种取得突破和发展的主要因素。因此，加强早熟棉种质资源的创新，拓宽早熟棉的优异基因来源，对于培育具有突破性的早熟棉新品种具有重要意义。物理诱变、化学诱变、远缘杂交和转基因等技术都是创造新种质和拓宽早熟棉优异基因来源的有效方式。

物理诱变的种类很多，在棉花新种质创制过程中主要是辐射诱变，包括 X 射线、γ 射线、β 射线、中子、激光和紫外线等。辐射诱变创造新种质的主要原因是辐射可诱发基因突变,也可打破基因连锁,提高重组率;也可以诱发点突变,改良品种的某一个或少数不良性状。辐射诱变的后代往往出现早花、株型紧凑、植株较矮等偏向于早熟育种方向的性状,具有突变性状稳定较快,加快育种进程的优点。四川省农业科学院通过^{60}Co-γ 射线(1 万伦琴的剂量)照射密字 103,再用红外线照射 3 小时,选育出比原品种早熟 7～10 天的品种密早棉。广东省农业科学院用^{60}Co-γ 射线(2 万～3 万伦琴的剂量)处理洞庭 1 号,育成早熟短果枝品系369-10 和 519。山东省棉花研究所利用^{60}Co-γ 射线处理(中棉所 2 号×1195)F9 代种子,育成早熟、高产的鲁棉 1 号。这些结果说明,辐射诱变对于拓宽早熟种质资源,培育早熟优良品系(种)是一个行之有效的方法和途径。

化学诱变也是创造新种质、新品种的常用方法。化学诱变剂主要是靠它特有的化学特性直接与棉花的生物分子进行各种特定的化学反应,导致棉花生物分子化学性质的改变。与物理诱变相比,化学诱变引发的突变多为点突变,具有明显的专一性。目前化学诱变剂主要包括烷化剂、抗生素和碱基类似物等。棉花上使用较为广泛的主要是秋水仙素、叠氮化物(NaN_3、KN_3)、甲基磺酸乙酯(Ethylmethane sulfonate,EMS)和乙烯亚胺(Ethylenimide,EI)等。在我国棉花育种研究中,化学诱变的利用较少。辽宁经济作物研究所利用 0.04%秋水仙素浸泡锦棉 1 号种子 10 小时选育出早熟、株型紧凑、高产、生长势强的新种质秋 623;同时利用秋 623 作为亲本,选育出特早熟品种辽棉 6 号。化学诱变所需的设备简单,成本较低,应用前景广阔。但是化学诱变剂对人体具有危险性,应选用高效低毒的化学试剂进行诱变处理。

相对于陆地棉狭窄的遗传基础,大量存在的野生棉种系和陆地棉半野生种系是创造新种质的重要的基因来源,通过远缘杂交和分子辅助手段将野生棉优异性状转育到栽培棉种中是拓宽陆地棉优异种质的重要方法。棉属陆地棉以外的许多栽培种和野生种如亚洲棉、草棉、瑟伯氏棉和雷蒙德氏棉等,铃期均明显短于陆地棉。辽宁省经济作物研究所利用瑟伯氏棉与早熟棉、戴维氏棉与早熟棉杂交,在杂交后代中选育优质早熟棉。山西农业科学院棉花研究所通过陆地棉和亚洲棉、瑟伯氏棉杂交并进行回交转育,选育了一批特早熟、抗病、丰产、优质的棉花新材料和新品系。河北省石家庄市农科院和中科院遗传所合作,用陆地棉和亚洲棉杂交培育成陆地棉型早熟低酚棉石远 134,全生育期 114 天,比中棉所 16 号早熟 5 天。石家庄市农林科学研究院以含有瑟伯氏棉血统的 SGK321 为母本、以含有亚洲棉血统的矮早 1 号为父本进行杂交选育而成的特早熟棉花新品种石早 3 号,实现了棉花品种早熟性的重要突破。以上研究证明,将野生种、半野生种和陆地棉等栽培品种经过连续回交和聚合杂交能够拓宽育种资源,这些棉花种质资源为早熟棉育种研究提供了重要的种质基础。

将转基因技术运用到育种工作中始于20世纪70年代,短短几十年的时间在植物育种过程中起到了举足轻重的作用。中国农业科学院生物技术研究所先后克隆了苏云金芽孢杆菌内毒素(Bt)和豇豆胰蛋白酶抑制剂(CPTI)等基因,利用转基因技术将抗虫基因导入棉花主栽品种中。中国农业科学院棉花研究所利用这些种质资源育成了中棉所27、中棉所30、中棉所37等早熟抗虫棉品种,这些品种先后在生产上得到大面积推广。这些工作表明转基因技术对于拓宽和创新种质资源,推进育种进程具有重要意义。随着早熟相关基因的挖掘及三价抗虫转基因植株的应用,对于早熟相关种质资源的创制必将起到积极的推动作用。

第三节 早熟棉的生产示范与应用

由于中国地域辽阔,不同棉区生态环境相差很大,不同棉区有与之相适应的早熟棉生态类型。喻树迅等将中国早熟棉划分为如下3种类型:西北内陆特早熟类型、黄河流域类型、长江流域类型。

一、早熟棉在黄河流域棉区的生产示范应用

黄河流域棉区根据生态条件、生产布局及品种生育特点,可划分为华北平原、黄淮平原、黑龙港、黄土高原和京津唐5个亚棉区。在早期,由于早熟品种的缺乏,黄河流域棉区主要是采用春棉一熟种植制度或春棉套种。春棉一熟制减少了农户种植小麦的收益,而春棉套种由于春棉霜后花比例较大,影响小麦的种植,进而影响小麦产量。随着中棉所10号等早熟棉品种的出现,推进了黄河流域棉区两熟制度的发展。由于生态条件差异,黄河流域对于早熟棉的使用存在很大差异。在该棉区北部的京津唐亚区、河北黑龙港、山东东营利津北部和垦利东北部等地区,棉田大部分为旱薄盐碱地,应当使用早熟棉进行晚春播,要求品种在苗期有一定的耐低温、耐盐碱能力。中国农科院棉花研究所在山东省东营市利津县盐碱地进行了中190、中222等多个早熟棉品系的机械直播盖膜实验,取得良好效果,对于早熟棉在盐碱地的推广应用起到积极的示范推广作用。黄土高原亚区属典型的半干旱地

区,水资源比较紧缺,提高耐旱性是棉花获得稳产的保证,应当使用早熟棉进行晚春播,并且要求品种具有很好的耐旱性。在华北平原和黄淮平原,由于肥水条件较好,可以使用早熟棉进行麦棉两熟耕作制度。中国农科院棉花研究所、邯郸市农科院连续多年在河南安阳、河南新乡和河北邯郸等地进行中棉所 50、中棉所 74、夏早 2 号等早熟棉品种的麦后机械化直播示范,籽棉产量达 3 000 千克/公顷左右。通过麦后直播试验证明,该种植模式适合在本地区进行推广,但需要加快与麦后直播早熟棉新品种相应的栽培配套技术体系的研发。

二、早熟棉在长江流域棉区的生产示范应用

一直以来,长江流域棉区以种植春棉为主,种植模式多为麦后或油后育苗移栽,种植密度为 22 500～31 500 株/公顷。该棉区在棉花生长中后期有干旱或者秋涝,而且后期降水较多,病虫害较为严重。随着种植结构和种植模式的调整,在长江流域棉区,早熟棉主要用于麦(油)棉两熟种植模式,该棉区大部分地区适合种植晚播早熟的早熟棉品种。长江流域棉区棉花生育期为 120～125 天,要求铃期短,吐絮集中,10 月 20 日前收花率在 80%以上。中国农科院棉花研究所连续多年在江苏沿海进行了早熟棉麦后直播示范工作,研究发现,早熟棉麦后直播是麦后移栽种植密度的 3～4 倍,同时产量也得到了很大提高,早熟棉的产量达到 3 600 千克/公顷。中国农科院棉花研究所在湖北荆门也进行了连续多年的中棉所 50 和中 190 的直播示范工作,种植密度为 87 000 株/公顷,籽棉产量达 3 750 千克/公顷。经过多年的示范推广工作,早熟棉在长江流域的示范推广工作已经取得了良好效果,对于早熟棉在长江流域的推广应用起到了积极的促进作用。

三、早熟棉在西北内陆棉区的生产示范应用

西北内陆棉区主要有新疆棉区和甘肃河西走廊棉区,其中,早熟棉的种植主要集中在北疆棉区和甘肃河西走廊棉区,这些地区无霜期在 175 天以上,属于典型的早熟棉产区。这些棉区除了要求高产、优质、抗病外,对早熟性也有特别需求,要求品种发育快、早熟性好、生育期小于 125 天、霜前花率在 90%以上。自 20 世纪 70 年代至今,“新陆早”系列品种为北疆棉区棉花生产提供了重要的品种保证,也给新疆棉花产业的发展带来巨大的推动力。1978 年,选育并审定的新陆早 1 号,在北疆早熟棉区推广种植近 20 年。新陆早 5 号、6 号等品种,在提高棉花单产、改善品质方面起到了决定性作用,并实现了北疆早熟棉花品种的更替。新陆早 26 号、新

陆早33号、新陆早45号、新陆早48号、新陆早50号、新陆早52号、新陆早61号和新陆早62号等品种具有早熟、高产、抗黄萎病和枯萎病等特点，解决了北疆早熟棉枯萎病和黄萎病的问题，累计推广面积200万公顷，为稳定新疆棉花产业起到了重要作用。

随着我国棉花产业结构、种植模式的逐步改变和发展，早熟棉在三大棉区的重要性也更加凸显。早熟棉品种正朝着以早熟为主要目标，高产、优质、抗病同步改良的方向发展。陆地棉是异源四倍体，其基因组结构十分复杂，同时早熟性状又同产量、纤维品质相关性状存在着复杂的相互作用，在优异种质资源缺乏的情况下，很难选育出突破性的早熟品种。随着陆地棉基因组测序的完成，为早熟相关基因的定位、克隆及分子机理的研究提供了丰富的基因组信息，早熟相关基因的挖掘也为早熟育种由传统育种到分子育种奠定了基础。但是在早熟分子改良育种过程中，还有一些工作需要研究者们去实施和探索。

(1) 收集并创制早熟种质资源。优良的种质资源是品种选育的前提和基础，广泛收集世界范围内优异的早熟种质资源，同时通过人工诱变、远缘杂交等方法发掘和创造有益变异，可以为早熟棉育种提供新的优异种质资源和基因源。

(2) 早熟相关性状QTL定位和基因挖掘。通过构建优良遗传群体，收集多样性丰富的自然群体，结合高通量测序技术，在全基因水平上进行早熟相关基因的QTL定位，发掘与早熟性状紧密相关的候选区段与候选基因，并找到与目标性状共分离的分子标记，用于早熟棉花的辅助育种和聚合育种；同时利用比较基因组学，结合转录组学和同源克隆方法，进行早熟相关基因的发掘并进行功能验证。

(3) 规模化转基因平台创新和转基因新材料创制。筛选综合性状优良的转化体，建立无基因型限制的转基因体系；提高转基因成苗效率，缩短棉花转基因周期，规模化进行候选基因的转化和转基因材料的表型筛选，创制转基因新材料，用于早熟棉分子改良。

(4) 新疆无膜棉的示范推广。新疆残膜污染严重，残膜的积累不仅会影响棉花品质，而且影响新疆土质的生态环境。早熟棉由于其生育期短，吐絮集中，适合无膜种植。加强南疆地区的早熟棉无膜种植和示范推广，对于解决新疆残膜污染、提高棉花品质、避免棉田的进一步恶化具有重要生产和生态意义。

(5) 适合全程机械化生产的早熟棉花新品种的培育及其配套设施的研制。目前我国棉花种植产业发展停滞不前，与没有适合全程机械化生产的棉花新品种及其相应的配套设施存在着很大的关系。通过分子育种技术，聚合早熟、优质、高产和抗病虫等多个优良性状，筛选综合性状优良的材料，然后通过传统育种方法进行适合全程机械化种植新品种的选育对解决我国棉花的全程机械化问题具有重要意义。针对适宜棉花品种进行配套的栽培管理措施的研制，同时，进行相应的良种加工、直播机、打药机和采棉机的配套研制，实现农机和农艺的结合才能真正实现棉田全程机械化，推进棉花生产稳步发展。

第四节　棉花矮化育种及矮化机理研究

一、棉花矮化育种的意义

棉花具有无限生长习性，目前主要通过化学试剂和打顶去势的方法控制棉花生长，此种使棉花矮化的耕作习惯耗费了大量的劳动力，增加了棉农的经济负担，且容易造成环境污染。棉花矮化育种能够很好地提高光能利用率和收获指数，解决不耐肥的问题，并具有适宜密植、无公害和机械化管理的特点，能够提高产量、降低劳动强度和节约成本。因此，研究棉花株高性状，并寻找控制株高性状的基因资源与棉花生产有着密不可分的关系。矮化育种已经成为棉花育种的重要目标之一。培育出矮化的并具有良好的纤维产量的棉花品种是许多棉花育种家的愿望。此外，景超等研究发现对陆地棉超矮秆突变体喷洒外源 GA3 能够调控其从苗期到蕾期、花期、吐絮期的发育进程。因此，陆地棉矮化突变体也是研究棉花发育遗传学的一个好材料。

二、激素相关的棉花矮化机理研究进展

引起植物矮化的因素有多种，目前研究较多的是与激素相关的植物矮化突变体。植物矮化突变体可分为激素缺陷型和不敏感型两类。植物激素突变体是研究植物激素合成、代谢途径及信号传导的重要植物材料，对突变体的研究发现植株矮化主要与植物赤霉素和油菜素类固醇有关，少数矮化突变与生长素有关。

（一）赤霉素相关的棉花矮化机理研究进展

赤霉素（Gibberellins，GAs）在植物生长发育的整个过程中都发挥极其重要的调控作用，其通过促进细胞的分裂、加速细胞伸长，促进细胞扩大，促进麦芽糖的转

化从而促进植物营养生长。目前，已经分离鉴定出约 100 种赤霉素。赤霉素可通过以下 4 种途径调控植株的高矮：① 赤霉素的合成过程相关基因突变造成赤霉素敏感型矮化；② 赤霉素信号转导途径基因突变造成赤霉素不敏感型矮化；③ 赤霉素代谢调控基因突变造成矮化；④ 赤霉素下游响应基因调控植株的高矮。在拟南芥中发现的矮化突变体 CPS、KS、KO、3βOX、20OX 对应的赤霉素合成途径基因分别是 GA1、GA2、GA3、GA4、GA5。对这些突变体连续施用 GA3，突变体均恢复到正常高度，这些突变体是赤霉素敏感型突变体。陆地棉极端矮化突变体 AS98 中赤霉素合成受到影响，使得膨胀素含量降低，造成细胞无法正常膨大生长，引起矮化，这是典型的赤霉素敏感型矮化突变体。陈旭升等研究发现，陆地棉极度矮化突变体“超矮 1 号”是赤霉素敏感型矮化突度，被处理的棉株能够正常开花、结铃和吐絮。赤霉素不敏感型矮化突变体主要是指 DELLA 和 GID 基因突变，其表现型与 GA 敏感型突变体非常相似，主要表现为半矮化或者完全矮化，开花延迟，花发育不正常，外源赤霉素无法使其表型完全恢复。但它为研究 GA 信号接收、传递机制提供了良好材料。

（二）油菜素内酯相关的棉花矮化机理研究进展

油菜素内酯(Brassinolide，BR)能够促进植物细胞的伸长和分裂、细胞壁的松弛及影响花粉发育等，在植物的各个生长发育的重要过程中起到重要调控作用。研究发现，油菜素内酯相关的矮化突变体表现出严重矮化及雄性不育等表型。目前的研究表明，在拟南芥中已经发现至少有 8 个位点发生突变会导致植株出现油菜素内酯缺陷性的特点，拟南芥 detZ 突变体是最早发现的油菜素内酯缺乏的矮化突变体，detZ 基因编码的 DETZ 蛋白中有一个高度保守的氨基酸 Gtu240 被替代，DETZ 酶丧失全部活性，该突变体表现为细胞变小，植株矮化、叶深绿、丧失顶端优势以及失去育性的表型。Masaki Mori 分离和鉴定出的 1 个水稻矮化突变体，由于该突变体在第 4～9 号外显子间存在 200 个碱基对的缺失，不能正常合成 BR-6 氧化酶，从而导致植株出现矮化表型。番茄 dpy、dwarf1 和 curl-3 矮化突变体属于油菜素内酯矮化缺陷型。

（三）生长素相关的棉花矮化机理研究进展

生长素(Auxin，IAA)能够促进植物生长及发芽，并且防止落花落果，其促进棉花生长是通过促进细胞纵向伸长使细胞体积增大来发挥作用的。其在整个植物生长和发育过程中均发挥着重要的作用。在拟南芥中发现一种病毒诱导矮化突变体

vid1,该突变体是对植物病毒侵染应答发生变化,芜菁明脉病毒(TUVCV)侵染vid1时,其表现出严重矮小,没有顶端优势。vid1的表型是由一个单基因隐性突变引起的。vid1突变可能影响寄主植物胞间运输。外施生长素能够抑制这种突变作用。拟南芥矮化突变体bud1的MAP激酶7过量表达引起该突变体表现出缺乏生长素的典型症状,该激酶抑制生长素的极性运输,使其不具有正常生长的顶端优势,导致突变体矮化。棉花Ari327矮化突变体在萌芽期及子叶期表现出矮化性状,其矮化的机理是突变可能导致了生长素合成相关基因的过量表达使得突变体内源生长素含量急剧升高而抑制了植株生长,使株高降低。

(四)其他激素相关的植物矮化机理研究进展

脱落酸(Abscisicacid,ABA)在植物生长的各个方面发挥重要的作用,其抑制种子萌发和幼苗生长,是植物生长抑制剂,然而缺少脱落酸的突变体出现矮小的表型,证明内生的脱落酸也很可能在促进植物生长中发挥作用。研究表明,棉花sda矮化突变体表现细胞减少,茎小而细,分支增加,裂状叶,矮化幼苗在从苗床移出时就表现出矮化的表型,该突变体的sda基因表达量下降,并且激素水平下降,这表明减少的生长素和脱落酸或者减少的激素水平是产生表型的一个原因。

三、棉花矮化分子机理研究进展

目前,国内有关棉花矮化突变体的研究主要集中在遗传及生理生化指标的比较分析等方面,对于其形成的分子机理研究还较少,相关矮化突变体的鉴定及相关基因的分离在拟南芥及水稻和小麦等农作物中发展迅速,并且已经验证了许多矮化相关基因的功能,这对棉花矮化突变体的分子机理研究具有重要的借鉴意义。陆地棉中多个与水稻赤霉素不敏感矮化基因(GID1)同源的基因(GhGID1s)被克隆,但并未见对株高影响相关报道,并且控制陆地棉矮化性状的基因克隆未见报道。

矮化突变体是研究作物茎的生长发育及激素调控的重要基因资源,植物矮化突变体在植物矮化育种中发挥重要作用。同时,通过对拟南芥、水稻和小麦等矮化突变体的研究,已较深入地了解了赤霉素、油菜素内醋等激素的生物合成代谢和信号传导过程,对指导生产具有积极的意义。棉花在矮化育种方面开展工作还不多,就目前的报道来看,已经发现的棉花矮化资源并不多,而且这些矮化突变体均有叶片皱缩的表型。此外,国内有关棉花矮化突变体的研究,主要集中在遗传及生理生化指标的比较分析等方面，对于其形成的分子机理研究还较少，通过对拟南芥及水稻和小麦等植物矮化突变体的鉴定及相关基因的分离研究，已经验证了许多矮化相关基因的功能，这对棉花矮化突变体的分子机理研究有重要的借鉴意义。

棉花是世界性的重要经济作物，其生产在国民经济发展中发挥重要作用，株型高大和成熟吐絮期长是制约棉花机械化生产的重要因素，实现机械化是棉花生产的根本出路，通过品种改良，培育株高较矮、成熟集中的新品种，是适应机械化、降低棉花生产成本的最有效途径，因此，发掘矮化基因、揭示棉花矮化的机理、培育矮秆或半矮秆棉花品种是重要的育种方向之一，对促进棉花生产实现机械化具有十分重要的理论和现实意义。

第六章　短季栽培对棉花生长发育的影响

棉花是我国重要的经济作物，在国民经济中占有重要地位。种植密度是影响棉花生长发育及产量品质的重要因素之一。近年来，对棉花种植密度研究报道比较多，王忠军等认为，棉花产量及其构成因素受种植密度影响较大；李蒙春等研究发现，在一定种植密度范围内，单位面积产量随种植密度、单位面积铃数的增加而增加，而单株成铃数却随种植密度的增加而减少；高胜等研究发现，单铃重随种植密度增加而逐渐降低，不同种植密度下各处理衣分差异不显著。近年来，物价上涨，农村劳动力缺乏，植棉收益甚微，粮棉争地矛盾日益突出，棉花种植面积不断减小，特别是长江以南棉区该问题更加明显，因此，实现棉花轻简化与机械化栽培是提高植棉综合效益，保证棉农增产增收的有效途径。传统的营养钵育苗移栽技术已经不能满足人们的需求，漂浮育苗移栽与直播越来越受到重视。

第一节　试验材料与方法

供试棉花材料为JX0010，为早熟品种，由湖南农业大学棉花研究所提供。棉花种子选用毛籽，不进行催芽处理。

一、试验设计及供试肥料与方法

试验采取直播，设施氮量(X_1)、种植密度(X_2)、播种期(X_3)为栽培因子，每个因子5个试验水平。试验采用二次回归组合设计的最优混合设计(311设计)，共11个处理，小区面积23平方米，小区长5米，宽4.6米，四周留出2米的保护行。设3次重复，共33个小区，重复内各小区随机排列，为11个处理的完全随机区组试验。各因子零水平及变化间距如表6.1所示，各因子的线性编码及各处理试验方案如表 6.2 所示。各小区种 5 行，等行种植，行距 1 米，株距依种植密度而定，除了上述 3 因子按设计水平来实施外，其他田间管理措施按照湖南省棉花规范化栽培标准执行(BD/T—2006)。氮肥选用含氮量为 46％的尿素，磷肥、钾肥施用量分别为：每亩施过磷酸钙 60 千克(含 P_2O_5 16％)、氯化钾 15 千克(含 K_2O 55％)。施肥方法：① 氮肥施用方法，氮肥于盛花期(全试验区 50％棉株第四果枝开花时，大约 7 月 10 日—7 月 15 日期间)一次施用。② 氯化钾、过磷酸钙在试验小区作基肥一次性开沟埋施。

表 6.1　试验因素与水平

	施氮量/(千克/亩)	种植密度/(株/亩)
零水平	15	3 500
变化间距	5	1 000

表 6.2　试验方案

处理	施氮量(X_1)		种植密度(X_2)		播种期(X_3)	
	编码值	千克/亩	编码值	株/亩	编码值	月-日
1	0	15	0	3 500	2	06-04
2	0	15	0	3 500	−2	05-15
3	−1.414	7.93	−1.414	2 086	1	05-30
4	1.414	22.07	−1.414	2 086	1	05-30
5	−1.414	7.93	1.414	4 914	1	05-30
6	1.414	22.07	1.414	4 914	1	05-30
7	2	25	0	3 500	−1	05-20
8	−2	4	0	3 500	−1	05-20
9	0	15	2	5 500	−1	05-20
10	0	15	−2	1 500	−1	05-20
11	0	15	0	3 500	0	05-25

二、测定项目与方法

(一) 生育期及农艺性状调查

每小区选择中间行 10 株，观察并记载各个生育时期的起始结束时间。调查各处理的生育期包括播种期、出苗期、现蕾期、开花期和吐絮期。出苗期:子叶出土平展为出苗,观察小区出苗达50%的日期。现蕾期:以花蕾三角苞长约3毫米时为现蕾标准,观察小区内植株达50%现蕾的日期。开花期:每株开第一朵花为始花,观察小区内50%植株始花的日期。吐絮期:50%植株有第一个成铃铃壳裂开、纤维外露的日期。全生育期:棉花从播种到收花结束的时期。10月4日的调查包括株高、果枝始节高度、果枝数、成铃数和果节数等农艺性状。株高:从子叶节至主茎生长点的距离。果枝始节高度:从子叶节到第一果枝的高度。

(二) 成铃时间和空间分布的调查

采取田间调查的方法,分别于7月20日、8月20日和9月20日调查三桃(伏前桃、伏桃和秋桃),每小区连续调查10株,计算三桃所占比例。10月20日左右收花时调查,每小区选择10株,然后按内围(1、2果节)、外围(3果节及以上)和下部(1～5层)、中部(6～10层)、上部(10层以上)果枝分别进行调查,计算单株成铃数。

(三) 干物质及叶绿素的测定

7月16日开始每隔20天进行,拔取地上部分,每小区选择长势一致的3株,分成茎枝、叶片和花(蕾、铃)3部分,105 ℃杀青30分钟,置于80 ℃烘箱中烘48小时。分别称量地上部分各部位干重,然后计算获得的整株干重,每次取样干重为3株干重的平均值。群体干重=单株干重×单位面积株数。

采用日本KONICA MINOLTA公司生产的SPAD-502便携式叶绿素测定仪,选取主茎功能叶(打顶前倒四叶、打顶后倒三叶),每10天测定一次叶绿素值,每小区选择5株,每叶测量4次,求取平均值。

(四) 产量构成及纤维品质

10月20日左右,根据果枝数将单株分为上、中、下三层(11以上果枝、6～10果枝、1～5果枝),分层收铃,计算不同层次铃重和衣分,室内进行籽棉考种,分小区收花,计算实际产量。

10月20日,每小区收籽棉100克,用于各处理纤维品质的检测。测铃重的籽棉样品用室内小型轧花机扎花,每小区分下、中、上三层果枝,每层取皮棉30克送到农业部(现农业农村部)棉花品质监督检验测试中心,测定棉花品质5项指标:纤维长度(毫米)、断裂比强度(厘牛/特)、整齐度(%)、伸长率(%)、马克隆值。

（五）土壤养分含量测定

棉花播种之前，采取5点取样法采集土样，土层深度20厘米，然后混合，经自然烘干后粉碎、过筛。土壤速效氮采用碱解扩散法，速效磷采用碳酸氢钠法，速效钾采用醋酸铵-火焰光度计法，全氮采用重铬酸钾-硫酸消化法，全磷采用硫酸-高氯酸消煮法，全钾采用氢氧化钠熔融-火焰光度计法，pH采用电位测定法。

（六）纤维品质的综合评价

由于表示纤维品质的5个指标量纲不一，很难对纤维品质进行直接加权分析，所以应先对数据进行标准化处理，然后进行加权计算。

1. 纤维品质标准化处理：

上半部平均长度（$j=1$）、整齐度指数（$j=2$）、伸长率（$j=4$）、断裂比强度（$j=5$），按实现值越大越好的公式计算，则有

$$U_{ij}=\frac{A_{ij}-\min A_{ij}}{\max A_{ij}-\min A_{ij}},\quad (j=1,2,4,5;i=1,2,3,\cdots,33)$$

本试验中马克隆值（$j=3$）均大于3.9，因此，按实现值越小越好计算，则有

$$U_{ij}=\frac{\max_{ij}-A_{ij}}{\max A_{ij}-\min A_{ij}},\quad (j=3;i=1,2,3,\cdots,33)$$

式中：U_{ij}为无量纲化综合系数，A_{ij}为各指标的原始数据，$\max A_{ij}$为第j个纤维品质性状中的最大值，$\min A_{ij}$为第j个纤维品质性状中的最小值。

2. 本试验按平均权重法确定各指标的权重系数，则每个指标的权重系数为0.2。

3. 计算纤维品质综合得分，公式为

$$W_i=\sum_{i=1}^{n}U_{ij}\times 0.2$$

式中：W_i为第i个棉花纤维品质性状的综合分值。

第二节　不同播种期、施氮量、种植密度对棉花生长发育的影响

一、对生育期的影响

试验设 11 个处理，如表 6.2 所示。以常规早熟品种 JX0010 为试验材料，采用油后直播棉花的方式，分析不同处理与棉花生育期之间的关系。由表 6.3 可知，不同处理对棉花生育时期影响较为明显，播种期是影响不同处理下棉花生育期的主要因子。棉花各生育期随棉花播种期推迟而推迟。播种期最早的处理 2，其出苗期、现蕾期、开花期和吐絮期都较其他处理早，播种期最晚的处理 1，各生育期较其他处理推迟。

表 6.3　不同处理的棉花的生育期

处理	播种期/（月-日）	出苗期/（月-日）	现蕾期/（月-日）	开花期/（月-日）	吐絮期/（月-日）	生育期/天	全生育期/天
1	06-04	06-09	07-11	08-08	09-24	107	138
2	05-15	05-23	06-27	07-22	09-11	111	158
3	05-30	06-05	07-08	08-02	09-19	106	143
4	05-30	06-05	07-08	08-02	09-20	107	143
5	05-30	06-05	07-08	08-02	09-19	106	143
6	05-30	06-05	07-08	08-02	09-17	104	143
7	05-20	05-26	06-29	07-24	09-12	109	153
8	05-20	05-26	06-29	07-24	09-10	107	153
9	05-20	05-26	06-29	07-25	09-13	110	153
10	05-20	05-26	06-29	07-24	09-14	111	153
11	05-25	05-30	07-04	07-27	09-17	110	148

但在播种期相同的情况下，不同处理对其各生育期影响不大，比如处理 3、处理 4、处理 5、处理 6 的各生育期除吐絮期相差 1～3 天外，其他都一样，处理 6、处理 7、处理 8、处理 9 也有类似的结果。各处理的生育期以处理 6 最小，为 104 天，处理

2与处理10的生育期最大，都达到了111天。处理2、处理7、处理8、处理9和处理10的全生育期在150天以上，其他处理的全生育期在150天以下。

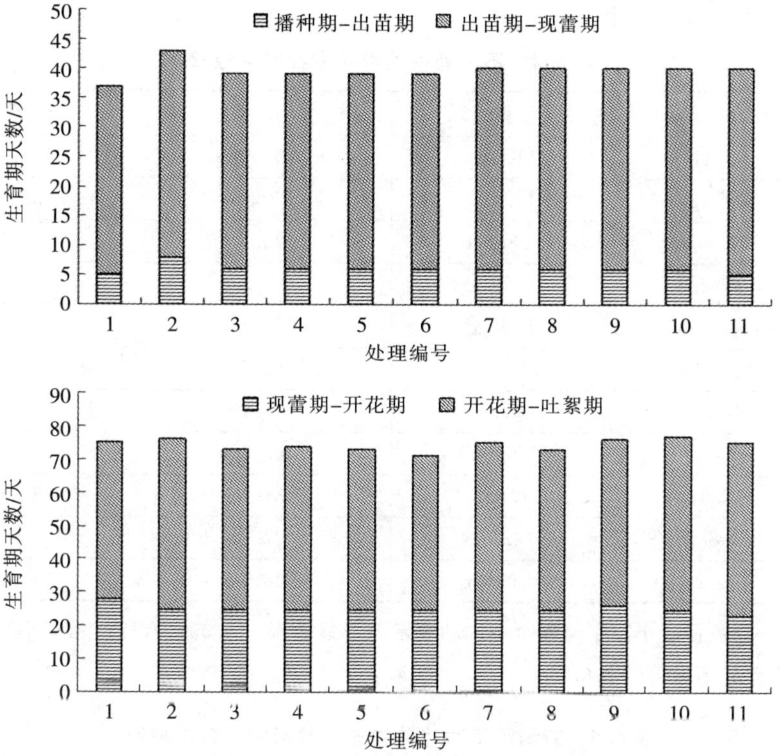

图6.1 不同处理的棉花各生育期的天数

由图6.1可知，不同处理的棉花各生育期所经历的时间无明显差异，播种后5～8天出苗，出苗后32～35天进入现蕾期，现蕾后再经过23～28天进入开花期，开花后再经47～52天进入吐絮期，栽培因子对棉花两相邻生育历期影响较小。

二、不同处理与棉花主要农艺性状

不同处理的棉花的株高、果枝数、果枝始节高度、果节数差异都达到了显著水平，如表6.4所示。株高是衡量棉株生长状况的重要指标之一。在所有处理中，处理1的株高高度最小，平均值为88.4厘米，处理11最大，平均值为121.8厘米。不同处理中，果枝数以处理10最大，平均值为13.5个，处理1最小，平均值为11.5个。果枝始节高度是指子叶节到第一果枝的距离，其大小能作为反映棉株早发状况。在所有处理中，果枝始节高度以处理9最大，平均值为34.0厘米，处理 3 最小，平均值为 23.7 厘米。果节数的多少直接影响成铃多少，进而影响棉花产量。在 11 个处理中，果节数以处理 4 最大，平均值为 48.7 个，处理 5 最小，平均值为 31.4 个。

表 6.4　不同处理的棉花主要农艺性状

处理	株高/厘米	果枝数/个	果枝始节高度/厘米	果节数/个
1	88.4h	11.5d	25.1cde	38.6bc
2	95.7g	14.1a	27.3bc	38.4bc
3	101.6def	13.3abcd	23.7e	43.7ab
4	105.2cd	13.7abc	24.7de	48.7a
5	103.5cde	11.9bcd	26.7bcd	31.4d
6	111.3b	11.8cd	33.5a	38.3bcd
7	98.1fg	13.7abc	27.7b	39.0bc
8	97.5fg	13.5abcd	26.4bcd	34.6cd
9	108.3bc	13.9ab	34.0a	36.3cd
10	98.8efg	14.3a	27.7b	47.6a
11	121.8a	13.5abcd	28.3b	40.3bc

注：同一列数据后小写字母完全不同的表示差异显著（$P<0.05$），有任何相同小写字母或无字母的表示差异不显著（$P>0.05$）。

表 6.5　栽培因子对棉花农艺性状影响的数学模型

回归系数	株高	果枝始节高	果枝数	果节数
b_0	121.801 9	28.399 8	13.466 7	40.270 2
b_1	1.082 8	0.846 9*	0.034 3	1.604 6*
b_2	1.894 7	1.820 3**	−0.347 1**	−3.418 1**
b_3	0.267 9	−0.843 7*	−0.616 7**	0.308 8
b_{11}	−3.550 9	−0.446 8	−0.072 9	−0.615 1
b_{22}	−2.113 4	0.540 7	0.052 1	0.676 2
b_{33}	−7.437 9	−0.550 0	−0.158 3*	−0.442 5
b_{12}	0.5252	0.7752*	−0.0584	0.2263
b_{13}	0.9328	0.4969	0.0010	0.5046
b_{23}	−0.4803	0.1953	−0.2304**	−0.6006*

注：同一列数字后*表示差异显著（$P<0.05$），**表示差异极显著（$P<0.01$）。

由表 6.5 可知，株高、果枝始节高、果枝数、果节数分别建立回归方程，经 X^2 检验，分别为 0.722 1、0.022 4、0.001 4、0.027 6，均小于 $X^2_{0.05[10]}=18.31$，所以建立的回归方程均能反映实际情况。就一次项绝对值来看，本试验 3 个因子对株高影响大小的顺序为种植密度＞施氮量＞播种期；对果枝始节高的影响大小顺序为种植密度＞施氮量＞播种期，且均达到显著；对果枝数的影响表现为播种期＞种植密度＞施氮量，其中，播种期和种植密度的影响达到了极显著水平；对果节数的影响顺序为种植密度＞施氮量＞播种期，其中，施氮量和种植密度的影响达到了显著水平。在株高建立的回归方程中，施氮量、种植密度、播种期回归系数一次项系数均为正，二次项系数均为负，说明在本试验条件下适宜的施氮量、种植密度和播种期能增加植株高度；在由果枝始节所建立的回归方程中，施氮量一次项系数为正，二次项系数为负，说明在一定范围内果枝始节高度随施氮的增加而增大，种植密度一次项系数与二次项系数都为正，说明在一定范围内果枝始节随种植密度增大而增大，播种期一次项系数与二次项系数都为负，说明适当推迟播种期果枝始节高会增大；在由果枝数建立的回归方程中，施氮量与种植密度的一次项系数和二次项系数值一正一负，说明适宜的施氮量和种植密度能增加果枝数，播种期一次项系数与二次项系数均为负，说明在一定时期内，推迟播种期，果枝数减少；在果节数所建立的回归方程中，施氮量、种植密度和播种期的一次项系数与二次项系数一正一负，说明适宜的施氮量、种植密度和播种期能增加棉株果节数。

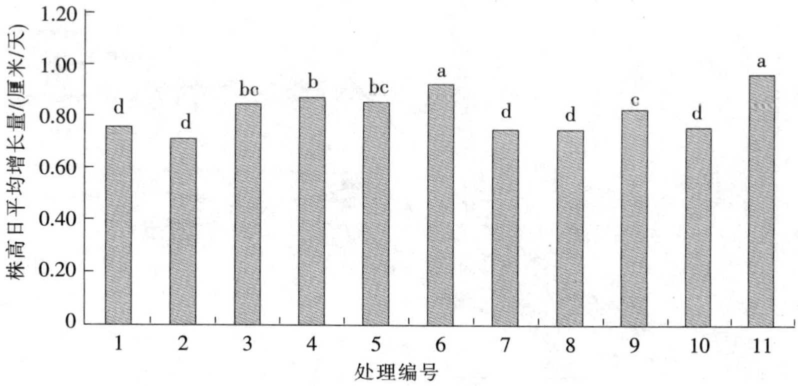

图 6.2　不同处理的棉花株高日平均增长量

注：小写字母完全不同的表示差异显著($P<0.05$)，有任何相同小写字母或无字母的表示差异不显著($P>0.05$)。

株高日平均增长量是指株高除以出苗到株高测量日的天数，棉株株高日平均增长量能直接反应棉株主茎平均生长速度。由图 6.2 可知，不同处理棉花株高日平均增长量达到显著差异，其中，以处理 11 日平均生长速度最大，达到了 0.96 厘米/天，处理 2 的日平均生长速度最小，为 0.71 厘米/天。

第三节　不同处理与棉株地上部分干物质积累与分配

一、单株地上部分总干物质积累

棉花干物质生产是其经济产量形成的基础，干物质的积累直接影响着棉花的产量与品质。由图 6.3 可知，棉花单株地上部分干物质积累动态基本一致，符合"S"型曲线变化规律，棉花生长前期干物质积累速度较为缓慢，中期积累速度直线上升，到了后期干物质积累趋于平缓，甚至部分处理生长后期干物质积累出现了下降趋势，这可能是由于植株衰老，叶片、茎枝等掉落所致。棉花花铃期是棉花产量形成的关键时期，也是干物质增长速度最快的时期。在各个处理中，8 月 5 日—8 月25 日，干物质增加量以处理 10 最大，平均值为 157.87 克/株，处理 5 最小，平均值为 31.92 克/株，在该时期内，干物质增长速度以处理 10 最大，平均值为 6.8 克/天，处理 5 最小，平均值为 1.6 克/天。

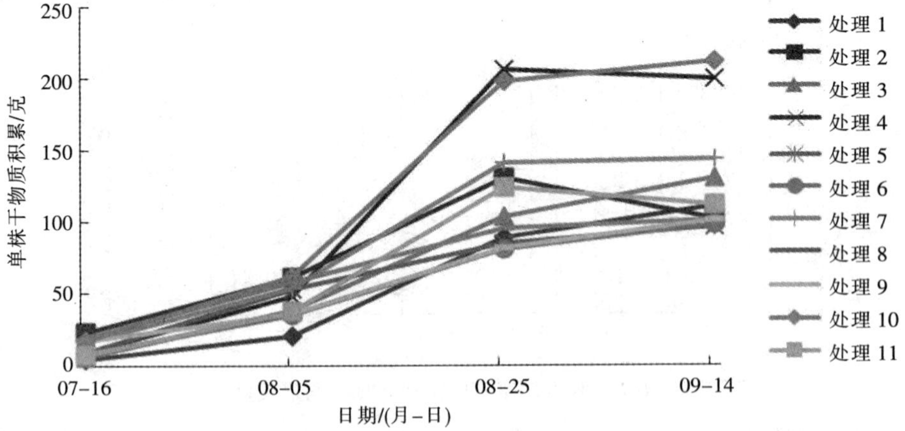

图 6.3　不同时期单株地上部分干物质积累动态

二、单株地上部分营养器官干物质积累

由图 6.4 可知，除处理 8 外，各处理的单株地上部分营养器官干物质积累基本呈“S”型曲线，前期增长速度慢，中期加快，后期增长趋于平缓，甚至由于植株衰老，茎枝和叶片出现了掉落，干物质积累出现下降的情况。盛铃期是棉花产量形成的关键时期，在 8 月 5 日—8 月 25 日时间段内，处理 4 的单株地上部分营养器官干物质增长速度最快，平均值为 4.6 克/天。

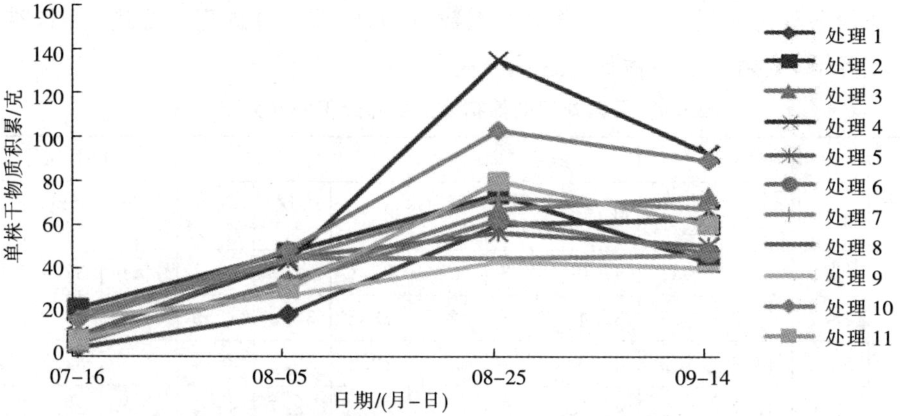

图 6.4　不同时期单株地上部分营养器官干物质积累动态

三、单株地上部分生殖器官干物质积累

生殖器官干物质最能反映产量情况。由图 6.5 可知，各处理的单株地上部分生殖器官干物质积累也遵循“S”型曲线生长规律，生长前期增长速度较慢，中期直线上升，后期速度降低。在盛铃期(8 月 5 日—8 月 25 日)，处理 10 的增长速度最快，平均值为 4.06 克/天。

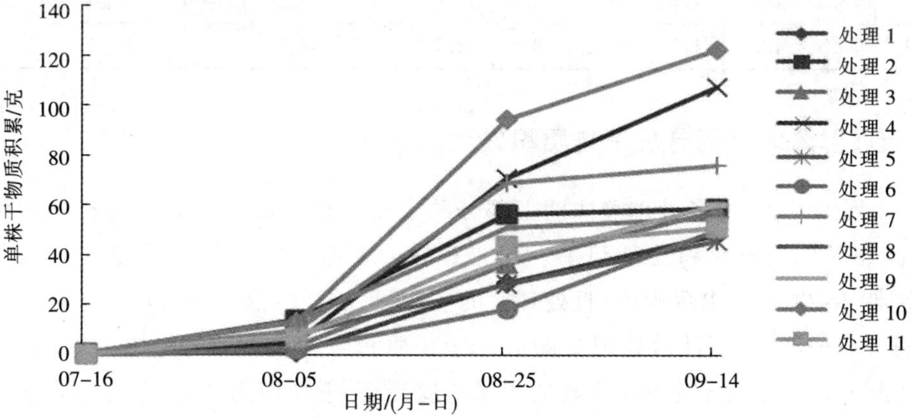

图 6.5　不同时期单株地上部分生殖器官积累动态

四、单株地上各部分干物质分配

由表 6.6 可知，不同处理对棉花干物质分配影响不一。叶干物质分配系数随生育进程推进逐渐降低，生殖器官干物质分配系数随生育进程推进逐渐升高。茎枝干物质分配系数变化规律不一，处理 1、处理 3 和处理 6 的茎枝干物质分配系数随着生育进程推进有小幅度升高，然后逐渐降低，其他处理随生育进程推进逐渐降低。比较各处理不同时期干物质分配系数可知，随着生育进程的推进，营养器官所占比重降低，生殖器官所占比重逐渐升高。

表 6.6　不同处理的棉花地上各部分干物质分配系数

处理	7 月 16 日			8 月 5 日			8 月 25 日			9 月 14 日		
	叶/%	茎枝/%	花、蕾、铃/%	叶/%	茎枝/%	花、蕾、铃/%	叶/%	茎枝/%	花、蕾、铃/%	叶/%	茎枝/%	花、蕾、铃/%
1	56.9	42.7	0.4	47.0	48.3	4.7	29.6	37.8	32.7	25.0	31.5	43.6
2	48.7	47.9	3.5	32.4	44.7	22.9	23.8	32.9	43.3	16.8	25.3	57.9
3	54.4	44.3	1.2	41.3	49.7	9.0	28.3	36.3	35.4	22.9	32.7	44.4
4	52.0	47.7	0.3	42.5	47.0	10.5	26.8	38.7	34.5	17.5	28.7	53.8
5	50.5	48.1	1.4	48.1	36.2	15.7	27.4	39.2	33.4	22.9	29.6	47.5
6	52.6	46.1	1.3	43.5	51.0	5.4	31.0	46.3	22.7	20.0	28.6	51.4
7	51.5	44.8	3.7	37.1	44.9	18.0	21.5	29.8	48.8	18.6	28.3	53.0
8	48.2	49.7	2.1	32.1	44.6	23.3	20.6	26.0	53.5	19.5	26.2	54.3
9	47.8	48.9	3.3	34.3	43.5	22.2	22.6	30.6	46.8	15.1	25.0	59.8
10	53.2	44.1	2.6	36.0	42.5	21.6	23.0	29.2	47.8	17.3	24.9	57.8
11	55.1	43.4	1.5	38.8	42.5	18.7	26.7	37.6	35.7	22.1	32.0	46.0

五、群体地上部分总干物质积累

由图 6.6 可知，各处理群体地上部分总干物质积累随着生育进程推进逐渐增多，但处理 2、处理 4 和处理 11 在生育进程后期干物质积累减少，可能是因为植株衰老，叶片、果枝等出现脱落，且处理 2 的叶片、果枝脱落情况较为严重。在盛铃期(8 月 5 日—8 月 25 日)，处理 9 的群体干物质积累速度最大，平均值为 12.55 千克/(亩·天)，处理 8 的群体干物质积累速度最小，平均值为 6.55 千克/(亩·天)。群体干物质积累总量以处理 9 最多，处理 3 最少。

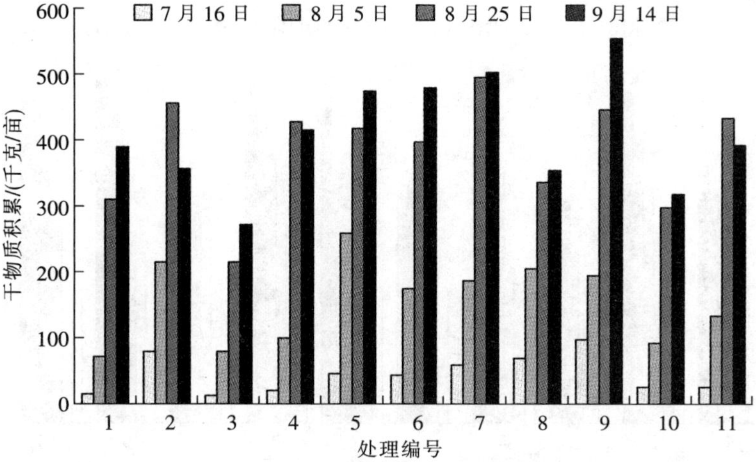

图 6.6　不同处理的棉花不同时期群体地上部分总干物质积累动态

由表 6.7 可知，7 月 16 日、8 月 5 日、8 月 25 日这 3 个时期，棉花地上部分群体干物质积累与棉花产量之间存在着显著正相关，分别为 0.70、0.62、0.60，而 9 月 24 日这一时期，棉花地上部分群体干物质积累与棉花产量之间相关性不显著。

表 6.7　不同时期的棉花地上部分群体干物质积累与产量相关性分析

相关系数	7 月 16 日	8 月 5 日	8 月 25 日	9 月 24 日	产量
7 月 16 日	1	0.77**	0.56	0.52	0.70*
8 月 5 日		1	0.61*	0.54	0.62*
8 月 25 日			1	0.74**	0.60*
9 月 24 日				1	0.43
产量					1

注：数字后*表示差异显著（$P<0.05$），**表示差异极显著（$P<0.01$）。

六、不同处理与叶绿素含量研究

叶绿素含量的高低能作为判断植株光合作用强弱的重要指标，也能反映植株吸收利用氮素营养的状况，SPAD 叶绿素测定仪能直接读出叶绿素含量的高低。由图 6.7 可知，植株进入花铃期后，主茎功能叶的叶绿素含量逐渐上升，这段时期水肥供应充足，棉铃的生长需要大量光合产物，促进光合作用，使得 SPAD 值升高。处理 3、处理 5 和处理 8 在生长后期 SPAD 值出现了下降，这可能是由于这 3 个处理的氮肥施用过少，造成后期生长缺氮，光合作用减弱。

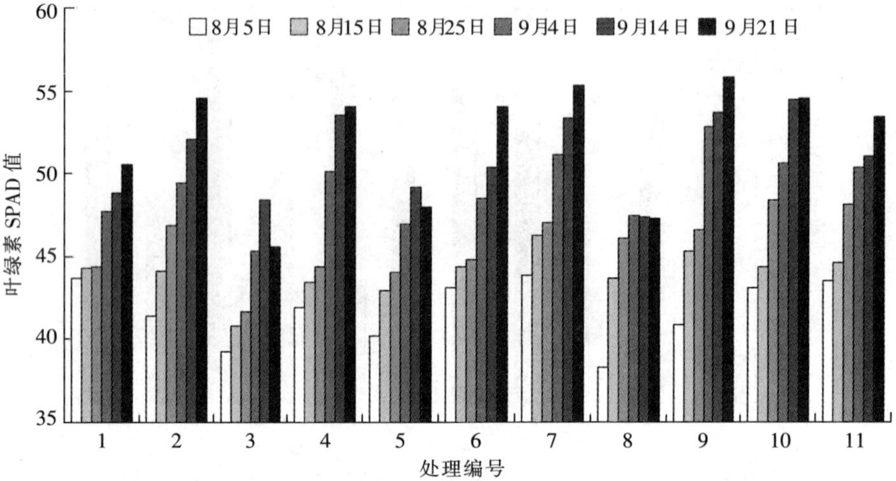

图 6.7　不同时期不同处理的棉花功能叶的叶绿素含量

注:SPAD值为叶片当前叶绿素的相对数量。

不同处理对棉花生育进程有一定影响,其中,播种期是影响棉花生育期的主要因子,各处理生育进程随播种期的推迟而推迟,播种期每推迟5天,出苗期推迟3～6天,现蕾期推迟2～5天,开花期推迟2～6天,吐絮期推迟2～4天,但是各处理相邻生育时期历时差别不大,各处理生育时期最大差别在5天左右,全生育期除处理2、处理7、处理8、处理9、处理10在150天以上,其他处理均在150天以下。

不同处理的棉花株高、果枝数、果枝始节、果节数差异都达到了显著水平。栽培因子对株高、果枝始节高度、果节数的影响大小顺序均为种植密度＞施氮量＞播种期,对果枝数影响的顺序表现为播种期＞种植密度＞施氮量;适量的施氮、合理的密植及适当的推迟播种期能增大植株高度和增加棉株果节数,本试验中,株高以处理11(施氮量15千克/亩、种植密度3 500株/亩、播种期5月25日)最大,果节数以处理4(施氮量15千克/亩、种植密度2 086株/亩、播种期5月30日)最大;增施氮素对棉株果枝始节高度起着正效应,能增加其高度,而合理密植和适当的播种期能降低棉株果枝始节高度,在所有处理中果枝始节高度以处理9(施氮量15千克/亩、种植密度5 500株/亩、播种期5月20日)最大;推迟播种期减少了棉株果枝数,而适量的施氮和合理的种植密度能增加棉株果枝数,在所有处理中以处理1(施氮量15千克/亩、种植密度3 500株/亩、播种期6月4日)最小。在整个生育期中,不同处理的棉花地上部分单株干物质积累、群体干物质积累、单株营养器官干物质积累、生殖器官干物质积累变化趋势基本呈"S"型。但由于到了生长后期植株衰老，叶片、果枝等开始脱落，部分处理单株干物质积累、单株营养器官干物质积累、群体干物质积累反而出现了下降趋势，同时也导致了棉株生长后期群体干物质积累与产量之间相关性不显著。不同处理干物质分配系数表现出的趋势一样，随着生育进程的推进，营养器官所占比重降低，生殖器官所占比重逐渐升高。盛铃期是棉花产量形成的关键时期，在这一时期内群体干物质积累对产量形成起着决定性作用。种植密度是影响群体干物质积累的主要因子，在所有处理中，处理 9(施氮量 15 千克/亩、种植密度 5 500 株/亩、播种期 5 月 20 日)的群体干物质积累速度最大，平均值达到了 12.55 千克/(亩・天)，这是其高产形成的物质基础。施氮量是影响棉花叶绿素含量的主要因子，不同处理的棉花叶绿素含量变化的基本趋势为随着生育进程的推进升高，而处理 3(施氮量 7.93 千克/亩)、处理 5(施氮量 7.93 千克/亩)、处理 8(施氮量 4 千克/亩)在生长后期叶绿素含量出现了下降。

第四节　短季栽培对棉花产量的影响

一、不同处理成铃时空分布

(一) 不同处理棉铃时间分布

根据结铃时间的不同，在长江流域棉区将棉铃分为伏前桃(7 月 20 前)、伏桃(7 月 20 日—8 月 20 日)和秋桃(8 月 20 日—9 月 20 日)。由图 6.8 可知，在所有处理中基本没有伏前桃，除处理 8 外，各处理秋桃比例最大，播种期每推迟 5 天，其秋桃比的平均值分别为 57.75%、47.68%、67.66%、74.38%、80.87%，随着播种期推迟，秋桃比先下降后上升。另外，处理 8 的秋桃比为 31.78%，这可能是因为处理 8 施氮最少，种植密度较大，对棉铃进行逼熟。除处理 8 外，各处理秋桃比例最大，说明短季栽培直播棉与常规栽培不同，其成铃主要集中在 8 月20 日—9 月 20 日，做好这一时期的水、肥、病虫害等田间管理对提高棉花产量有重要作用。

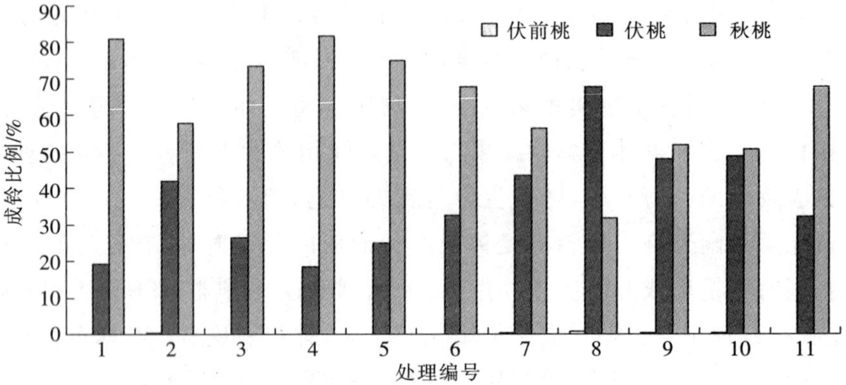

图 6.8　不同处理的棉花三桃所占比例

（二）不同处理棉铃空间分布

棉铃分布可在空间上分为横向和纵向两个部分，由表 6.8 可知，不同处理棉铃纵向分布各不相同，上部果枝结铃比例以处理 1 最小，为 10.12%，处理 7 最大，为 27.27%。中部果枝结铃比例以处理 8 最小，为 34.3%，处理 6 最大，为 42.69%。下部果枝结铃比例以处理 7 最小，为 34.04%，处理 1 最大，达到了 50.41%。播种期对上部果枝成铃影响较大，随播种期推迟，上部果枝成铃比平均值分别为 20.45%、22.57%、23.72%、16.16%、10.12%，上部果枝成铃比随播种期推迟先上升后下降。总体而言，不同处理对棉铃纵向分布影响很大，中、下部果枝成铃数所占比例大，所以在棉花中后期创造良好的通风、通光条件对提高棉花产量起着至关重要的作用。

表 6.8　不同处理的棉花棉铃空间分布比例

处理	单株铃数/个	棉铃纵向分布/%			棉铃横向分布/%	
		上部果枝	中部果枝	下部果枝	内围	外围
1	25.40	10.12	39.48	50.41	57.74	42.26
2	26.87	20.45	39.89	39.66	69.17	30.83
3	30.13	18.05	36.30	45.64	62.61	37.39
4	39.67	19.62	36.26	44.11	53.93	46.07
5	24.67	14.55	42.31	43.13	72.85	27.15
6	26.53	12.42	42.69	44.89	63.24	36.76
7	27.73	27.08	38.87	34.04	65.26	34.74
8	23.00	25.05	34.30	40.65	71.73	28.27
9	23.40	22.30	40.11	37.59	65.41	34.59
10	33.33	20.75	34.37	44.88	59.38	40.62
11	27.47	22.57	38.54	38.89	65.75	34.25

横向分布上，各处理的内围铃比例不尽相同，但内围铃在总铃数中仍占主导地位，在所有处理中，处理 8 的内围铃比例最大，高达 71.73%，处理 4 的内围铃比例最小，仅为 53.93%，这可能是因为处理 8 的种植密度较大，施氮最少，其果枝长度短，内围铃多，处理 4 的种植密度较小，施氮较多，单株果枝生长旺盛，长度伸长，外围铃增多。

二、不同处理与棉花产量及构成因素

（一）棉花不同部位的产量性状

由表 6.9 可知，不同处理单株成铃数存在显著差异，处理 4 最大，平均值为 39.67 个，处理 10 次之，平均值为 33.33 个，处理 8 最小，平均值为 23 个。不同部位单铃籽棉重、衣分、子指存在着差异。其中，下部果枝的单铃籽棉重只有处理 8 与其他处理存在显著差异，处理 8 的下部果枝单铃籽棉重最小（4.4 克），处理 4 最大（5.0 克）；各处理中部果枝的单铃籽棉重差异不显著；上部果枝的单铃籽棉重只有处理 5 与其他处理存在显著差异，处理 4 和处理 8 最大（5.2 克），处理 5 最小（4.2 克）。各处理的上、中、下部果枝衣分差异显著，下部果枝的衣分以处理 8 最大（40%），处理 2 最小（36.3%）；中部果枝的衣分以处理 1 最大（42%），处理 8 最小（38.3%）。各处理中、下部果枝籽指差异显著，下部果枝的籽指以处理 6 最大（11.4 克），处理 8 最小（10.3 克）；中部果枝的籽指以处理 9 最大（10.6 克），处理 5 最小（9.9 克）。各处理上部果枝籽指差异不显著。同一处理上、中部果枝的单铃籽棉重和衣分较下部的大，而中、上部果枝的籽指较下部的小。

表 6.9　不同处理的棉花不同部位棉花产量性状

处理	单株成铃数/个	单铃籽棉重/克			衣分/%			籽指/克		
		下部果枝	中部果枝	上部果枝	下部果枝	中部果枝	上部果枝	下部果枝	中部果枝	上部果枝
1	25.40c	4.7ab	5.0a	5.1a	38.3abc	42a	38.3c	10.7abc	10.1abc	9.8a
2	26.87bc	4.7ab	4.8a	4.8a	36.3c	40.3ab	40.0bc	11.2ab	10.2abc	9.8a
3	30.13bc	4.5ab	4.8a	4.9a	38.6abc	40.0ab	40.3abc	11.2ab	10.3abc	10.0a
4	39.67a	5.0a	4.9a	5.2a	39.3ab	41.7a	40.7abc	10.7abc	10.0bc	9.8a
5	24.67c	4.6ab	4.9a	4.2b	37.0bc	40.7a	41.7ab	11.0abc	9.9c	9.3a
6	26.53bc	4.5ab	4.7a	4.7ab	37.0bc	40.7a	40.7abc	11.4a	10.2abc	9.7a
7	27.73bc	4.8ab	4.8a	4.9a	39.3ab	41.3a	42.7a	11.1abc	10.4ab	9.8a
8	23.00c	4.4b	4.7a	5.2a	40.0a	38.3b	41.7ab	10.3c	10.5ab	9.6a

续表

处理	单株成铃数/个	单铃籽棉重/克			衣分/%			籽指/克		
		下部果枝	中部果枝	上部果枝	下部果枝	中部果枝	上部果枝	下部果枝	中部果枝	上部果枝
9	23.40c	4.7ab	5.2a	4.8a	39.0ab	40.0ab	40.7abc	10.5bc	10.6a	10.0a
10	33.33ab	4.7ab	5.1a	5.0a	38.0abc	41.0a	40.3abc	11.1abc	10.5a	10.0a
11	27.47bc	4.8ab	5.1a	5.0a	38.7abc	41.7a	41.0ab	10.8abc	10.3abc	10.1a

注：同一列数据后小写字母完全不同的表示差异显著（$P<0.05$），有任何相同小写字母或无字母的表示差异不显著（$P>0.05$）。

（二）不同处理对棉花产量性状影响的数学模型

由表 6.10 可知，衣分、单铃籽棉重、单株成铃数分别建立的回归方程，经 X^2 检验，X^2 分别为 0.0 109、0.0 083、0.6 317，均小于 $X^2_{0.05[10]}=18.31$，因此所建立的回归方程能反应实际情况。由回归方程的一次项系数绝对值可知，施氮量是影响衣分的主要因子，种植密度是影响单铃重和单株成铃数的主要因子。由回归方程的二次项系数正负可知，施氮量对衣分的影响表现为开口向上的抛物线，说明在一定范围内，衣分随施氮的增加而增大；施氮量对单铃籽棉重和单株成铃的影响表现为开口向下的抛物线，表明随着施氮的增多，单铃籽棉重和单株成铃先增大后减小。种植密度对衣分和单铃籽棉重的影响表现为开口向下的抛物线，表明随着种植密度的增大，衣分与单铃籽棉重先增大后减小；种植密度对单株成铃数的影响表现为开口向上的抛物线，说明减小种植密度有利于增加单株成铃。播种期对衣分、单铃籽棉重、单株成铃数的影响表现为开口向下的抛物线，说明随着播种期推迟，衣分、单铃籽棉重以及单株成铃数先增大后减小。

表 6.10　栽培因子对棉花产量性状影响的数学模型

回归系数	衣分	单铃籽棉重	单株成铃数
b_0	0.404 7	4.971 0	27.470 9
b_1	0.001 9	0.039 3	1.599 0
b_2	−0.000 7	−0.054 5	−2.885 0
b_3	0.000 1	−0.005 0	0.662 5
b_{11}	0.000 6	−0.048 1	−0.019 9
b_{22}	−0.001 2	−0.025 6	0.730 1

续表

回归系数	衣分	单铃籽棉重	单株成铃数
b_{33}	－0.003 2	－0.032 5	－0.333 9
b_{12}	－0.001 6	－0.032 5	－0.960 3
b_{13}	－0.000 8	0.024 3	0.416 5
b_{23}	－0.001 0	－0.044 5	－0.403 0

三、不同处理对棉花产量的影响

(一) 建立回归方程

根据实验结果(图 6.9)与 311－A 最优回归设计建立施氮量(X_1)、种植密度(X_2)、播种期(X_3)各因子与籽棉产量的多项式回归方程为

$$Y=213.522+3.9331X_1+6.414X_2-21.4619X_3-5.7541X_1{}^2-4.321X_2{}^2-7.5348X_3{}^2-11.982X_1X_2-0.1645X_1X_3+3.5747X_2X_3$$

方程经 F 检验,$F_{回}=2.38>F_{(0.05)}=2.32$,说明所建立的回归方程关系显著,能反映实际情况。

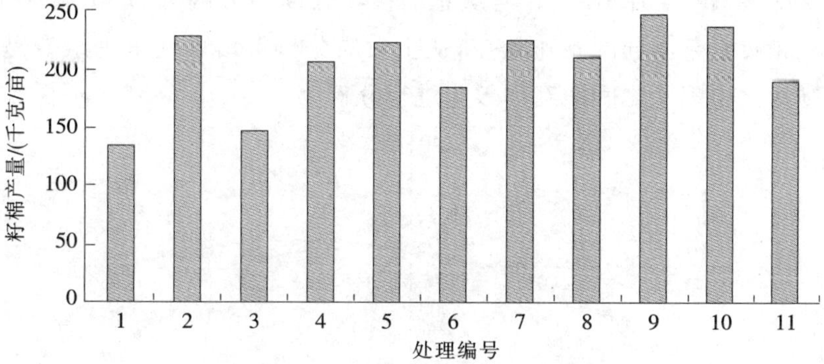

图 6.9 不同处理棉花的产量

(二) 试验因子主效应分析

由于采用回归设计时,各因素水平的取值已经过无量纲的编码变换,回归方程的统计值已相对独立,反映各因子与试验结果的关系时,一般将其他的两个因子取值水平固定为零水平,本试验施氮量(X_1)、种植密度(X_2)、播种期(X_3)与实际籽棉产量的 3 个一元二次数学方程为

$$Y_1=213.522+3.933\,1X_1-5.754\,1X_1^{2}$$
$$Y_2=213.522+6.414X_2-4.321X_2^{2}$$
$$Y_3=213.522-21.461\,9X_3-7.534\,8X_3^{2}$$

由回归方程求出试验中施氮量(X_1)、种植密度(X_2)、播种期(X_3)的 5 个处理的籽棉产量列于表 6.11 中。

表 6.11　各因子水平变化的籽棉产量　（单位：千克）

因子	−2	−1.414	−1	0	1	1.414	2
X_1	182.64	196.46	203.83	213.52	211.70	207.58	198.37
X_2	183.41	195.81	202.79	213.52	215.62	213.95	209.07
X_3	226.31	228.80	227.45	213.52	184.53	168.11	140.46

从各试验因子的一元二次方程及图 6.10 可知，各因子回归系数一次项的绝对值大小能反映各参试因子对目标的影响程度，根据回归方程可知，各参试因子对棉花籽棉产量的影响大小表现为：播种期＞种植密度＞施氮量。各试验因子都有一个最大籽棉产量的处理水平，根据方程求得编码值分别为 0.341 8、0.742 2、−1.424 2，从而求得籽棉产量最大时，施氮量、种植密度、播种期分别为 16.71 千克/亩、4 242 株/亩、5 月 18 日。但从总的多项式回归方程分析，试验因子之间存在着大小、正负复杂不同的互作效应，从主效应分析得出最佳水平组合是片面的，因此，必须对试验因子之间的互作效应进行分析。

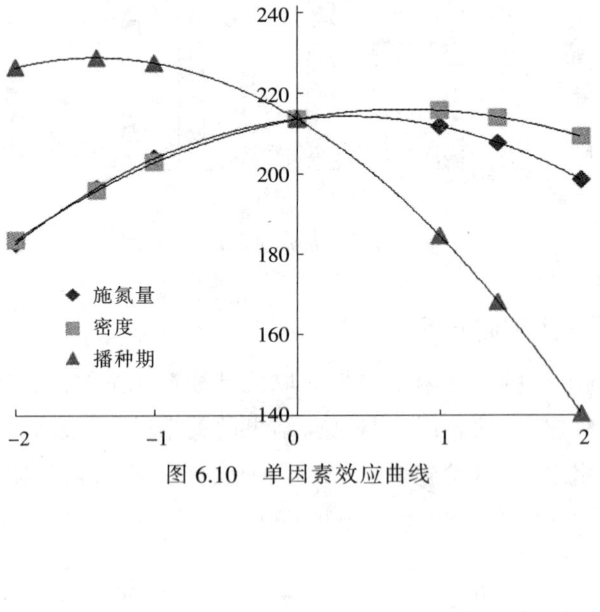

图 6.10　单因素效应曲线

（三）试验因子间互作效应分析

在进行两因子之间的交互作用分析时，将其他因子的取值固定为零水平，从而得到回归方程：

$$Y_{12}=213.522+3.9331X_1+6.414X_2-5.7541X_1^2-4.321X_2^2-11.982X_1X_2$$

$$Y_{13}=213.522+3.9331X_1-21.4619X_3-5.7541X_1^2-7.5348X_3^2-0.1645X_1X_3$$

$$Y_{23}=213.522+6.414X_2-21.4619X_3-4.321X_2^2-7.5348X_3^2+3.5747X_2X_3$$

将施氮量、种植密度和播种期各个水平的编码值分别代入相应的互作效应方程中，得到施氮量与种植密度、施氮量与播种期和种植密度与播种期对棉花产量的影响曲面图。由图6.11～图6.13可知，曲面上不同坐标点的高度代表了不同因子水平组合条件下的棉花产量，曲面越高，产量越高，曲面的最高点为相对应因子的最佳水平组合。曲面曲率较大时，交互作用对籽棉产量影响较大，曲面较为平坦说明交互作用对籽棉产量影响较小。交互作用对棉花籽棉产量影响的大小顺序为施氮量与种植密度的互作效应＞种植密度与播种期的互作效应＞施氮量与播种期的互作效应。因此，在生产上我们应当充分利用施氮量与种植密度的互作效应，注意两者的合理组合，同时结合播种期，以促进棉花产量。

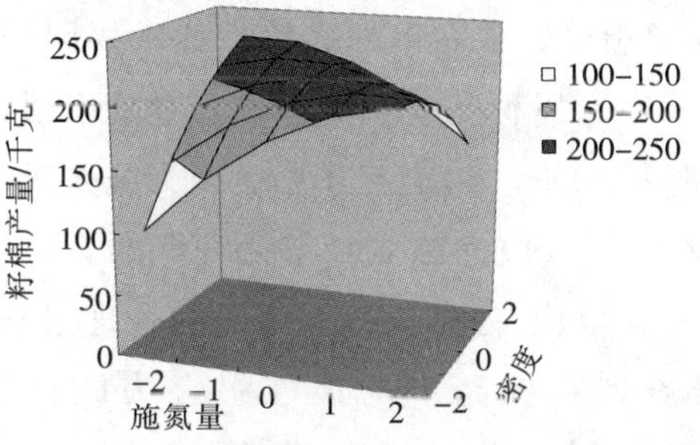

图 6.11　施氮量与种植密度交互作用曲面图

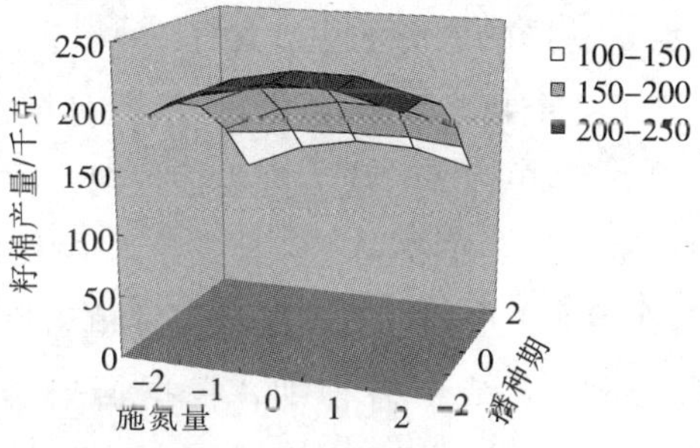

图 6.12　施氮量与播种期交互作用曲面图

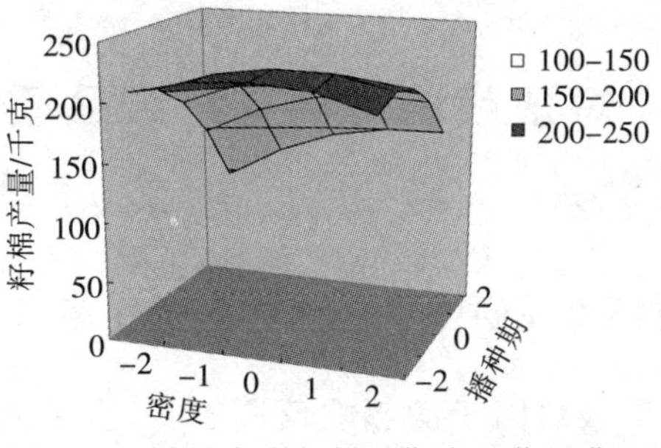

图 6.13　种植密度与播种期交互作用曲面图

(四) 产量的最佳优化方案

由于试验因子不但存在着主效应，还存在各种复杂的互作效应，为了寻找生产上容易实现高产栽培优化技术方案，只有根据求得的多项式回归方程，借助计算机从本试验中125个处理组合中寻找得到最高籽棉产量的最佳处理组合。经过计算得到方程中，当X_1、X_2、X_3分别为－0.301 7、0.635 4、－1.269 3时有最大值，即施氮量为13.49千克/亩、种植密度为4 135株/亩、播种期为5月19日时，可以得到最高产量367.35千克/亩。

不同处理棉铃时间分布上均表现为秋桃比例最大，而处理8(施氮量4千克/亩、种植密度3 500株/亩、播种期5月20日)由于施氮过少，棉铃提前被逼熟，导致其伏桃比例最大。在生产上应当注意这一时期的水、肥等田间管理，为其结铃创造良好的条件。

不同处理棉铃在空间分布上表现为纵向分布中、下部果枝成铃数所占比例大，所以，在棉花中后期创造良好的通风、通光条件对提高棉花产量起着至关重要的作用；横向分布以内围铃为主。不同处理不同部位之间单铃籽棉重、衣分和籽指存在着差异，同一处理中、上部单铃籽棉重和衣分较下部大，而中、下部籽指较下部大。施氮量是影响衣分的主要因子，种植密度是影响单铃重和单株成铃数的主要因子。建立了3个栽培因子，施氮量(X_1)、种植密度(X_2)、播种期(X_3)与籽棉产量的多项式回归方程，单因子效应表现为播种期＞种植密度＞施氮量，交互作用表现为施氮量与种植密度的互作效应＞种植密度与播种期的互作效应＞施氮量与播种期的互作效应，在生产上应当注重施氮量与种植密度的互作效应，注意这两个因子的合理组合，同时还应当结合播种期。根据回归方程得到籽棉高产的最佳组合为施氮量13.49千克/亩、种植密度4 135株/亩、播种期5月19日，产量为367.35千克/亩。

第五节　短季栽培对棉花纤维品质的影响

一、不同处理主要纤维品质性状及变异系数比较

棉花纤维品质性状对栽培因子的影响反应不一，且不同的品质性状对栽培因子的反应表现出一定差异，而这种差异我们可以通过比较各个品质性状的变异系

数大小来确定。表6.12可知，不同品质性状的变异系数大小不同，其顺序为马克隆值>伸长率>断裂比强度>上半部平均长度>整齐度指数。由此可知，马克隆值受栽培因子影响较大，而整齐度指数受栽培因子影响较小。由表6.12可知，不同处理对棉花纤维品质影响不一。各处理的马克隆值差异达到显著水平，处理7的马克隆值最大，平均值为5.37，处理1的马克隆值最小，平均值为4.56。整齐度指数只有处理3、处理7与处理4的差异达到显著水平，以处理7最大，平均值为83.67%，处理4最小，平均值为82.4%。伸长率只有处理3与处理11的差异达到显著水平，以处理3最大，平均值为6.67%，处理11最小，平均值为6.03%。处理5、处理10与处理8、处理9、处理11的断裂比强度差异显著，其中又以处理10最大，平均值为29.37厘牛/特，处理11最小，平均值为27.34厘牛/特。处理1、处理2与处理3、处理8上半部平均长度达到显著差异水平，以处理1最大，平均值为28.03毫米，处理3最小，平均值为26.86毫米。

表6.12　不同处理的棉花纤维品质主要性状及变异系数

处理	马克隆值	整齐度指数/%	伸长率/%	断裂比强度/(厘牛/特)	上半部平均长度/毫米
1	4.56g	82.67ab	6.47ab	28.19abc	28.03a
2	5.06bcde	83.33ab	6.37ab	28.45abc	28.01ab
3	4.88def	83.60a	6.67a	28.75abc	26.86c
4	4.92cdef	82.40b	6.53ab	27.93abc	27.36abc
5	4.74fg	82.80ab	6.37ab	29.14ab	27.95ab
6	4.91cdef	83.17ab	6.37ab	28.00abc	27.29abc
7	5.37a	83.67a	6.23ab	27.74bc	27.13abc
8	5.13abcd	82.83ab	6.13ab	27.67c	27.04bc
9	5.25ab	83.03ab	6.20ab	27.57c	27.42abc
10	5.14abc	82.77ab	6.37ab	29.37a	27.77abc
11	4.86ef	83.30ab	6.03b	27.34c	27.24abc
变异系数/%	2.29	0.84	5.17	5.13	3.40
变幅	4.56～5.37	82.40～83.67	6.03～6.67	27.34～29.37	26.86～28.03

注：同一列数据后小写字母完全不同的表示差异显著($P<0.05$)，有任何相同小写字母或无字母的表示差异不显著($P>0.05$)。

二、不同处理不同部位纤维品质综合比较

表 6.13 为不同部位 5 个纤维品质指标的综合得分结果，其大小能表现纤维品质的优劣。不同处理不同部位纤维品质表现相差较大，下部果枝中，以处理 2 纤维品质最好，处理 8 最差；中部果枝以处理 5 纤维品质最好，处理 8 最差；上部果枝以处理 3 纤维品质最好，处理 9 最差。从各处理的上部、中部、下部果枝的纤维品质评价指标总得分来看，处理 5 的纤维品质最好，处理 8 最差。

表 6.13　不同处理不同部位纤维品质综合得分

处理	下部果枝	中部果枝	上部果枝	总计
1	0.650 2	0.490 1	0.674 1	1.814 5
2	0.779 9	0.536 8	0.285 7	1.602 4
3	0.544 6	0.482 4	0.688 8	1.715 8
4	0.396 0	0.447 5	0.398 6	1.242 1
5	0.579 3	0.670 1	0.583 9	1.833 3
6	0.343 9	0.465 0	0.515 6	1.324 4
7	0.362 7	0.306 1	0.300 8	0.969 6
8	0.264 8	0.302 4	0.280 0	0.847 2
9	0.284 9	0.566 8	0.129 2	0.980 9
10	0.604 2	0.523 1	0.376 8	1.504 1
11	0.372 4	0.422 0	0.340 8	1.135 2

三、不同处理对纤维品质影响的数学模型

由表 6.14 可知，纤维品质中马克隆值、整齐度指数、伸长率、断裂比强度、上半部平均长度分别建立的回归方程，经 X^2 检验，X^2 分别为 0.002 5、0.000 7、0.006 4、0.008 8、0.000 008 019 6，均小于 $X^2_{0.05[10]}=18.31$，因此，所建立的回归方程均能反应实际情况。根据各回归方程一次项的绝对值分析，本试验中栽培因子对马克隆值的影响大小表现为播种期＞种植密度＞施氮量，对整齐度指数的影响大小表现为播种期＞施氮量＞种植密度，对伸长率的影响大小表现为播种期＞种植密度＞施氮量，对断裂比强度影响的大小顺序为种植密度＞施氮量＞播种期，对上半部平均长度的影响大小表现为种植密度＞播种期＞施氮量。

表 6.14　栽培因子对纤维品质影响的数学模型

回归系数	马克隆值	整齐度指数/%	伸长率/%	断裂比强度/(厘牛/特)	上半部平均长度/毫米
b_0	4.860 0	83.300 1	6.030 0	27.340 1	27.240 0
b_1	0.048 6	0.031 6	0.000 1	−0.164 5	−0.002 9
b_2	0.000 5	0.029 8	−0.061 9	−0.184 3	0.046 4**
b_3	−0.152 5*	−0.103 1	0.075 6	0.059 4	0.008 7
b_{11}	0.055 6	−0.004 1	0.044 7	0.075 9	−0.084 4**
b_{22}	0.041 9	−0.091 6	0.070 9	0.267 2	0.043 1**
b_{33}	−0.012 5	−0.075 0	0.097 5	0.245 0	0.195 0**
b_{12}	0.016 3	0.196 3*	0.017 5	−0.040 0	−0.145 0*
b_{13}	−0.011 4	−0.178 4	−0.024 9	−0.182 0	−0.025 4*
b_{23}	−0.027 0	−0.035 2	−0.019 4	0.265 7	0.133 9**

注：同一列数字后*表示差异显著($P<0.05$)，**表示差异极显著($P<0.01$)。

根据回归方程的二次项系数的正负可知，施氮量对马克隆值、伸长率和断裂比强度的影响表现为开口向上的抛物线曲线，施氮量对整齐度指数和上半部平均长度的影响表现为开口向下的抛物线曲线，说明在本试验范围内，随着施氮的增多，马克隆值、伸长率、断裂比强度先升高后降低，而整齐度指数与上半部平均长度则先降低后上升；种植密度对马克隆值、伸长率、断裂比强度、上半部平均长度的影响表现为开口向上的抛物线曲线，种植密度对整齐度指数的影响表现为开口向下的抛物线曲线，说明在本试验范围内随着种植密度增大，马克隆值、伸长率、断裂比强度、上半部平均长度先降低后上升，整齐度指数先上升后降低；播种期对马克隆值和整齐度指数的影响表现为开口向下的抛物线曲线，播种期对伸长率、断裂比强度和上半部平均长度的影响表现为开口向上的抛物线曲线，说明在本试验条件下，随着播种期推迟，马克隆值与整齐度指数先上升后降低，伸长率、断裂比强度和上半部平均长度先降低后上升。

栽培因子对棉花纤维品质性状影响大小顺序为马克隆值＞伸长率＞断裂比强度＞上半部平均长度＞整齐度指数。播种期是影响马克隆值、整齐度指数、伸长率的主要因子，在一定时期内，提早播种期有利于马克隆值降低，而整齐度指数与伸长率在一定范围内随播种期推迟而增大。种植密度是影响断裂比强度和上半部平均长度的主要因子，在一定范围内断裂比强度与上半部平均长度随种植密度增大而降低。

第七章　栽培模式对短季直播棉农艺性状及产量的影响

第一节　短季直播栽培对棉花株型结构及产量的影响

随着农村劳动力的减少，劳动力成本不断上升，棉花生产向全程机械化发展成为必然趋势。长江流域棉区传统的“稀植大棵、大水大肥”(Great individual with mass water and fertilization,GIMWF)棉花栽培模式能充分发挥棉株个体的生产潜力，在节约用种、提高单产方面发挥过重要作用，但该栽培模式用工多、生产周期长，尤其是吐絮经历期长，已成为棉花生产全程机械化的瓶颈，不再适合当地生产发展的需要。棉花短季直播栽培(Short-growth-duration-direct seeding,SGDDS)通过迟播、增密、减氮，结合化调与脱叶催熟，能够将棉花生产周期从原来的210天左右缩短至135～150天，生产用工由300～360个/公顷减至105～150个/公顷，不仅大幅降低了棉花的生产成本，还可实现棉油两熟接茬双直播。同时，由于该模式下棉铃吐絮集中，为机械化采收创造了条件。近年来，关于棉花SGDDS播种期、种植密度、株行距配置、施肥量及施肥方法对棉花产量、品质和光合特性等方面的影响已有较多研究，但对棉花群体干物质空间分布、棉花株型结构、叶面积指数和产量的影响尚不清楚。鉴于此，通过比较传统的GIMWF模式与不同肥密组合SGDDS模式下棉花果枝角度、叶面积指数、干物质空间分布及产量的差异，探索SGDDS对不同类型棉花品种株型结构的影响，从株型角度探明SGDDS模式下棉花产量形成的机制，并为进一步完善棉花SGDDS技术体系提供参考。

湖南农业大学于2017年在浏阳科研基地进行试验，从株型角度探明棉花短季

直播栽培产量形成的机制，采用不同类型的棉花品种（常规棉和杂交棉），以长江流域当前主要的栽培模式即稀植大棵、大水大肥（GIMWF）为对照，研究了两种种植密度与施肥量组合的短季直播栽培模式（SGDDS）对棉花株型结构及产量的影响。供试棉花材料：湘杂棉 8 号（A_1，转基因抗虫杂交品种，包衣种子），购自亚华种业公司；JX0010（A_2，转基因早熟常规棉品种，毛籽），由湖南农业大学棉花研究所提供。试验设不同栽培方式与种植密度、肥料组合，共 3 种栽培模式，施肥量随种植密度改变而改变。其中，B_1（对照）为育苗移栽、稀植、高肥栽培，B_2、B_3 为短季直播栽培，各处理的播种期、种植密度及施肥量，如表 7.1 所示。随机区组设计，3 次重复，共 18 个小区，小区面积为 72 平方米（4.5 米×16 米），6 行 1 小区，行距 75 厘米。B_1、B_2、B_3 处理株距随种植密度而定，分别为 64 厘米、22 厘米、15 厘米。育苗移栽，大田施肥分基肥和花铃肥两次进行，其他棉田管理按湖南省棉花栽培技术规范 DB43/T286－2006 执行；短季直播栽培于棉苗五叶期一次性开沟埋施肥料。

表 7.1　试验处理及设置

供试材料	栽培模式	种植密度/（株/公顷）	播种日期/（月-日）	移栽日期/（月-日）	肥料用量/（千克/公顷）		
					N	P_2O_5	K_2O
湘杂棉 8 号（A_1）	育苗移栽（B_1）	2.1×10^4	04-25	05-25	300	90	195
	短季直播（B_2）	6.0×10^4	05-25		168	105	150
	短季直播（B_3）	9.0×10^4	05-25		140	60	150
JX0010（A_2）	育苗移栽（B_1）	2.1×10^4	04-25	05-25	300	90	195
	短季直播（B_2）	6.0×10^4	05-25		168	105	150
	短季直播（B_3）	9.0×10^4	05-25		140	60	150

叶面积指数的测定：从 7 月 26 日开始，每隔 15 天，在天气条件稳定的情况下，于上午 8:30－10:00 用 AccuPARLP-80 植物冠层分析仪测定各小区的叶面积指数。

果枝与主茎夹角：于收花前在每个小区随机取 5 株，用量角器测量每个果枝与主茎的夹角，计算上、中、下部果枝的平均夹角，并计算角度指数。因 GIMWF 模式的植株较高，果枝数多，因此，以第 1～6 果枝作为下部，第 7～12 果枝作为中部，第 12 果枝以上作为上部；SGDDS 模式下植株相对较矮，果枝数较少，因此，以第 1～4 果枝作为下部，第 5～8 果枝作为中部，第 8 果枝以上作为上部。角度指数用 $\alpha=\beta_2/\beta_1+\beta_3/\beta_1+\beta_3/\beta_2$ 计算，式中：α 表示角度指数，β_1、β_2、β_3 分别指棉花下部、中部、上部的果枝与主茎夹角。

干物质量及其空间分布：成熟期每个小区选择连续 5 株，采用大田切片法将其进行空间分层，从地面往上，每 30 厘米为 1 层，即第 1 层为地面至 30 厘米部分，第 2 层为 30～60 厘米的部分，以此类推，90 厘米以上部分统归于第 4 层，于烘箱中 105 ℃杀青 30 分钟，80 ℃烘干至恒质量并称量。

产量：于棉花集中采收前，在各小区选取 20 株长势均匀的棉株调查结铃情况；在每个小区选取中部果枝吐絮铃 100 个，晒干后考种并计算理论产量。

一、短季直播栽培模式对棉花果枝与主茎夹角的影响

（一）棉株不同部位果枝夹角

与 GIMWF 模式（B_1）比较，SGDDS 模式显著降低了棉株果枝与主茎的夹角（$P<0.05$），不同肥密组合的 SGDDS 模式（B_2、B_3）间无显著差异，两棉花品种变化趋势一致（表 7.2）。SGDDS 模式下棉株下、中、上部果枝与主茎的夹角较 GIMWF 模式分别降低 13.89%～27.82%、8.72%～13.76%、8.75%～12.92%，且杂交棉（A_1）较常规棉（A_2）降幅更大。与 GIMWF 模式相比，B_2 和 B_3 两种 SGDDS 模式下，湘杂棉 8 号下部果枝夹角分别降低 21.75°、21.28°，JX0010 分别降低 10.70°、9.56°；湘杂棉 8 号中部果枝夹角分别下降 7.42°、9.01°，JX0010 分别降低 5.39°、6.33°；湘杂棉 8 号上部果枝夹角分别下降 7.69°、8.28°，JX0010 分别降低 5.36°、7.28°。

表 7.2 不同处理下棉株不同部位果枝与主茎的夹角

处理	下部果枝/(°)	中部果枝/(°)	上部果枝/(°)
A_1B_1	78.18a	65.47a	64.09a
A_1B_2	56.43b	58.05b	56.40b
A_1B_3	56.90b	56.46b	55.81b
A_2B_1	68.81a	61.82a	61.24a
A_2B_2	58.11b	56.43b	55.88b
A_2B_3	59.25b	55.49b	53.96b

注：同一列数字后不同小写字母表示同一品种不同栽培模式间差异显著（$P<0.05$），有任何相同小写字母或无字母的表示差异不显著（$P>0.05$）。

(二) 角度指数

角度指数(α)代表棉花果枝角度由下至上的变化趋势。角度指数值越小,表明棉花由下至上果枝角度变小的程度越明显,棉花株型越接近塔型;反之,角度指数值越大,则表明棉花的株型越接近筒型。由表 7.3 可知,SGDDS 模式下两个品种的角度指数均大于 GIMWF 模式,其中,B_2 模式与 B_1 模式差异达到显著水平($P<0.05$)。B_2 模式湘杂棉 8 号、JX0010 的角度指数分别比 B_1 模式高 0.36、0.14,B_3 模式两个品种的角度指数分别比 B_1 模式高 0.32、0.04,杂交棉(A_1)较常规棉(A_2)变化幅度更大。

表 7.3　不同处理下棉株的角度指数

处理	β_1	β_2	β_3	α
A_1B_1	78.18	65.47	64.09	2.64b
A_1B_2	56.43	58.05	56.40	3.00a
A_1B_3	56.90	56.46	55.81	2.96ab
A_2B_1	68.81	61.82	61.24	2.78b
A_2B_2	58.11	56.43	55.88	2.92a
A_2B_3	59.25	55.49	53.96	2.82ab

注:同一列数字后不同小写字母表示同一品种不同栽培模式间差异显著($P<0.05$),有任何相同小写字母或无字母的表示差异不显著($P>0.05$)。

二、短季直播栽培模式对棉花群体叶面积指数的影响

由图 7.1 可知,各处理棉花叶面积指数随时间变化均呈先增加后减少的趋势,于 8 月 25 日达到最大值,此时棉花群体枝叶最为繁茂,A_1B_1、A_1B_2、A_1B_3、A_2B_1、A_2B_2、A_2B_3 处理的叶面积指数分别为 3.13、3.89、4.23、3.83、4.14、4.42。SGDDS 模式下两个品种各个时期的叶面积指数均显著大于 GIMWF 模式($P<0.05$)且表现为 $B_3>B_2>B_1$。在 8 月 25 日—9 月 25 日期间,A_1B_1、A_1B_2、A_1B_3、A_2B_1、A_2B_2、A_2B_3 处理的叶面积指数分别下降 1.61、1.54、1.51、2.11、1.53、1.63,降幅分别为 51.6%、39.5%、35.7%、55.0%、36.9%、36.8%,SGDDS 模式下两个品种生育中后期的叶面积指数降幅均小于 GIMWF 模式。

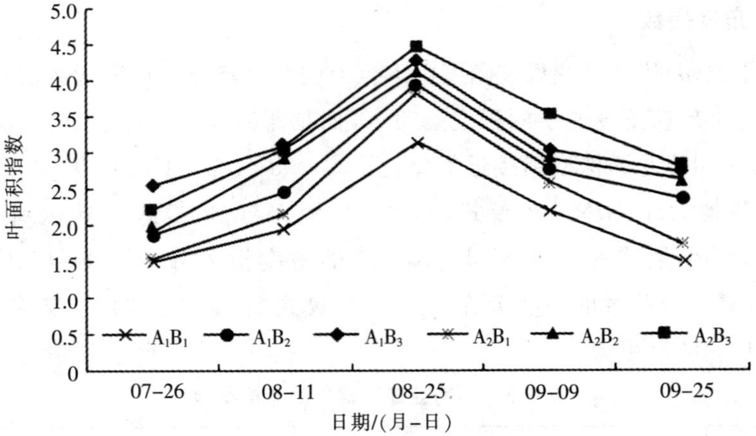

图 7.1　不同处理棉株叶面积指数随时间的变化趋势

三、短季直播栽培模式对棉花群体干物质量及其空间层次分布的影响

由于 GIMWF 模式下棉株个体生产潜力得到充分发挥，SGDDS 模式下 2 个棉花品种单株干物质量显著低于 GIMWF 模式(表 7.4)，湘杂棉 8 号较 JX0010 变化更大。同时，B_2 模式下棉花的单株干物质量大于 B_3 模式，但两个品种的群体干物质量则均表现为 $B_3>B_1>B_2$。B_1 模式下 A_2 品种的第 1 层干物质量所占比例显著高于 B_2、B_3 模式，差值分别为 5.03%、5.45%；B_3 模式下 A_2 品种的第 2 层干物质量所占比例显著高于 B_1、B_2 模式，差值分别为 10.77%、14.37%；B_2 模式 A_2 品种的第 3 层的干物质量所占比例显著高于 B_1、B_3 模式，差值分别为 8.90%、9.12%。SGDDS模式下两个品种的第 1 层和第 4 层中干物质量所占比例均小于 GIMWF 模式。A_1 品种在 SGDDS 模式下(B_2、B_3)的第 1 层、第 2 层和第 4 层干物质量所占比例均小于 GIMWF(B_1)模式，差值分别为 2.26%、1.51%，3.16%、4.21% 和 2.42%、0.05%；SGDDS 模式下 A_1 品种的第 3 层干物质量所占比例均大于 GIMWF 模式，差值分别为 7.84%、5.76%。与 GIMWF 模式相比，SGDDS 模式干物质量更集中分布于中层空间。

表 7.4　不同处理下棉株干物质量及其在不同空间层次的分布

处理	干物质量		不同空间层次占比/%			
	单株干物质量/(克/株)	群体干物质量/(千克/公顷)	第1层	第2层	第3层	第4层
A_1B_1	534.78a	11 230.38a	10.84a	34.70a	25.75b	28.71a
A_1B_2	145.32b	8 719.20b	8.58a	31.54a	33.59a	26.29a
A_1B_3	129.85c	11 686.50a	9.33a	30.49a	31.51a	28.66a
A_2B_1	447.80a	9 408.80b	15.23a	33.26b	28.17b	23.35a
A_2B_2	144.18b	8 650.80c	10.20b	29.64b	37.07a	23.08a
A_2B_3	121.20c	10 908.00a	9.78b	44.03a	27.95b	18.25b

注：同一列数字后不同小写字母表示同一品种不同栽培模式间差异显著($P<0.05$)，有任何相同小写字母或无字母的表示差异不显著($P>0.05$)。

四、短季直播栽培模式对棉花产量的影响

由于个体发育水平的差异，GIMWF 模式下两个品种的单株铃数、铃质量、衣分均大于 SGDDS 栽培模式；SGDDS 模式下的 B_2、B_3 模式间比较，B_2 模式的单株铃数和铃质量均大于 B_3 模式，衣分则小于 B_3 模式。3 种栽培模式下 A_1 品种的皮棉理论产量与籽棉理论产量表现为 $B_3>B_1>B_2$，A_2 品种则表现为 $B_3>B_2>B_1$，由于 B_3 模式的种植密度较高，该模式下两个品种最后的籽棉理论产量与皮棉理论产量均最高，其中，与 B_1、B_2 模式相比，A_1 品种的籽棉产量分别高出 19.02%、21.72%，A_2 品种的籽棉产量分别高出 19.05%、12.26%；A_1 品种的皮棉产量分别高出 12.84%、22.39%，A_2 品种的皮棉产量分别高出 15.79%、13.25%，如表 7.5 所示。

表 7.5　不同处理下棉花的产量性状

处理	单株铃数/个	铃质量/克	衣分/%	籽棉理论产量/(千克/公顷)	皮棉理论产量/(千克/公顷)
A_1B_1	36.73a	6.26a	44.28a	4 828.5b	2 138.1a
A_1B_2	13.31b	5.91b	41.87b	4 721.4b	1 971.2b
A_1B_3	10.94c	5.83b	42.00b	5 746.7a	2 412.6a
A_2B_1	34.76a	5.48a	38.41a	3 996.5b	1 535.1b
A_2B_2	13.78b	5.14b	37.06a	4 238.2a	1 569.5b
A_2B_3	10.73c	4.92c	37.34a	4 757.7a	1 777.5a

注：同一列数字后不同小写字母表示同一品种不同栽培模式间差异显著($P<0.05$)，有任何相同小写字母或无字母的表示差异不显著($P>0.05$)。

一般认为，棉花株型主要受品种影响，稀植情况下合理的棉花株型结构要求植株由下至上果枝角度逐渐减小（塔型），这样中、上部的枝叶较为舒朗，有利于改善植株中下部的光照条件，但在高密度种植模式下，塔型株型结构的棉花会导致中、下部枝叶交错，不利于群体光合作用的提高。在本试验中，SGDDS模式能较大程度地减小棉花各部位果枝角度，使植株拥有更大的角度指数，这说明SGDDS栽培模式有助于棉花株型向筒型发展，得以构建更为紧凑的株型结构，从而有助于改善棉花冠层中、下部的光照条件，而且契合棉花生产机械化对棉花株型的要求。从本试验中的叶面积指数变化规律可以发现，SGDDS栽培模式能显著增加棉花群体的叶面积指数，且叶面积指数在棉花生育中后期的下降幅度更小，结合湖南省在棉花生产后期光照条件迅速下降的气候特点，以及棉花中、下层叶片在光照不强时的光合速率高于上层叶片的生理特性，说明SGDDS栽培模式在棉花生产中后期较GIMWF模式具有更高的光能利用率。大田切片法能够较为直观地表达作物群体在不同高度的空间分布，从本试验中可以发现，SGDDS模式下两个品种的第1层和第4层干物质量所占比例均小于GIMWF模式，表明SGDDS模式能使干物质更集中分布于中层空间，这不仅能减少同化产物的运输损耗，提高光合产物利用率，而且还能满足棉花机械化生产对吐絮集中的要求。本试验中，A_2品种在B_3模式下较B_1模式皮棉产量显著提高了，但同为SGDDS模式的B_2模式则并没有表现出明显的产量优势，这也许是因为B_3模式更好地平衡了个体发育和群体结构之间的关系。由于棉花在栽培方式上弹性较大，简单地追求某一指标并不能提高群体的光能利用率进而提高产量，而需要结合生产地区存在的问题进行综合考量，以平衡个体与群体之间的关系。本试验仅以栽培模式为不同处理，未针对种植密度或肥料等单因素进行更为细致的考量，今后需对影响棉花短季直播栽培群体产量构成的各个因素开展进一步研究，以构建更为协调、合理的源库流关系。

第二节　栽培模式对棉花干物质生产和产量形成的影响

随着工业化、城镇化进程加快，农业劳动力成本快速上升，传统的以劳动密集型为特征的棉花生产遭遇前所未有的挑战。利用棉花的无限生长习性和株型的可调控性，通过“迟播、增密、减氮、化调、催熟”等配套措施，可大幅缩短棉花生育期，降低生产成本，以适应棉花产业化、机械化生产的需要。棉花短季直播栽培(SGDDS)是一种全新的栽培模式，是通过人为控制棉花生长周期而实现的。自从湖南农业大学棉花研究所提出短季直播栽培方法以来，围绕该技术体系进行了一系列的研究。如王欣悦等研究了栽植密度、株行配置和施氮量对棉花短季直播栽培冠层结构、光合特性及产量、品质的影响；邹茜等进行了棉花短季栽培打顶方法和催熟脱叶方法的研究。笔者以湘杂棉8号(A_1)和常规棉JX0010(A_2)为试材，研究两个品种在育苗移栽(GIMWF)模式与短季直播栽培(SGDDS)模式下的干物质积累动态、冠层结构变化及产量相关指标的差异，探索棉花短季直播栽培的产量形成机理，旨在为完善长江流域棉花短季直播栽培技术提供依据。试验设营养钵育苗、大田移栽(B_1)和短季直播(B_2)两种栽培模式(表7.6)。4个处理，随机区组设计，3次重复。小区面积90平方米。育苗移栽大田施肥分基肥、苗肥和花铃肥3次施用，其他田间管理按湖南省棉花栽培技术规范DB43/T286－2006执行；短季直播栽培于播种整地时一次性施肥。

表7.6 试验设计及处理

供试材料	栽培模式	种植密度/(株/公顷)	播种日期/(月-日)	移栽日期/(月-日)	肥料用量/(千克/公顷)		
					N	P_2O_5	K_2O
湘杂棉8号(A_1)	育苗移栽(B_1)	2×10^4	04-21	05-23	300	90	195
	短季直播(B_2)	6×10^4	05-23		168	105	150
JX0010(A_2)	育苗移栽(B_1)	2×10^4	04-21	05-23	300	90	195
	短季直播(B_2)	6×10^4	05-23		168	105	150

干物质积累量：分别于7月17日、8月17日、9月19日、10月18日、11月18日每小区选择长势基本一致的棉株5株，取其地上部分，置于烘箱中，105 ℃杀青30分钟，80 ℃烘干至恒重，称量地上部分干物质量，并计算群体地上部分干物质量和相对生长率。相对生长率(RGR)为单位时间内单位干物物质增长的速率。群体地上部分干物质量＝单株地上部分干物质量×单位面积株数。

透光率及叶面积指数：于7月17日、8月17日、9月19日8:30—10:00按小区棉株平均高度，将冠层分为上、中、下3层，用AccuPARLP-80测定上层透光率、中层透光率和叶面积指数。每个小区重复3次，结果取平均值。

产量及产量因素：测产前，每小区选取10株长势基本一致的棉株，调查其平均果枝数、成铃数、果节数；每小区收取100朵中部吐絮铃，晒干后进行考种，调查单铃质量、籽指、衣指和衣分。移栽棉适期分次采收，最后一次于 11 月 15 日采收；直播棉于 10 月 15 日一次性采收。每小区采收后晒干称重，然后轧花称重，获得籽棉与皮棉的实收产量。

一、栽培模式对干物质积累的影响

由图 7.2 可知，前期各处理单株的地上部分干物质积累增长缓慢，于 10 月 18 日达最大值，其中，A_1B_1 的干物质量最高，达 654.58 克，A_1B_2 的干物质量最低，为 260.97 克，10 月 18 日之后开始下降。同一时期，两个品种的单株地上部分干物质量均为育苗栽培显著高于短季直播。到生长中后期，在育苗栽培模式下，两个品种的单株地上部分干物质量差异显著，湘杂棉 8 号显著高于 JX0010；在短季直播栽培模式下，两个品种的单株地上部分干物质量差异不显著。除 7 月 17 日各时期 A_1B_1 的单株地上部分干物质量均为最高，到 9 月 19 日和 10 月 18 日，A_1B_1 的单株地上部分干物质量显著高于其他处理。这表明两个品种在育苗栽培模式下的单株干物质积累更快，且湘杂棉 8 号较 JX0010 快。

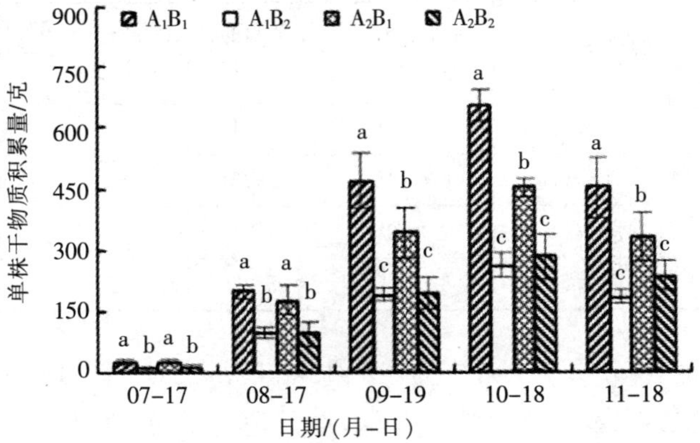

图 7.2　不同处理下单株地上部分干物质积累量

注：同一时期小写字母完全不同的表示差异显著（$P<0.05$），有任何相同小写字母或无字母的表示差异不显著（$P>0.05$）。

各处理群体地上部分干物质积累量于 10 月 18 日达最大值，但不同时期同一品种短季直播栽培的群体地上部分干物质量均高于育苗栽培；同一生长期，A_2B_2 的群体地上部分干物质量最大（除 8 月 17 日外），A_2B_1 最小。表明短季直播栽培模式下地上部分干物质积累更快，且 JX0010 较湘杂棉 8 号快，如图 7.3 所示。

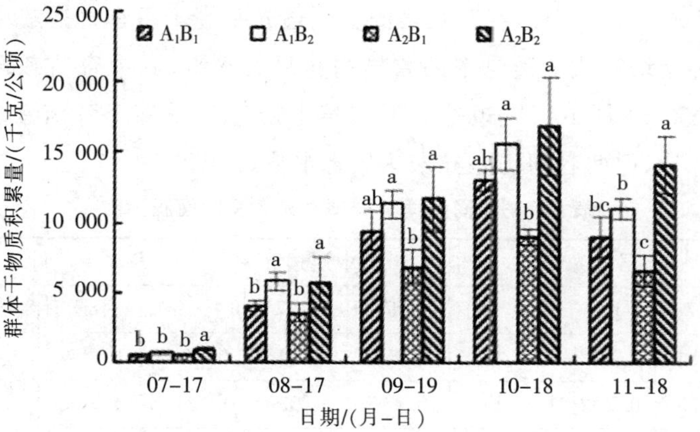

图 7.3　不同处理下群体地上部分干物质积累量

注：同一时期小写字母完全不同的表示差异显著($P<0.05$)，有任何相同小写字母或无字母的表示差异不显著($P>0.05$)。

由图 7.4 可知，各处理的相对生长率(RGR)变化趋势一致：生育早期的相对生长率较高，随着生育进程而逐渐降低，至 11 月，相对生长率为负值；同一时期，各处理的相对生长率无显著差异。

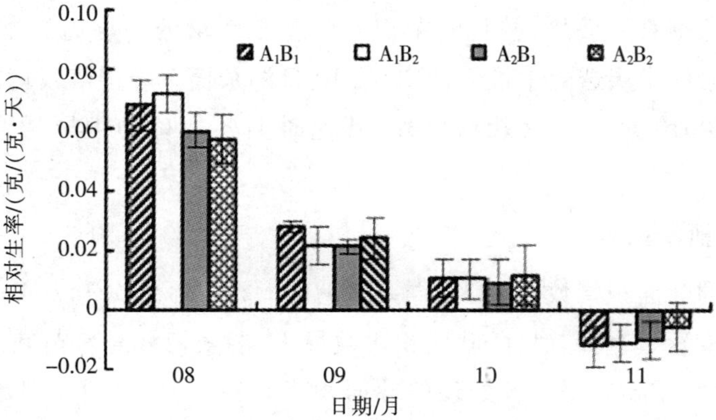

图 7.4　不同处理下不同时期的相对生长率

二、栽培模式对冠层透光率与叶面积指数的影响

(一) 上层透光率

由表 7.7 可知，各处理的上层透光率随生育进程而降低，A_1B_1、A_2B_1 的上层透光率前期下降缓慢，后期下降较快；A_1B_2、A_2B_2 则相反，前期下降较快，后期下降缓

慢。7 月 17 日—8 月 17 日，育苗栽培的上层透光率高于短季直播栽培；8 月 17 日，同一品种两种栽培模式下透光率的差异均达显著水平，其中育苗栽培湘杂棉 8 号上层透光率最高；9 月 19 日，短季直播栽培上层透光率高于育苗栽培，且 JX0010 高于湘杂棉 8 号，但两者间的差异未达显著水平。

表 7.7　不同处理下群体透光率及叶面积指数

处理	上层透光率			中层透光率			叶面积指数		
	7 月 17 日	8 月 17 日	9 月 19 日	7 月 17 日	8 月 17 日	9 月 19 日	7 月 17 日	8 月 17 日	9 月 19 日
A_1B_1	0.631	0.547a	0.222	0.499	0.045	0.034a	1.397c	3.372c	3.057c
A_1B_2	0.625	0.352b	0.265	0.447	0.035	0.031ab	1.590ab	4.197b	3.627ab
A_2B_1	0.621	0.499a	0.238	0.465	0.046	0.029ab	1.447bc	3.897c	3.32obc
A_2B_2	0.618	0.336b	0.275	0.441	0.033	0.028b	1.710a	4.763a	3.933a

注：同一列数字后不同小写字母表示同一品种不同栽培模式间差异显著（$P<0.05$），有任何相同小写字母或无字母的表示差异不显著（$P>0.05$）。

（二）中层透光率

各处理的中层透光率变化趋势与上层透光率相同。各时期，育苗栽培的中层透光率高于短季直播栽培，并且湘杂棉 8 号育苗栽培的中层透光率最高，JX0010 短季直播栽培的中层透光率最低；除 9 月 19 日湘杂棉 8 号育苗栽培的中层透光率显著高于 JX0010 短季直播栽培以外，其他时期各处理的中层透光率均无显著差异。

（三）叶面积指数

各处理的叶面积指数（LAI）在同一时期的大小顺序依次为 A_2B_2、A_1B_2、A_2B_1、A_1B_1，JX0010 短季直播栽培的叶面积指数最大，湘杂棉 8 号育苗栽培的叶面积指数最小，两者间差异显著。各处理的叶面积指数在 8 月 17 日上升至最大，A_1B_1、A_1B_2、A_2B_1、A_2B_2 分别为 3.372、4.197、3.897、4.763，随后开始下降；不同时期，同一品种短季直播栽培的 LAI 均显著高于育苗栽培。以上结果分析表明，短季直播栽培比育苗栽培能够截获更多的光能，且以 JX0010 短季直播栽培截获的光能最多。

三、不同栽培模式对产量性状的影响

由表 7.8 可知，两种栽培模式下，两个品种的单铃质量、籽指、衣指及衣分差异均不显著，但育苗栽培的单株果枝数、成铃数及果节数均显著高于短季直播栽培。短季直播栽培两个品种的籽棉、皮棉产量高于育苗栽培，JX0010 短季直播栽培的产量最高，籽棉和皮棉的产量分别为 4 740 千克/公顷、2 032.95 千克/公顷；湘杂棉 8 号育苗栽培的籽棉产量最低，JX0010 短季直播栽培的皮棉产量最高，但各处理间的差异均未达到显著水平。这说明短季直播栽培模式下，两个品种的单株果枝数、成铃数和果节数虽较低，但通过发挥群体优势，可以弥补个体生长的不足，其产量水平能够达到或高于育苗栽培的水平。

表 7.8　不同栽培模式下棉花产量的相关指标

处理	单株果枝数/个	成铃数/个	果节数/个	单铃重/克	籽指/克	衣指/克	衣分/%	实际籽棉产量/（千克/公顷）	实际皮棉产量/（千克/公顷）
A_1B_1	19.8a	58.8a	211.5a	6.1	12.8	8.8	43.90	4425	1942.65
A_1B_2	13.7b	24.3b	163.3b	5.9	13.2	8.4	43.09	4560	1964.85
A_2B_1	20.2a	54.0a	191.0a	6.0	12.5	8.4	42.70	4500	1921.50
A_2B_2	14.0b	25.9b	165.6b	6.0	12.9	8.2	42.89	4740	2032.95

注：同一列数字后不同小写字母表示同一品种不同栽培模式间差异显著（$P<0.05$），有任何相同小写字母或无字母的表示差异不显著（$P>0.05$）。

棉花干物质积累是产量形成的物质基础，不同时期的干物质积累状况对棉花产量具有重要影响；冠层结构合理，中、下层受光量增加，可促进群体生物量的增加，有利于提高产量。从本试验中发现，短季直播栽培模式下，两个品种的单株地上部分干物质积累量、单株果枝数、果节数和成铃数均低于育苗栽培，但短季直播栽培“迟播、增密、减氮”的措施影响个体发育。栽培密度增加，截获的光能更多，群体干物质积累量更多，弥补了个体发育的不足，以致产量水平达到或高于育苗栽培的水平。短季直播栽培缩短了棉花的生育期，简化了管理，有利于实现高产、高效的目标。但短季直播栽培群体结构分布不够合理，其叶面积指数增大，上层透光率前期下降快，中层透光率低，中、下层受光量减少，田间荫蔽，成铃率降低，生殖器官产物减少，库源不协调，产量提高受到限制。今后，研究人员应进一步研究短季直播栽培模式下棉花的群体光能利用和群体结构对干物质积累的影响，构建合理的群体结构，协调库源比例，提高产量，以完善棉花短季直播栽培技术。

第三节　施肥深度对油茬直播棉花农艺性状及产量的影响

合理的施肥对作物高产、优质具有深远的影响,我国在作物施肥方式、肥料利用率等方面进行了系统研究。郭宁等通过试验表明,调整适宜的施肥深度可以促进旱地作物的生长和水肥利用;张晓雪等研究表明,施肥深度能提高大豆的产量和肥料的利用率。同时,不少学者对施肥深度在木薯、油菜、葡萄等经济作物上的影响进行了研究,在棉花施肥方面也进行了一定的研究。长江流域棉区的油菜茬后棉花直播栽培是一种在育苗和移栽上省工、省力、省时的轻简化栽培方式,能缓解油菜收割与棉苗移栽的劳动力紧张的矛盾和时间冲突,也是棉田遭受自然灾害后一种有效的补救措施,更是现代农业发展的趋势。国内外专家在作物施肥方式、施肥量、施肥深度、肥料利用率等方面进行了研究,本试验研究施肥深度对油茬后直播棉花的影响,为棉花生产提供科学参考。

一、施肥深度对油菜茬直播棉花农艺性状的影响

(一) 株高

施肥深度对油菜茬直播棉花不同时期株高的影响如表 7.9 所示。由表 7.9 可知,不同施肥深度的棉花株高具有显著差异,施肥深度为 4 厘米的棉花株高最高。7 月 30 日及 8 月 6 日的棉花株高数据分析表明,施肥深度对株高的影响趋势为 4 厘米>6 厘米>2 厘米>12 厘米>16 厘米>8 厘米>14 厘米>10 厘米,经方差分析表明,施肥深度为 4 厘米、6 厘米与 10 厘米之间的株高达到极显著差异,其余施肥深度之间的株高差异不显著。8 月 13 日棉花株高数据分析表明,施肥深度对株高的影响趋势为 4 厘米>2 厘米>6 厘米>12 厘米>16 厘米>8 厘米>14 厘米>10 厘米,经方差分析表明,施肥深度为 4 厘米与 8 厘米、10 厘米、14 厘米之间的株高达到显著差异,其余施肥深度之间的株高差异不显著。8 月 27 日棉花株高数据分析表明,施肥深度对株高的影响趋势为 4 厘米>2 厘米>12 厘米>16 厘米>6 厘米>14 厘米>8 厘米>10 厘米,经方差分析表明,施肥深度为 4 厘米与 8 厘米、10 厘米、14 厘米之间的株高达到显著差异,其余施肥深度对株高的影响差

异不显著。

表 7.9　施肥深度对棉花不同时期株高的影响　　（单位:厘米）

施肥深度	7 月 30 日	8 月 6 日	8 月 13 日	8 月 27 日
2 厘米	54.76ab	74.03ab	95.26ab	100.27ab
4 厘米	59.96a	80.12a	98.63a	106.59a
6 厘米	58.91a	76.77a	91.24ab	95.53ab
8 厘米	52.39ab	70.20ab	85.03b	91.13b
10 厘米	45.05b	61.29b	79.05b	89.29b
12 厘米	54.14ab	72.48ab	90.27ab	97.47ab
14 厘米	50.65ab	67.17ab	82.63b	91.23b
16 厘米	52.70ab	70.50ab	87.05ab	95.77ab

注:同一列数据后小写字母完全不同的表示差异显著($P<0.05$),有任何相同小写字母或无字母的表示差异不显著($P>0.05$)。

(二) 果枝数

施肥深度对棉花不同时期果枝数的影响如表 7.10 所示。7 月 30 日果枝数数据分析表明,施肥深度对果枝数的影响趋势为 6 厘米>4 厘米>8 厘米=12 厘米>14 厘米>16 厘米>10 厘米>2 厘米,施肥深度为 6 厘米的棉花的果枝数最多,经方差分析表明,施肥深度为 6 厘米与 2 厘米、10 厘米之间的果枝数差异显著,施肥深度为 4 厘米与 2 厘米之间的果枝数差异也显著,其他施肥深度之间的果枝数差异不显著。8 月 6 日果枝数数据分析表明,施肥深度对果枝数的影响趋势为 6 厘米>4 厘米>8 厘米>12 厘米>14 厘米>16 厘米>2 厘米>10 厘米,施肥深度为 6 厘米的果枝数最多,施肥深度为 6 厘米与 2 厘米、10 厘米之间的果枝数差异显著,施肥深度为 4 厘米与10 厘米之间的果枝数差异显著,其他施肥深度之间的果枝数差异不明显。8 月 13 日果枝数数据分析表明,施肥深度对果枝数的影响趋势为 4 厘米=6 厘米=12 厘米>14 厘米>8 厘米>16 厘米>2 厘米>10 厘米,经方差分析表明,施肥深度为 4 厘米、6 厘米、12 厘米与 10 厘米之间的果枝数差异显著,其他施肥深度之间的果枝数差异不显著。8 月 27 日果枝数数据分析表明,施肥深度对果枝数的影响趋势为 8 厘米>4 厘米>2 厘米=6 厘米>12 厘米>16 厘米=14 厘米>10 厘米,经方差分析表明,施肥深度为 2 厘米、4 厘米、6 厘米、8 厘米、12 厘米与 10 厘米之间的果枝数差异显著，其他施肥深度之间的果枝数差异不显著。总体而言，施肥深度在 4～8 厘米有利于果枝数的生长。

表 7.10　施肥深度对棉花不同时期果枝数的影响　（单位：个/株）

施肥深度	7 月 30 日	8 月 6 日	8 月 13 日	8 月 27 日
2 厘米	6.17c	9.17bc	10.77ab	14.70a
4 厘米	7.60ab	10.33ab	11.80a	14.80a
6 厘米	8.07a	10.67a	11.80a	14.70a
8 厘米	7.47abc	10.07abc	11.27ab	15.00a
10 厘米	6.33bc	9.03c	10.50b	13.13b
12 厘米	7.47abc	10.20abc	11.80a	14.50a
14 厘米	7.17abc	9.87abc	11.33ab	13.90ab
16 厘米	7.10abc	9.53abc	11.10ab	13.90ab

注：同一列数据后小写字母完全不同的表示差异显著（$P<0.05$），有任何相同小写字母或无字母的表示差异不显著（$P>0.05$）。

（三）主茎叶片数

施肥深度对棉花不同时期主茎叶片数的影响如表 7.11 所示。7 月 30 日主茎叶片数数据分析表明，施肥深度为 2 厘米的主茎叶片数最多，施肥深度对主茎叶片数的影响趋势为 2 厘米＞4 厘米＞6 厘米＞8 厘米＞10 厘米＞12 厘米＞14 厘米＝16 厘米。8 月 6 日主茎叶片数数据分析表明，施肥深度为 4 厘米的主茎叶片数最多，施肥深度对主茎叶片数的影响趋势为 4 厘米＞6 厘米＞8 厘米＞2 厘米＞14 厘米＞12 厘米＞16 厘米＞10 厘米。8 月 13 日主茎叶片数数据分析表明，施肥深度为 4 厘米的主茎叶片数最多，施肥深度对主茎叶片数的影响趋势为 4 厘米＞8 厘米＞6 厘米＞2 厘米＞10 厘米＞14 厘米＞12 厘米＞16 厘米。8 月 27 日主茎叶片数数据分析表明，施肥深度为 6 厘米的主茎叶片数最多，施肥深度对主茎叶片数的影响趋势为 6 厘米＞8 厘米＞4 厘米＞10 厘米＞14 厘米＞16 厘米＞12 厘米＞2 厘米，经方差分析表明，各施肥深度之间的主茎叶片数差异不显著。总体而言，施肥深度在 4～8 厘米有利于主茎叶片的生长。

表 7.11　施肥深度对棉花不同时期主茎叶片数的影响　　(单位:个)

施肥深度	7 月 30 日	8 月 6 日	8 月 13 日	8 月 27 日
2 厘米	13.23a	13.80a	15.47a	17.13a
4 厘米	13.00a	14.37a	15.80a	17.97a
6 厘米	12.87a	14.20a	15.53a	18.70a
8 厘米	12.70a	13.97a	15.67a	18.50a
10 厘米	11.87a	13.23a	15.37a	17.93a
12 厘米	11.63a	13.57a	15.10a	17.50a
14 厘米	11.33a	13.77a	15.23a	17.67a
16 厘米	11.33a	13.47a	15.07a	17.53a

注:同一列数据后小写字母完全不同的表示差异显著($P<0.05$),有任何相同小写字母或无字母的表示差异不显著($P>0.05$)。

二、施肥深度对油菜茬直播棉花产量构成因素的影响

(一) 成铃数

施肥深度对油茬后直播棉花产量构成因素和产量的影响如表 7.12 所示。由表 7.12 可知,施肥深度对成铃数的影响趋势为 6 厘米>8 厘米>10 厘米>4 厘米>12 厘米>14 厘米>2 厘米>16 厘米。施肥深度为 6 厘米比 16 厘米成铃数多 77.4 万个/公顷,多 47.20%,施肥深度为 8 厘米比 16 厘米成铃数多 69.4 万个/公顷,多 44.49%,经方差分析表明,施肥深度为 6 厘米和 8 厘米与其他施肥深度之间的成铃数差异达到极显著,而施肥深度为 6 厘米与 8 厘米之间的成铃数差异不显著;施肥深度为 10 厘米与 4 厘米之间的成铃数量差异达到极显著,施肥深度为 10 厘米和 4 厘米与 2 厘米、12 厘米、14 厘米、16 厘米之间的成铃数差异也达到极显著;施肥深度为 2 厘米、12 厘米、14 厘米、16 厘米之间的成铃数差异不显著。因此,可以看出,施肥深度为6~8 厘米有利于提高棉花的成铃数。

表 7.12 施肥深度对棉花产量构成因素及产量的影响

施肥深度	成铃数/（$\times10^4$个/公顷）	衣分/%	单铃重/克	皮棉产量/（千克/公顷）	籽棉产量/（千克/公顷）
2 厘米	90.2d	40.0a	4.82b	1 740.15d	4 349.55d
4 厘米	115.4c	39.0a	4.86b	2 185.95c	5 605.65c
6 厘米	164.0a	39.7 a	5.36a	3 487.80a	8 790.75a
8 厘米	156.0a	40.0 a	5.34a	3 330.30a	8 317.65a
10 厘米	141.6b	39.7a	4.88b	2 743.35b	6 909.90b
12 厘米	96.6d	40.0a	4.67bc	1 805.70d	4 521.75d
14 厘米	94.2d	39.3a	4.59bc	1 698.15d	4 330.35d
16 厘米	86.6d	39.3a	4.50c	1 531.50d	3 896.25d

注：同一列数据后小写字母完全不同的表示差异显著（$P<0.05$），有任何相同小写字母或无字母的表示差异不显著（$P>0.05$）。

（二）单铃重

从表 7.12 的单铃重数据分析表明，施肥深度为 6 厘米的单铃重最重，其次是施肥深度为 8 厘米，施肥深度为 6 厘米和 8 厘米的单铃重分别比 16 厘米的重 0.86 克和 0.84 克。施肥深度对棉花铃重的影响趋势为 6 厘米>8 厘米>10 厘米>4 厘米>2 厘米>12 厘米>14 厘米>16 厘米。经方差分析表明，施肥深度为 6 厘米和 8 厘米与其他施肥深度之间的单铃重达到极显著差异，施肥深度为 6 厘米与 8 厘米之间的单铃重差异不显著；施肥深度为 2 厘米、4 厘米和 10 厘米与 16 厘米之间的单铃重差异显著，其他施肥深度之间的单铃重差异不显著。

（三）衣分

衣分为皮棉重量占籽棉重量的百分数。从表 7.12 可以看出，8 个施肥深度的衣分在 0.393～0.400 之间波动，施肥深度为 2 厘米、8 厘米和 12 厘米的衣分最高，施肥深度为 14 厘米和 16 厘米最低，最高与最低只相差 0.7%。经方差分析表明，各施肥深度之间的衣分差异不显著，说明施肥深度对棉花的衣分影响不大，也表明衣分属于品种的特性，受环境的影响小。

（四）籽指

籽指是指百粒棉籽的籽棉重量。8 个施肥深度的籽指在 8.97～9.57 克之间波动，施肥深度为 10 厘米及 14 厘米的籽指最重，经方差分析表明，各施肥深度之间的籽指未达到显著差异。说明施肥深度对直播棉花籽指的影响不明显。

（五）衣指

衣指是指百粒籽棉上的纤维重量。8 个施肥深度的衣指在 6.04～6.33 克之间波动，施肥深度为 8 厘米的衣指最重，经方差分析表明，各施肥深度之间的衣指未达到显著差异。说明施肥深度对棉花的衣指影响较小。

三、施肥深度对油菜茬直播棉花产量的影响

（一）籽棉产量

籽棉产量是指棉花整个生长周期内，单位面积收获的籽棉晒干重量。由表 7.12 可知，8 个施肥深度的籽棉产量在 3 896.25～8 790.75 千克/公顷之间波动，施肥深度为 6 厘米的籽棉产量最高，施肥深度为 16 厘米的最低，施肥深度对籽棉产量的影响趋势为 6 厘米＞8 厘米＞10 厘米＞4 厘米＞12 厘米＞2 厘米＞14 厘米＞16 厘米。经方差分析表明，施肥深度为 6 厘米和 8 厘米与其他施肥深度之间的籽棉产量达到极显著差异，施肥深度为 10 厘米与 2 厘米、4 厘米、12 厘米、14 厘米、16 厘米之间的籽棉产量达到极显著差异，施肥深度为 4 厘米与 2 厘米、12 厘米、14 厘米、16 厘米之间的籽棉产量达到极显著差异；施肥深度为 6 厘米与 8 厘米之间的籽棉产量差异不显著，施肥深度为 2 厘米、12 厘米、14 厘米、16 厘米相互之间的籽棉产量差异均不显著。说明施肥深度在 6～8 厘米有利于提高棉花的籽棉产量。

（二）皮棉产量

皮棉产量是指棉花整个生长周期内，单位面积收获的籽棉经晒干轧花后获得的棉纤维重量。由表 7.12 可知，8 个处理的皮棉产量在 3 487.80～1 536.30 千克/公顷之间波动，以 6 厘米处理的皮棉产量最高，为 3 487.80 千克/公顷，施肥深度对皮棉产量的影响趋势和差异显著性与籽棉产量的情况较为一致。说明施肥深度也是 6～8 厘米有利于提高棉花的皮棉产量。

总之，施肥深度对棉花农艺性状的影响方面，本研究表明，施肥初期，以施肥深度为 2 厘米的棉花生长比较快，随着时间的推移，以施肥深度 4～8 厘米下棉株长势最好。施肥较浅，肥料挥发或流失比较多，虽然前期有利于棉花的生长，但后期肥料不足，导致棉花早衰；施肥过深，棉花前期生长缓慢，后期生长旺，导致棉花贪青晚熟。本研究表明，施肥深度对棉花产量构成因素的影响如下：施肥深度以 6 厘米有利于提高棉花的成铃数及铃重，施肥深度 8 厘米次之；衣分随着施肥深度的变

化较小，施肥深度对棉花的籽指和衣指影响不明显。不同的施肥深度下的籽棉产量和皮棉产量均有显著差异或极显著差异，施肥深度对棉花的籽皮棉产量的影响是先随施肥深度的加深而增加、后随着施肥深度的加深而减少，且均是以施肥深度为 6 厘米时有最大值，8 厘米施肥深度的产量情况略低于 6 厘米的施肥深度。说明油茬直播棉花的施肥深度以 6～8 厘米比较适合，有利于棉花高产。

第四节　栽培措施对棉花短季直播群体冠层结构和光合作用的影响

棉花的冠层是指棉花的地上部分，是组成棉花群体的主要多维结构，对群体光合作用影响较大。作物生长与产量形成的物质来源于光合作用产生的碳水化合物，不同的配置方式通过影响光能利用率进而与群体冠层结构息息相关，并最终影响棉花群体的光合特性。群体冠层结构受品种和栽培措施的影响。采用合理的栽培技术，可以改善冠层光分布，有利于提高作物的群体光合速率，对增加光合物质积累及提高产量均具有重要作用。所以构建合理的冠层结构，对提高棉花冠层的光合有效辐射具有至关重要的作用。

种植密度、株行距配置和氮肥用量是棉花栽培的主要技术措施，对棉花群体结构有至关重要的影响。大量研究认为，种植密度对棉花群体冠层内部的温度、湿度及光分布情况有影响，种植密度过高或过低都不利于高产，且种植密度对棉花群体光合速率的调控主要表现在生育前期。在湖南地区短季直播棉栽培中，在一定范围内合理密植有效调控了个体及群体间同化产物的生产能力，种植密度的提高可以提高棉花产量。适宜的种植密度和株行距配置对作物生长发育及产量有显著影响。行距株距的配置对棉花群体成铃情况和提高产量有显著影响。提高施氮量，群体长势旺，也直接影响了群体的透光率。关于种植密度和施氮量对棉花群体的冠层影响的研究很多，但在长江流域短季直播栽培条件下的研究较少。本文在短季直播栽培下，研究不同栽培措施（种植密度、株行距配置、施氮水平）下的棉花群体冠层结构及光合作用，探索适宜群体的结构指标，以期为棉花短季直播高产优质栽培提供参考。

试验地前茬作物为油菜，土壤 pH 为 5.28，土壤中有机质为 30.569 克/千克，土壤中全氮为 1.462 克/千克，土壤中全磷为 0.507 克/千克，土壤中全钾为 3.74 克/千克，土壤中水解性氮为 75.246 毫克/千克，土壤中有效磷为 66.209 毫克/千克，土壤中速效钾为 139.87 毫克/千克。供试棉花品种为中棉所 76 号。试验采用随机区组设计，试验设种植密度(A)、株行距配置(B)和施氮量(C)3 个因素。种植密度设2 个水平，A_1 为 60 000 株/公顷，A_2 为 90 000 株/公顷；株行距配置设 2 个水平：50 厘米等行距(B_1)，(80～20)厘米宽窄行(B_2)；施氮量设 3 个水平：120 千克/公顷(C_1)，180 千克/公顷(C_2)，240 千克/公顷(C_3)，分两次施入，基肥均施 80 千克/公顷，在花铃期分别追施 40 千克/公顷、100 千克/公顷、160 千克/公顷。试验共 12 个栽培措施组合，每个栽培措施组合进行 3 次重复，每小区面积 30 平方米。在短季栽培条件下，5 月 29 日播种，6 月 15 日定苗，8 月 15 日打顶。磷肥施用量 120 千克/公顷，钾肥施用量 150 千克/公顷，均作基肥一次性施入，喷施缩节胺化学调控 4 次。

群体冠层结构指标测定：于盛蕾期、花铃期、吐絮期的 3 个产量形成关键生育时期，用 LP-80 冠层结构分析仪测定各处理的中部 PAR 值、下部 PAR 值(按植株平均高度分为中部和下部两层)、透光率、直射光率等参数。每个参数重复 6 次，通过专用软件 Accu-PAR 分析后获取数据。

群体光合速率指标测定：于盛蕾期、花铃期、吐絮期用美国 COR 公司生产的 LI-6400 型便携式光合仪，选择晴天光强稳定时测定净光合速率、气孔导度、胞间 CO_2 浓度、蒸腾速率等参数。

一、栽培措施对群体冠层光分布的影响

(一) 对群体光合有效辐射的影响

植物的光合产物和累积生物量与冠层截获光合有效辐射量有密切关系。PAR 值是指波长在 400～700 纳米范围内能被植物进行光合作用的那部分太阳辐射。被拦截的 PAR 数据可用于决定冠层结构的重要参数。由表 7.13 可知，在盛蕾期、花铃期、吐絮期 3 个关键生育时期，棉花群体下部的光合有效辐射明显低于冠层中部，这主要是随着生育期的推进，植株不断生长，冠层群体中棉花除了受其他植株的遮阴影响还要受到本身棉株的遮阴影响，且下部比中部受到的遮阴影响更严重，冠层下部的光合有效辐射急剧下降。3 个生育时期下部光合有效辐射比中部光合有效辐射平均分别低 59.17%、79.08%、58.25%，在盛花期之前下部截获的光合有效辐射急剧下降，进入生殖生长后下部截获的光合有效辐射提高。中部和下部 PAR 值均随着生育期的推进呈现先下降后上升的趋势，且在吐絮期达到最高点。

在盛蕾期，中部和下部两部分的PAR值高种植密度大于低种植密度；在吐絮期，两者大体为高种植密度大于低种植密度；在盛蕾期和吐絮期，宽窄行处理比相同条件下的等行距处理的中部和下部PAR值高。施氮量对PAR值影响不显著，主要是因为基肥的施入量相同，花铃期追施的氮肥肥力的发挥受其他肥料和群体密度的限制，故差异不大。

表7.13 不同处理下棉花群体中部和下部PAR值

栽培措施	中部PAR值			下部PAR值		
	盛蕾期	花铃期	吐絮期	盛蕾期	花铃期	吐絮期
$A_1B_1C_1$	992.66AB	899.51ab	1463.57AB	410.13BCD	165.76ab	826.32A
$A_1B_1C_2$	959.25ABC	855.75ab	1300.23AB	476.16AB	187.48ab	445.40B
$A_1B_1C_3$	1009.07A	833.88b	1347.78AB	588.53A	170.46ab	629.42AB
$A_1B_2C_1$	950.34ABC	876.28ab	1278.10B	367.78BCD	256.33a	456.50B
$A_1B_2C_2$	1007.35A	927.43a	1342.02AB	401.03BCD	159.37ab	653.03AB
$A_1B_2C_3$	919.63BC	820.83b	1276.17B	371.05BCD	115.98b	466.12B
$A_2B_1C_1$	950.68ABC	855.40ab	1323.28AB	362.43BCD	172.01ab	609.32AB
$A_2B_1C_2$	912.83C	903.91ab	1473.78AB	307.78CD	141.43ab	561.32AB
$A_2B_1C_3$	977.74ABC	933.30ab	1398.13AB	440.29ABC	140.24ab	587.47AB
$A_2B_2C_1$	928.96BC	830.91b	1490.82AB	261.47D	245.81a	435.43B
$A_2B_2C_2$	927.29BC	868.26ab	1304.97AB	420.28BC	213.20ab	684.93AB
$A_2B_2C_3$	918.18C	913.90ab	1514.78A	288.33CD	233.03ab	526.47B

注：同一列数据后小写字母完全不同的表示差异显著($P<0.05$)，有任何相同小写字母或无字母的表示差异不显著($P>0.05$)。同一列数据后大写字母完全不同的表示差异显著($P<0.01$)，有任何相同大写字母或无字母的表示差异不显著($P>0.01$)。

方差分析表明，3种因素之间的两两交互作用对不同时期的中部冠层PAR值的影响均不显著；种植密度、株行距配置和施氮量三者之间的交互作用对吐絮期的中部PAR值影响显著。种植密度和株行距配置分别对盛蕾期的下部PAR值有显著影响，其他未达到显著水平。交互作用中，株行距配置和施氮量的交互作用对于吐絮期的下部冠层PAR值有显著影响，其他交互作用对其影响无显著性差异。

（二）透光率和直射光率

透光率是指冠层下部PAR值与顶层PAR值的比值。透光率高代表下部接受较多的光辐射。由表7.14可知，花铃期的透光率相对最低，平均为盛蕾期的

56.09%。吐絮期透光率恢复到接近盛蕾期。透光率随着生育期的推进先下降后上升。盛蕾期低种植密度的透光率高于高种植密度，花铃期在等行距条件下低种植密度的透光率高于高种植密度，在宽窄行条件下低种植密度的透光率低于高种植密度。在吐絮期，施氮量为180千克/公顷的透光率相对较高。在盛蕾期和吐絮期，等行距处理比宽窄行处理的透光率高。在花铃期，高种植密度条件下宽窄行处理的透光率高于等行距处理条件下的透光率，低种植密度条件下两者之间差异不显著。直射光率是直接来自太阳的辐射与来自所处环境（如大气）辐射的比例。直射光率随着生育进程的推进整体呈上升趋势，但变化幅度不大。直射光率在3个生育时期最高值的栽培措施组合分别为 $A_1B_2C_2$，$A_1B_2C_2$，$A_1B_1C_1$，最低值的栽培措施组合分别为 $A_2B_2C_2$，$A_1B_2C_3$，$A_2B_2C_2$，如表7.14所示。

表7.14　不同处理的棉花群体透光率和直射光率

栽培措施	透光率			直射光率		
	盛蕾期	花铃期	吐絮期	盛蕾期	花铃期	吐絮期
$A_1B_1C_1$	0.42BCD	0.18ab	0.41ABC	0.80ab	0.85ab	0.89A
$A_1B_1C_2$	0.50AB	0.20ab	0.33BC	0.80ab	0.80abc	0.82AB
$A_1B_1C_3$	0.59A	0.20ab	0.47AB	0.80ab	0.80abc	0.86AB
$A_1B_2C_1$	0.39BCD	0.28ab	0.35BC	0.81ab	0.80abc	0.81AB
$A_1B_2C_2$	0.39BCD	0.16b	0.47AB	0.82a	0.88a	0.82AB
$A_1B_2C_3$	0.40BCD	0.20ab	0.36ABC	0.79ab	0.69c	0.79AB
$A_2B_1C_1$	0.35BCD	0.21ab	0.45AB	0.79ab	0.80abc	0.82AB
$A_2B_1C_2$	0.34CD	0.15b	0.37ABC	0.80ab	0.81abc	0.88AB
$A_2B_1C_3$	0.44ABC	0.15b	0.41ABC	0.81ab	0.86a	0.85AB
$A_2B_2C_1$	0.28D	0.34a	0.29C	0.81ab	0.69bc	0.87AB
$A_2B_2C_2$	0.45ABC	0.24ab	0.50A	0.77b	0.80abc	0.78B
$A_2B_2C_3$	0.31CD	0.25ab	0.35BC	0.81ab	0.83abc	0.87AB

注：同一列数据后小写字母完全不同的表示差异显著（$P<0.05$），有任何相同小写字母或无字母的表示差异不显著（$P>0.05$）。同一列数据后大写字母完全不同的表示差异显著（$P<0.01$），有任何相同大写字母或无字母的表示差异不显著（$P>0.01$）。

方差分析表明，种植密度和株行距配置分别对棉花群体盛蕾期的透光率有显著影响，对棉花群体花铃期和吐絮期影响不显著。交互作用中，株行距配置与施氮量的交互作用对棉花群体吐絮期的透光率有显著影响。3种因素分别对棉花群体盛蕾期、花铃期、吐絮期直射光率的影响不显著，两两交互作用对棉花群体盛蕾期、花铃期、吐絮期直射光率的影响也均不显著，但3种因素的交互作用对棉花群体吐絮期的直射光率有显著影响。

二、栽培措施对群体光合特征的影响

(一) 净光合速率和气孔导度

由表7.15可知，种植密度、株行距配置和施氮量对群体净光合速率中的盛蕾期和花铃期有显著影响，对吐絮期有极显著影响。在所有处理中，盛蕾期、花铃期和吐絮期的净光合速率值最大的栽培措施组合分别为$A_2B_2C_3$、$A_2B_2C_2$和$A_2B_2C_3$。种植密度、株行距配置和施氮量在盛蕾期和花铃期对气孔导度有显著影响，在吐絮期有极显著影响。吐絮期棉株群体的气孔导度大幅度下降，由盛蕾期平均值为1左右下降到普遍0.26以下。在所有处理中，盛蕾期、花铃期和吐絮期的气孔导度值最大的栽培措施组合分别为$A_1B_1C_1$、$A_1B_1C_1$和$A_1B_2C_2$。在吐絮期，净光合速率下降的主要原因是受到群体气孔导度大幅度下降的影响。

表7.15 不同处理的棉花群体净光合速率和气孔导度

栽培措施	净光合速率/(微摩/米^2)			气孔导度/(摩/(米^2·秒))		
	盛蕾期	花铃期	吐絮期	盛蕾期	花铃期	吐絮期
$A_1B_1C_1$	20.16ab	20.54ab	13.63ABC	1.24a	1.08a	0.19ABC
$A_1B_1C_2$	20.26ab	20.76ab	12.97ABC	1.13ab	0.82b	0.15BC
$A_1B_1C_3$	18.80b	20.95a	10.63C	0.93b	0.77b	0.14BC
$A_1B_2C_1$	21.44ab	20.49ab	13.46ABC	1.12ab	0.95ab	0.15ABC
$A_1B_2C_2$	21.43ab	20.16ab	15.82AB	1.07ab	0.77b	0.26A
$A_1B_2C_3$	21.83a	20.82a	13.83ABC	1.10ab	0.86ab	0.15ABC
$A_2B_1C_1$	20.30ab	20.43ab	13.96ABC	1.20ab	0.84ab	0.16ABC
$A_2B_1C_2$	20.20ab	19.47b	11.48BC	1.07ab	0.82b	0.10C
$A_2B_1C_3$	20.16ab	20.93a	14.29ABC	0.94b	0.91ab	0.23AB
$A_2B_2C_1$	21.84a	20.03ab	14.27ABC	1.08ab	0.81b	0.13BC
$A_2B_2C_2$	22.08a	21.33a	14.18ABC	1.12ab	0.89ab	0.21ABC
$A_2B_2C_3$	22.31a	20.44ab	16.92A	1.04ab	0.98ab	0.21AB

注：同一列数据后小写字母完全不同的表示差异显著($P<0.05$)，有任何相同小写字母或无字母的表示差异不显著($P>0.05$)。同一列数据后大写字母完全不同的表示差异显著($P<0.01$)，有任何相同大写字母或无字母的表示差异不显著($P>0.01$)。

方差分析表明，株行距配置对棉花群体盛蕾期和吐絮期的净光合速率有显著影响，对棉花群体花铃期的影响不显著。种植密度和施氮量对棉花群体盛蕾期、花铃期、吐絮期的净光合速率影响均不显著。种植密度、株行距配置和施氮量对棉花群体盛蕾期、花铃期、吐絮期的气孔导度影响均不显著。种植密度与施氮量的交互作用对花铃期和吐絮期的气孔导度有显著性影响，株行距配置与施氮量的交互作用对吐絮期的气孔导度也有显著性影响。

（二）胞间 CO_2 浓度和蒸腾速率

由表 7.19 可知，种植密度、株行距配置和施氮量对棉花群体盛蕾期、花铃期和吐絮期的胞间 CO_2 浓度均有显著影响。在所有处理中，盛蕾期、花铃期和吐絮期的胞间 CO_2 浓度值最大的栽培措施组合分别为 $A_2B_1C_2$、$A_2B_2C_3$ 和 $A_1B_2C_2$。种植密度、株行距配置和施氮量对盛蕾期的蒸腾速率有显著影响，对花铃期和吐絮期的蒸腾速率有极显著影响。在所有处理中，盛蕾期、花铃期和吐絮期的蒸腾速率值最大的栽培措施组合分别为 $A_1B_1C_1$、$A_2B_2C_3$ 和 $A_1B_2C_2$。胞间 CO_2 浓度值和蒸腾速率均与气孔的活动密切相关，由于吐絮期的群体气孔导度下降，直接影响到了胞间 CO_2 浓度和蒸腾速率的下降，最终影响了群体的光合速率和产量形成。

表 7.16　不同处理的棉花群体胞间 CO_2 浓度和蒸腾速率

栽培措施	胞间 CO_2 浓度/(微升/升)			蒸腾速率/(毫摩/(米^2·秒))		
	盛蕾期	花铃期	吐絮期	盛蕾期	花铃期	吐絮期
$A_1B_1C_1$	329.22AB	311.44AB	248.53AB	11.21a	10.32AB	4.17AB
$A_1B_1C_2$	328.93AB	305.98ABC	209.91ABC	11.17ab	10.29AB	3.23AB
$A_1B_1C_3$	324.98B	301.14C	249.20AB	11.10ab	9.98B	3.15AB
$A_1B_2C_1$	332.52AB	308.10ABC	203.41ABC	10.83abc	10.49AB	3.64AB
$A_1B_2C_2$	326.33AB	302.90BC	260.23A	11.07ab	9.89B	4.95A
$A_1B_2C_3$	334.28AB	305.67ABC	209.43ABC	10.79abc	10.55AB	3.55AB
$A_2B_1C_1$	339.42AB	307.36ABC	213.07ABC	11.04ab	10.51AB	3.62AB
$A_2B_1C_2$	341.87A	308.73ABC	152.24C	10.66abc	9.96B	2.75B
$A_2B_1C_3$	333.59AB	310.42AB	256.86A	10.43abc	10.68AB	4.86A
$A_2B_2C_1$	336.74AB	306.44ABC	187.18BC	10.29bc	10.69AB	3.54AB
$A_2B_2C_2$	334.58AB	307.86ABC	251.03AB	11.13ab	10.46AB	4.70A
$A_2B_2C_3$	334.68AB	311.66A	204.45ABC	10.10c	11.03A	4.76A

注：同一列数据后小写字母完全不同的表示差异显著（$P<0.05$），有任何相同小写字母或无

字母的表示差异不显著($P>0.05$)。同一列数据后大写字母完全不同的,表示差异显著($P<0.01$),有任何相同大写字母或无字母的表示差异不显著($P>0.01$)。

方差分析表明,3种因素对棉花群体盛蕾期、花铃期、吐絮期胞间CO_2浓度值的影响不显著;种植密度与施氮量的交互作用对棉花群体花铃期有显著影响,株行距配置与施氮量的交互作用对棉花群体吐絮期的胞间CO_2浓度有显著性影响。株行距配置对棉花群体吐絮期的蒸腾速率有显著影响,对棉花群体盛蕾期和花铃期影响不显著。种植密度与施氮量的交互作用、株行距配置与施氮量的交互作用对棉花群体吐絮期的蒸腾速率有显著影响。

群体种植密度的提高会使得群体冠层对光能的截获率增加,群体的光合速率明显提高,但高种植密度群体在生育后期群体光合速率衰退得快。在棉株群体种植密度较大时,通过调整株行距的配置方式,可使棉株得到合理分布,在一定程度上改善田间通风透光条件,有利于棉株的生长。同时在开花期适当追施氮肥,可以改善群体的光合性能,使生育后期群体光合速率的衰退减慢。本试验中,在花铃期以前,高种植密度群体冠层对光能截获率较高,群体净光合速率也维持较高的水平,到花铃期净光合速率达到最高值以后,净光合速率也明显下降,主要是由于群体气孔活动能力下降,气孔导度、胞间CO_2浓度和蒸腾速率都受到影响,群体净光合速率有下降的趋势。但高种植密度群体维持了相对高的净光合速率水平,所以在生育后期维持一个相对较高的气孔导度,对群体光合速率的保持稳定有至关重要的影响,最终影响到群体的产量水平。低种植密度群体下部冠层接受的光合辐射要高于高种植密度群体。在整个生育期内,直射光率趋于稳定;气孔导度随着生育期推进逐渐降低,蒸腾速率也随着气孔导度的降低而降低,均直接影响着群体的净光合速率水平,最终影响产量。等行距的株行距配置更有利于冠层下部接受光辐射。宽窄行处理有利于群体在生殖生长期间保持较高的净光合速率,为高产创造了有利条件。本试验表明,增加种植密度,提高了群体的光合速率;同时宽窄行的株行距配置也使群体维持了较高的光合速率。适当增加种植密度,并且调整株行距配置是提高产量的重要手段。在种植密度较大时,采用合理的宽窄行种植方式,可以合理调整棉株在群体之中的分布,改善田间的通风透光条件,提高光合速率,并最终提高产量。

第八章　播种期对麦后直播棉花栽培的影响

第一节　播种期与麦后直播棉产量、干物质的关系

棉花是世界性的重要经济作物，我国又是世界上棉花的主要生产大国。与粮食作物相比，棉花生产成本逐年提高，收益较低，由于农村劳动力持续转移，棉花生产的用工量越来越少，而棉花又属于劳动密集型作物，因此，长江淮河流域尤其江苏的棉花种植面积持续减少。这是因为长江流域主要采用营养钵育苗移栽技术，但营养钵育苗移栽主要存在以下几个问题：采用营养钵育苗移栽方式种植棉花，从营养钵制作到成熟期籽棉收获结束，用工多；从棉花花芽分化（2～3 叶期）到最后采收完毕需要 6 个月左右，生育期长，与粮食作物有争地矛盾；从播种育苗，之后进行大田移栽，田间管理有除草、施肥，中后期还要打顶，共计需要收花 10 次，过程烦琐复杂。麦后直播棉则很好地解决了粮棉争地矛盾，用工少，生育期短，田间管理简便，吐絮期集中，便于人工或者机械采收。不同种植密度对棉花的生长发育有不同的影响，特别对产量影响更大。而麦后直播条件下，因为生育期较移栽棉大为缩短，其农艺性状表现差异较大，本试验通过不同播种期及不同种植密度处理，研究探索其对棉花生长发育过程及最终产量的影响，以及田间生物量与产量的相关性。

一、播种期对麦后直播棉产量及其构成因素的影响

不同播种期、种植密度组合处理对籽棉产量有明显的影响，大麦后播种处理的各组合籽棉产量明显高于小麦后播种处理，其中以大麦后播种的密度为 90 000 株/公顷时，籽棉的产量最高，达到 4 046.97 千克/公顷，说明大麦后直播较小麦后直播更有利于提高籽棉产量，大麦后直播棉花的生育期比小麦后直播的长，营养器

官干物质积累多。棉花在大麦收获后播种或者小麦收获后播种的处理下，种植密度均以 90 000 株/公顷时，籽棉的产量最高，说明麦后直播棉更有利于提高产量，直播棉的适宜种植密度为 90 000 株/公顷。单株成铃数表现为大麦后播种处理的各组合均高于小麦后播种处理，且低种植密度的单株成铃数高于高种植密度的，单株成铃数最高的为大麦后播种，种植密度为60 000株/公顷处理的，单株成铃数为 11.82 个/株，单株成铃数最低的为小麦后播种密度为105 000株/公顷处理的，单株成铃数为 7.1 个/株。群体成铃数同样是大麦后播种处理高于小麦后播种处理。同一播种期种植密度为 90 000 株/公顷和 105 000 株/公顷的高于60 000株/公顷和 75 000 株/公顷的，说明中、高种植密度有利于提高群体成铃数，其中以种植密度为 90 000 株/公顷的群体成铃数最多。单铃质量表现为同一播种期下，低种植密度的单铃质量高于高种植密度的，大麦后播种处理的单铃质量高于小麦后播种处理的，单铃质量随着种植密度的增加而逐渐降低。

方差分析表明，大麦后播种密度为 90 000 株/公顷时，籽棉产量显著高于其他种植密度（$P<0.05$），同一播种期下，种植密度为 90 000 株/公顷时的籽棉产量与其他种植密度的籽棉产量有显著性差异。大麦后播种与小麦后播种的籽棉产量均有显著性差异（$P<0.05$，$P<0.01$）。这说明提前播种可以显著提高籽棉产量。种植密度为 90 000 株/公顷的籽棉产量显著高于其他种植密度的籽棉产量（$P<0.05$，$P<0.01$），种植密度为 60 000 株/公顷、75 000 株/公顷、105 000 株/公顷时，籽棉产量无显著差异。这说明大麦后播种密度为 90 000 株/公顷时最适合提高籽棉产量。不同组合间表现为大麦后播种棉的单株成铃数高于小麦后播种棉的单株成铃数，以大麦后播种密度为 60 000 株/公顷的单株成铃数最多，且与其他的组合比较均有显著性差异。单株成铃数最少的为小麦后播种密度为105 000株/公顷的，且单株铃数随着种植密度的增加而降低，这与马一学等的研究结果一致。在不同播种期下，为大麦后直播的单株成铃数显著高于小麦后直播的单株成铃数（$P<0.05$，$P<0.01$）。不同种植密度下，均以种植密度为 60 000 株/公顷的单株成铃数显著高于其他种植密度的单株成铃数（$P<0.05$，$P<0.01$），种植密度为 105 000 株/公顷的单株成铃数显著低于其他种植密度的单株成铃数（$P<0.05$，$P<0.01$），种植密度为 75 000 株/公顷和 60 000 株/公顷之间的单株成铃数无显著性差异。这说明大麦后播种比小麦后播种更能够提高直播棉的单株铃数，低种植密度更能提高直播棉的单株结铃数。大麦后播种密度为 90 000 株/公顷和 105 000 株/公顷的棉花群体成铃数极显著高于其他处理，群体成铃数达到了 920 000 个/公顷以

上。小麦后播种密度为 60 000 株/公顷时，棉花的群体成铃数最低，还不到 600 000 个/公顷。不同种植密度处理，以种植密度为 90 000 株/公顷时的棉花群体成铃数最高，显著高于种植密度为 60 000 株/公顷和 75 000 株/公顷的，与种植密度为 105 000 株/公顷的无显著差异，因此，种植密度为90 000～105 000 株/公顷有助于提高群体成铃数。大麦后播种处理的棉花的群体结铃数显著高于小麦后播种处理的棉花的群体结铃数，表明提前播种有利于提高棉花的群体成铃数。在大麦后播种的播种期，不同种植密度条件下，群体在 8 月 4 日—9 月 1 日的成铃数与最终的籽棉产量呈极显著正相关关系，相关系数为 $r_1=0.939\ 8$，说明这一时期的集中成铃数直接决定着最终的籽棉产量。同样，在小麦后播种的播种期，不同种植密度条件下，群体在 8 月 4 日—9 月 1 日的成铃数与最终的籽棉产量也有着相同的显著相关关系，相关系数为 $r_2=0.890\ 9$，这表明小麦后直播棉在 8 月 4 日—9 月 1 日的集中成铃量对于籽棉产量起着至关重要的作用。大麦后播种处理下低种植密度的单铃质量较高，其中种植密度为 60 000 株/公顷时最高，为 4.66 克，极显著高于其他处理，最低的是小麦后播种密度为105 000株/公顷处理的，为 3.79 克。两个播种期下，大麦后播种处理的单铃质量极显著高于小麦后播种处理的。说明低种植密度和早播有利于提高单铃质量。

二、播种期对群体生物量的影响

麦后直播棉的单株总干物质量和营养器官干物质量随着植株的生长不断增加，吐絮期达到最大，在同一生育时期，特别是在盛花期至吐絮期，不同播种期内的直播棉的单株干物质均表现为随着种植密度的增加逐渐降低，低种植密度下单株干物质量高。所有处理在同一播种期、不同的生育期内，种植密度为 90 000 株/公顷、105 000 株/公顷的群体干物质量和营养器官干物质量大部分高于种植密度为 60 000 株/公顷、75 000 株/公顷的，说明直播棉高种植密度下的干物质量高。种植密度为 90 000 株/公顷和 105 000 株/公顷之间，群体总干物质量大部分以种植密度为 105 000 株/公顷的高，而群体营养器官干物质量大部分以种植密度为 90 000 株/公顷的高。以上结果说明，高种植密度有助于提高群体总干物质量，而群体营养器官干物质量在种植密度为 90 000 株/公顷时最高。在不同播种期和种植密度条件下，群体总干物质量与籽棉产量成极显著正相关关系，相关系数 $r_3=0.879\ 1$，说明直播棉要取得高产，必须有相对应的干物质量。不同播种期和种植密度处理下，群体营养器官干物质量同样与籽棉产量成极显著正相关关系，相关系

数 r_4＝0.915 6,说明高的籽棉产量要以高的营养器官干物质量为基础。

不同发育时期的营养器官干物质量占总干物质量的比例不同,大麦后播种的各种植密度占比基本上高于小麦后播种的,说明提前播种有提高营养器官干物质量占比的趋势。同一播种期内不同种植密度处理下,多数表现为种植密度为90 000株/公顷时的营养器官干物质量占比最高。不同播种期同一种植密度处理下,基本上表现为大麦后播种处理的占比高于小麦后播种处理,说明提前播种有利于提高生育期内营养器官的干物质量。大麦后播种的棉花株高随着种植密度的增加而升高,而种植密度对小麦后播种的棉花的株高影响不明显。大麦后播种的棉花的真叶数为 17～18 片,小麦后播种的棉花的真叶数为 15～16 片,这说明早播可以有效增加真叶数。大麦后播种和小麦后播种的棉花的果枝始节位基本在 5～6 节,差异不明显。大麦后播种密度为 90 000 株/公顷和 105 000 株/公顷时,棉花的盛蕾量较多,大麦后播种密度为 90 000 株/公顷时,棉花的盛蕾量最多,不同播种期下表现为大麦后播种的盛蕾量比小麦后播种的盛蕾量多。大麦后播种的果枝数较小麦后播种的果枝数多 1～2 个,且大麦后播种密度为 90 000 株/公顷和 105 000 株/公顷的果枝数最多。大麦后播种的棉花果节数高于小麦后播种的棉花果节数,且大麦后播种密度为 90 000株/公顷和 105 000 株/公顷时的果节数较多,同一播种期下,果节数随种植密度的增加而增加。以上结果说明,播种期和种植密度对麦后直播棉株高、果枝始节位影响不明显,提前播种可以增加真叶数、果枝数、现蕾量和果节量,提高种植密度可以增加现蕾量和果节量。在大麦后播种不同种植密度的棉花,群体现蕾量与籽棉产量呈线性极显著正相关关系,相关数 r_5＝0.944 7 ,说明直播棉群体现蕾量的多少直接影响籽棉产量的高低。同样,在小麦后播种不同种植密度的棉花,群体现蕾量同样与籽棉产量呈线性极显著正相关关系,相关系数 r_6＝0.891 4,说明高的籽棉产量要以高的现蕾量为铺垫。不同播种期与不同种植密度条件下,各处理群体现蕾量与群体成铃数呈极显著正相关关系,相关系数 r_7＝0.915 9,说明群体现蕾量影响群体成铃数,在一定范围内高的现蕾量有助于取得高的结铃数。

大麦后直播棉产量较小麦后直播棉的产量高,由于大麦后播种的日期较小麦后播种早,大麦后直播棉的生育期延长了,生物量得到了更长时间的积累,以中熟育苗栽培为对照,可获得与营养钵育苗移栽棉花相当的产量,而且 90 000 株/公顷的种植密度无论在大麦后直播还是在小麦后直播均取得了所有种植密度中最高的产量,说明 90 000 株/公顷更适合麦后直播。群体结铃数以 90 000 株/公顷和 105 000 株/公顷的种植密度下较多,与籽棉产量呈极显著正相关关系。群体干物质量以大麦后直播的高于小麦后直播棉，同样因为大麦后直播棉有较长的生育期，同一播种期内，90 000 株/公顷和 105 000 株/公顷种植密度下总干物质量较高，而营养器官干物质量是 90 000 株/公顷的最高，干物质量与籽棉产量呈极显著正相关关系，说明 90 000 株/公顷是最佳的播种种植密度。

麦后直播棉生长的最主要特点是利用收获后的温、光资源来进行生长发育，最终在冬麦种植前完成机械收获，生育期基本上从 6 月中旬至 10 月下旬或者 11 月初，从品种方面来说，要求选择尽量早熟的品种的同时还要保证产量。

第二节　播种期对麦后直播棉生长及产量的影响

在长江中下游植棉区，棉花生产方式主要以春棉为主，费时费工，因而，植棉面积不断减少。麦后直播棉作为一种省时、省工的新型种植方式，在湖北省及其所在的长江中下游植棉区得到推广应用。适宜播种期，对有效利用光温资源、改善作物生育进程和减轻病虫害发生等具有重要作用。有研究表明，播种期均显著影响烤烟、小麦、玉米、水稻和棉花等产量和品质的形成。鄂中植棉区作为湖北省乃至长江中下游植棉区的重要棉花产区，麦后直播棉的研究主要集中在品种选择、施肥和种植密度等栽培技术方面，而播种期对麦后直播棉的产量、品质等的影响研究相对较少。研究鄂中植棉区不同播种期对麦后直播棉生长、产量和品质的影响，用以优选麦后直播棉的适宜播种期。

供试棉花品种为晶华棉 116，由黄冈农业科学院李蔚研究员提供。试验按照棉花高效种植技术协作研究联盟统一实验方案，于 2018 年在荆门(中国农谷)农业科学研究院屈家岭试验基地进行，试验地为黏壤土。麦后直播棉设置了 5 个播种期，即 S_1(5 月 20 日)、S_2(5 月 25 日)、S_3(5 月 30 日)、S_4(6 月 4 日)、S_5(6 月 9 日)，3 次重复，随机区组排列。种植密度为 75 000 株/公顷，等行距(76 厘米)种植，4 行 1 小区，小区面积为 30.4 平方米(长 10 米，宽 3.04 米)。氮肥(N)、磷肥(P_2O_5)和钾肥(K_2O)的施用量分别为 180.0 千克/公顷、54.0 千克/公顷、180.0 千克/公顷，充分混匀后，于见花期一次施用。

一、不同播种期对麦后直播棉花生长的影响

由表 8.1 可知，不同播种期对麦后直播棉花各生育期经历天数有不同的影响。就出苗而言，播种期越晚，出苗需要的时间越长，其中 S_1、S_2、S_3 三个播种期的出苗

时间基本一致，需要6～7天，而S_4、S_5播种期出苗时间相对较长，需要14～17天，显著高于S_1、S_2、S_3三个播种期；出苗至现蕾、初花至吐絮所经历天数与播种期并无顺序规律，主要表现在S_1、S_5播种期出苗至现蕾需要的天数高于S_2、S_3和S_4播种期，差异性显著($P<0.05$)，S_1播种期与S_2、S_3、S_4和S_5播种期相比，初花至吐絮要少9～15天，差异性显著($P<0.05$)；5个播种期的现蕾至初花所需要的时间基本一致，为19～21天。

表8.1 不同播种期的棉花各生育期经历的天数

播种期	播种至出苗/天	出苗至现蕾/天	现蕾至初花/天	初花至吐絮/天
S_1	6.3+0.33c	35.0+2.00a	20.0+1.15a	44.3+1.76c
S_2	7.7+0.33c	30.3+2.03bc	20.7+0.88a	57.0+1.15ab
S_3	7.3+0.33c	29.0+1.15c	21.0+0.58a	59.0+1.53a
S_4	17.0+1.00a	28.7+2.19c	21.0+1.53a	53.0+0.58b
S_5	14.0+0.33b	33.7+2.03ab	19.3+0.88a	58.7+0.67a

注：同一列数据后小写字母完全不同的表示差异显著($P<0.05$)，有任何相同小写字母或无字母的表示差异不显著($P>0.05$)。

由表8.2可知，从8月15日调查的棉花性状来看，5个播种期的棉花株高、花+小铃数差异不大，其中：株高在64.1～73.3厘米，花+小铃数在2.9～3.5个。随着播种期的推迟，始果枝位的节数越来越多，从S_1播种期的6.4节到S_5播种期的7.9节，其中：S_1播种期与S_3、S_4、S_5播种期相比，始果枝节位低于0.6～1.5节，差异性显著($P<0.05$)。相反，大铃个数随着播种期的推迟逐渐减少，从S_1播种期的4.0个到S_4、S_5播种期没有大铃；5个播种期均无烂铃。

表8.2 不同播种期的棉花8月15日的性状

播种期	株高/厘米	始果枝节位/节	花+小铃/(个/株)	大铃/(个/株)
S_1	71.7+5.03a	6.4+0.12c	3.1+0.27a	4.0+0.37a
S_2	73.2+4.30a	6.9+0.29bc	3.5+0.31a	3.3+0.41a
S_3	73.3+3.60a	7.0+0.09b	3.0+0.23a	1.7+0.21b
S_4	70.6+3.94a	7.4+0.02ab	2.9+0.24a	0.0+0.00c
S_5	64.1+4.05a	7.9+0.12a	2.9+0.21a	0.0+0.00c

注：同一列数据后小写字母完全不同的表示差异显著($P<0.05$)，有任何相同小写字母或无字母的表示差异不显著($P>0.05$)。

二、不同播种期对麦后直播棉花产量的影响

由表 8.3 可知，随着播种期的推迟，单株铃数、总成铃数、籽棉产量、皮棉产量均呈下降的趋势。S_5 播种期与 S_1、S_2、S_3、S_4 播种期相比，单株铃数分别减少了 4.9 个、4.0 个，3.2 个、3.0 个，总成铃数分别减少了 37.0×10^4 个/公顷、30.2×10^4 个/公顷、24.2×10^4 个/公顷、22.2×10^4 个/公顷、籽棉产量分别减少了 36.5%、32.0%、27.4%、25.7%，皮棉产量分别减少了 38.9%、33.8%、29.9%、25.9%，差异性均显著($P<0.05$)。而不同播种期下，棉花单铃重和衣分差别不大，分别为 4.8～5.3 克和 41.6%～43.2%。

表 8.3　不同播种期的棉花 9 月 15 日的性状与产量表现

播种期	单株铃数/个	总成铃/(×10^4个/公顷)	单铃重/克	衣分/%	籽棉产量/(千克/公顷)	皮棉产量/(千克/公顷)
S_1	13.5+0.79a	101.3+5.95a	5.0+0.14a	43.2+0.79a	4 961.3+291.69a	2 143.3+126.01a
S_2	12.6+0.46a	94.5+3.46a	5.1+0.14a	42.7+0.97a	4 630.5+169.74a	1 977.2+72.48a
S_3	11.8+0.60a	88.5+4.53a	5.1+0.06a	43.1+0.96a	4 336.5+221.52a	1 869.0+95.47a
S_4	11.5+0.70a	86.5+5.22a	4.8+0.91a	41.7+0.62a	4 238.5+255.79a	1 767.5+106.66a
S_5	8.6+0.70b	64.3+5.20b	5.3+0.58a	41.6+0.34a	3 148.3+254.91b	1 309.7+106.04b

注：同一列数据后小写字母完全不同的表示差异显著($P<0.05$)，有任何相同小写字母或无字母的表示差异不显著($P>0.05$)。

Jalotaa、Bozbek 等认为播种期不同造成棉花生育期内温度、光照差异，影响棉花出苗和棉铃发育；刘晓飞等研究发现播种期对麦后直播棉株高、始果枝节位影响不明显，提前播种可以增加真叶数、果枝数、现蕾量和果节量；李凤瑞等研究显示，随着播种期推迟，短季棉的生育进程先加快后减慢，生育期先缩短后延长，在整个生育期，株高和茎粗均随播种期的推迟而降低。麦后直播棉花各生育期经历天数与播种期并无顺序规律，但 S_1 播种期相比随后的 4 个播种期，棉花初花至吐絮所经历的时间显著减少了 9～15 天；随着播种期的推迟，株高、花+小铃数差异不大，始果枝节位越来越高。大铃个数逐渐减少，其中，S_1 播种期的始果枝节位显著低于随后的 4 个播种期 0.6～1.5 厘米。这可能是由于不同播种期各生育期经历天数的有效积温、降雨量和光照等条件的不同而导致。

随着播种期的推迟棉花单铃重显著下降，产量呈现不同程度下降，播种期越晚

产量下降越明显，其中，籽棉产量和皮棉产量的降幅为 32.5%～34.7%和35.9%～36.2%；而刘国栋等认为，仅棉花纤维长度和细度受播种期影响变化显著，其中，晚播条件下，棉花品种的纤维长度平均增加 6.49%。本研究结果显示，随着播种期的推迟，麦后直播棉的单铃重，衣分略有变化，差异不明显，也无规律；而单株铃数，籽棉产量和皮棉产量均呈下降的趋势，S_1 播种期相比随后的 4 个播种期，棉花铃数减少了 3.0～4.9 个，籽棉产量减少了 25.7%～36.5%，皮棉产量减少了 25.9%～38.9%，这是否与品种对外界环境的适宜性有关尚待研究。麦后直播棉花各生育期经历天数与播种期并无顺序规律，但随着播种期的推迟，始果枝位节数越来越多，大铃个数逐渐减少，导致铃数，籽棉和皮棉产量均呈下降的趋势，播种期越迟下降越明显。

第九章　种植密度对麦后直播棉花栽培的影响

油(麦)棉两熟是当前长江流域下游棉区的主要种植制度。改油(麦)套棉为油(麦)后直播棉,有利于推动植棉机械化发展,实现粮棉两熟高产高效。合理密植建立高效的群体结构是实现作物高产高效的重要途径。作物的种植密度与品种特性、栽培技术和气候等环境因素之间存在密切联系。长期以来,不同棉区围绕棉花适宜的种植密度开展了大量研究,针对不同棉区的生态气候特征和种植制度,形成了相对适宜的种植密度。但相关研究均以移栽中熟棉为主,而油(麦)后直播棉适宜种植密度的研究在长江流域中、下游棉区鲜见报道。由于油(麦)后直播棉与育苗移栽棉在形态特征、发育特性等方面存在较大的差异,高产栽培的适宜种植密度必然不同。因此,有必要研究油(麦)后直播棉在长江流域下游棉区高产栽培的适宜种植密度,明确长江流域下游棉区油(麦)后直播棉的高产、稳产的群体结构、成铃和最终产量形成特性,为油(麦)后直播棉在生产和应用推广中提供技术指导。

第一节　种植密度对麦后直播棉生育特性的影响与经济效益分析

目前麦后棉选用的品种以杂交棉为主,采用营养钵育苗移栽方式种植,一方面所选品种多为中熟,缺乏早熟类型;另一方面因苗龄长,培育壮苗困难,导致移栽后发育迟、晚熟、减产严重。麦后棉轻简化栽培新途径能减轻棉农生产劳动强度,降低生产成本,提高棉田综合效益。

一、不同种植密度处理的直播棉的农艺性状

试验设 4 个不同的种植密度处理,分别为 60 000 株/公顷(A)、75 000 株/公顷(B)、90 000 株/公顷(C)、105 000 株/公顷(D),每个处理 3 次重复,随机区组排列,

小区面积为24.0平方米，通过定株观察，直播棉从播种到吐絮共91天，其中播种至现蕾35天，现蕾至开花20天，开花至吐絮36天，全生育期149天。由表9.1可知，不同种植密度处理间，直播棉各农艺性状差异较大。随着种植密度的增加，株高相应增高，果枝数呈减少趋势，单株成铃数减少，脱落率先增加后减少，单铃重降低。成铃以秋桃为主，各处理的秋桃占成铃数的69.1%～76.7%，无伏前桃。成铃以第一果节为主，成铃率均在90%以上，部分棉株第二果节有少量成铃。

表9.1　不同种植密度处理的直播棉的主要农艺性状

处理	株高/厘米	果枝数/个	每株总果节数/个	单株伏桃		单株秋桃		单株成铃合计/个	单株脱落棉铃		单铃重/克
				数量/个	所占比例/%	数量/个	所占比例/%		数量/个	所占比例/%	
A	80.8	13.8	30.0	5.0	24.2	15.7	75.8	20.7	6.1	20.2	3.29
B	92.4	12.9	30.5	4.4	28.4	11.1	71.6	15.5	13.7	45.0	3.18
C	95.0	13.1	29.9	3.4	23.3	11.2	76.7	14.6	14.2	47.4	3.16
D	96.2	12.1	27.5	3.8	30.9	8.5	69.1	12.3	12.7	46.0	3.15

二、不同种植密度处理的麦后直播棉的产量

由表9.2可知，随种植密度增大，麦后直播棉的籽棉产量相应增加，其中种植密度处理D的产量最高，为3 883.5千克/公顷，较种植密度处理C、B、A分别增产3.89%、9.15%、24.21%。经方差分析，各种植密度处理间差异显著。进一步对各种植密度处理进行新复极差检验，种植密度处理D与种植密度处理A之间有极显著差异，种植密度处理C与种植密度处理A之间有显著差异，其他种植密度处理之间差异不显著。

表9.2　不同种植密度处理的麦后直播棉的籽棉产量

处理	籽棉产量/(千克/公顷)
A	3 126.5Bb
B	3 558.0ABab
C	3 738.0ABa
D	3 883.5Aa

注：同一列数据后小写字母完全不同的表示差异显著($P<0.05$)，有任何相同小写字母或无字母的表示差异不显著($P>0.05$)。同一列数据后大写字母完全不同的表示差异显著($P<0.01$)，有任何相同大写字母或无字母的表示差异不显著($P>0.01$)。

三、麦后直播棉与麦套棉经济效益对比分析

对麦后直播棉(种植密度为 90 000 株/公顷,即处理 C)和麦套棉种植模式全年棉田综合经济效益进行对比分析,由表 9.3 可知,扣除物化成本及人工费,麦后直播棉全年棉田效益为 27 384.1 元/公顷,较麦套棉增加了 15 436.7 元/公顷。其中,小麦每公顷产量为 6 487.5 千克,比麦套棉增加了 2 341.5 千克,扣除物化成本及人工成本,麦后直播棉种植方式下小麦纯收入比麦套棉种植方式增加了 3 363.8 元/公顷;麦后直播棉每公顷籽棉产量为 3 738.0 千克,经济效益为 30 801.1 元,比麦套棉产量减少了 352.5 千克,经济效益减少了 2 904.6 元,但物化投入和人工费用每公顷分别减少了 6 577.5 元和 8 400.0 元,故纯收入比麦套棉增加了12 072.0 元/公顷。

表 9.3　麦后直播棉与麦套棉的棉田经济效益对比

种植方式	小麦					棉花					总纯收入/(元/公顷)
	产量/(千克/公顷)	经济效益/(元/公顷)	物化投入费(元/公顷)	人工费(元/公顷)	纯收入(元/公顷)	产量/(千克/公顷)	经济效益/(元/公顷)	物化投入费(元/公顷)	人工费(元/公顷)	纯收入(元/公顷)	
麦后直播棉	6 487.5	12 715.5	3 096.0	3 150.0	6 469.5	3 738.0	30 801.1	3 849.0	6 037.5	20 914.6	27 384.1
麦套棉(CK)	4 146.0	8 126.2	2 658.0	2 362.5	3 105.7	4 090.5	33 705.7	10 426.5	14 437.5	8 841.7	11 94734
比 CK±	2 341.5	4 589.3	438.0	787.5	3363.8	−352.5	−2 904.6	−6 577.5	−8 400.0	12 072.9	15 436.7

注:小麦以 1.96 元/千克计,棉花(籽棉)以 8.24 元/千克计;麦后直播棉选取处理 C。

麦后直播棉与传统麦套棉相比,前者小麦产量明显增加,棉田用工显著下降,物化投入大量减少,棉田整体效益明显提升,具有省工节本、降耗增效的特点。麦后直播棉有利于增加粮食播种面积,增加粮食产量;有利于实现粮经作物的协调发展,保障主要农产品的供给;有利于资源节约型和环境友好型“两型”社会的发展,适应现代农业的发展需要。随着棉花种植密度的增加,籽棉产量增加。麦后直播棉的种植密度以 90 000 株/公顷左右为宜,防止种植密度过大、后期雨水偏多,形成水发旺长,造成田间荫蔽过大,通风透光条件差,影响棉花产量和品质。

第二节 种植密度对直播棉产量与品质的影响分析

麦后直播棉是在前茬小麦收获耕整后直接在棉田播种棉花的一种新型棉花种植方式，和麦后移栽棉相比，省去了制钵、育苗、苗床管理、大田移栽等劳动工序，明显降低了田间劳动强度和人工投入。麦后直播棉的播种期较迟，较麦后移栽棉推迟 30 天左右，为发挥种植密度对迟播棉花产量的补偿效应，适当增加棉花种植密度是保证麦后直播棉产量的有效途径。试验设置 5 个种植密度处理，分别为 45 000株/公顷（N_1）、52 500 株/公顷（N_2）、60 000 株/公顷（N_3）、67 500 株/公顷（N_4）、75 000 株/公顷（N_5）。前茬小麦 5 月 19 日收获，试验棉花于 5 月 22 日播种，随机区组排列，每个处理 3 次重复，每 3 行为一区，每行长为 7.5 米，小区面积 17.1 平方米。试验棉花品种为 CN01，是创世纪转基因技术有限公司和湖北省农业科学院经济作物研究所联合选育的常规夏棉新品系，属无限果枝类型。

一、种植密度对麦后直播棉生育特性的影响

（一）种植密度对生育进程的影响

由表 9.4 可知，随着棉花种植密度的增加，麦后直播棉的生育进程略有推迟，5 个处理的生育期分别为 104 天、104 天、105 天、106 天和 107 天，种植密度处理间差异均不显著。

表 9.4 不同种植密度处理的棉花生育进程

处理	播种期/（月-日）	出苗期/（月-日）	现蕾期/（月-日）	开花期/（月-日）	吐絮期/（月-日）	生育期/天
N_1	05-22	05-28	07-06	07-31	09-09	104a
N_2	05-22	05-28	07-06	07-31	09-09	104a
N_3	05-22	05-28	07-07	08-01	09-10	105a
N_4	05-22	05-28	07-08	08-01	09-11	106a
N_5	05-22	05-28	07-09	08-02	09-12	107a

注：同一列数据后小写字母完全不同的表示差异显著（$P<0.05$），有任何相同小写字母或无字母的表示差异不显著（$P>0.05$）。

（二）种植密度对群体果节动态的影响

由图 9.1 可知，7 月 26 日—8 月 5 日为麦后直播棉果节形成的高峰期，果节形成高峰期内群体果节日增量随着种植密度的增加而加大。8 月 26 日—9 月 15 日果节的增量和 7 月 16 日—7 月 25 日的增量相当，表明麦后直播棉晚秋桃占有一定比例。

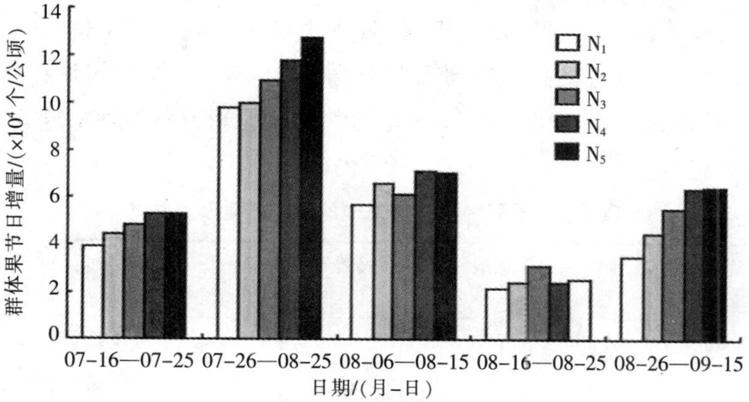

图 9.1　不同种植密度处理的棉花群体果节增长动态

（三）种植密度对群体成铃动态的影响

由图 9.2 可知，不同种植密度处理的棉花群体成铃强度呈由低到高再下降的趋势，各种植密度处理在 7 月 31 日前后进入开花期，成铃高峰期均在 8 月 16 日—8 月 25 日之间，其次是 8 月 6 日—8 月 15 日和 8 月 26 日—9 月 5 日，9 月 6 日后成铃强度明显下降，说明麦后直播棉成铃期比较集中，大多数成铃在一个月内完成，明显短于营养钵移栽棉花。各种植密度处理在 8 月 25 日前群体成铃强度随种植密度增加而加大，在 8 月 25 日后 N_5 处理成铃强度开始下降，N_4 处理在各期成铃强度均处于前列。

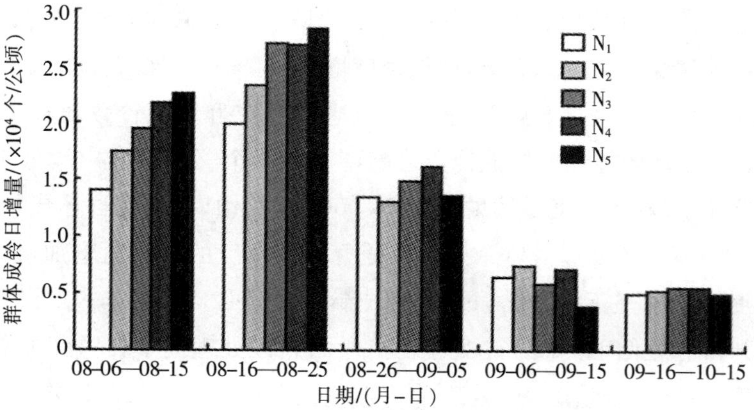

图 9.2　不同种植密度处理的棉花群体成铃强度动态

二、种植密度对麦后直播棉产量及其构成的影响

(一) 种植密度对产量的影响

由表 9.5 可知，不同种植密度处理间，N_4 处理的棉花产量最高，与 N_2 处理和 N_1 处理有极显著差异，与 N_3 处理和 N_5 处理无显著差异。产量排第二位的是 N_3 处理的棉花，与 N_1 处理的棉花产量有极显著差异，与 N_2 处理的棉花产量有显著差异。随着种植密度的增加，产量动态呈抛物线变化，种植密度为 67 500 株/公顷时，产量达到最高值。

表 9.5 不同种植密度处理的棉花产量及其构成

处理	总果节数/（个/公顷）	单株成铃/个	总成铃数/（个/公顷）	成铃率/%	单铃重/克	衣分/%	籽棉产量/（千克/公顷）
N_1	3 168 000d	16.23a	730 350c	23.05a	5.47a	44.35a	2 643.15cC
N_2	3 612 000c	15.50a	813 750bc	22.53a	5.40a	44.26a	2 810.25bcBC
N_3	4 002 000b	14.83ab	889 800ab	22.23a	5.46a	43.78ab	3 343.20aAB
N_4	4 333 500a	13.90b	938 250a	21.65a	5.51a	43.63ab	3 372.00aA
N_5	4 507 500a	11.63c	872 250ab	19.35b	5.39a	43.27b	3 077.25abABC

注：同一列数据后小写字母完全不同的表示差异显著（$P<0.05$），有任何相同小写字母或无字母的表示差异不显著（$P>0.05$）。同一列数据后大写字母完全不同的表示差异显著（$P<0.01$），有任何相同大写字母或无字母的表示差异不显著（$P>0.01$）。

(二) 种植密度对成铃数、成铃率、铃重和衣分的影响

麦后直播棉的单株成铃数随种植密度的增加明显减少，种植密度为 45 000 株/公顷时，单株成铃为 16.23 个，种植密度增加到 75 000 株/公顷时，单株成铃则下降到 11.63 个。由表 9.5 可知，前 4 个处理的棉花群体成铃数随种植密度的增加而增加，N_4 处理的棉花群体成铃数最高（938 250 个/公顷），与 N_2 处理和 N_1 处理有显著差异，当种植密度继续增加到 75 000 株/公顷时，棉花群体成铃数下降到 872 250 个/公顷。各处理群体总果节数随着种植密度的增加而增加，但成铃率随着种植密度的增加呈下降趋势，N_1 处理成铃率最高（23.05%），N_5 处理成铃率最低（19.35%），显著低于其他 4 个处理。各种植密度处理间单铃重无显著差异，N_4 处理单铃重最高（5.51 克），N_5 处理单铃重最低（5.39 克），二者相差 0.12 克。各种植密度处理的衣分随着种植密度增加呈下降趋势，低种植密度处理（N_1、N_2）与

高种植密度处理（N_5）有显著差异，中等种植密度处理（N_3、N_4）与高种植密度处理和低种植密度处理均无显著差异。

（三）种植密度对三桃分布的影响

麦后直播棉没有伏前桃，产量由伏桃、秋桃和晚秋桃构成，三桃的具体分布如表 9.6 所示，秋桃当家，占 53.57%～56.07%，N_4 处理的群体秋桃数最高，和 N_3 处理的群体秋桃数相当，且显著高于其他 3 个处理。三桃中伏桃比例随种植密度增加而升高，秋桃和晚秋桃比例随种植密度增加而下降。

表 9.6　不同种植密度处理的棉花群体三桃分布

处理	伏桃		秋桃		晚秋桃	
	数量/(个/公顷)	所占比例/%	数量/(个/公顷)	所占比例/%	数量/(个/公顷)	所占比例/%
N_1	167 850c	22.98	409 500d	56.07	153 000a	20.95
N_2	201 075b	24.71	449 925c	55.29	162 750a	20.00
N_3	229 800ab	25.83	490 200ab	55.09	169 800a	19.08
N_4	254 475a	27.12	513 000a	54.68	170 775a	18.20
N_5	252 750a	28.98	467 250bc	53.57	152 250a	17.45

注：同一列数据后小写字母完全不同的表示差异显著（$P<0.05$），有任何相同小写字母或无字母的表示差异不显著（$P>0.05$）。

从产量及其构成看，N_4 处理的籽棉产量最高，单铃重、衣分和其他处理差异不明显。其次是 N_3 处理，籽棉产量和 N_4 处理相当。

三、种植密度对麦后直播棉纤维品质的影响

由表 9.7 可知，N_4 处理的麦后直播棉绒长值最高（30.53 毫米），与 N_5 处理、N_2 处理和 N_1 处理有显著差异，和 N_3 处理差异不显著；各处理整齐度指数为 84.4%～86.6%，整体整齐度较高，N_4 处理整齐度最好（86.6%），明显好于其他 4 个处理；马克隆值整体标准等级一般，仅 N_3 和 N_4 处理的马克隆值在 5.0 以下；不同处理伸长率为 5.6%～5.9%，各处理间无显著差异；N_2 处理和 N_4 处理的断裂比强度（29.7 厘牛/特、29.3 厘牛/特）较高，N_5 处理的断裂比强度最低，与前二者有显著差异。综合分析发现，5 个处理中 N_4 处理的棉花纤维品质综合性状较好，其次是 N_3 处理，N_1 处理的绒长偏低、马克隆值偏高，N_5 处理的断裂比强度偏低、整齐度指数不高，N_2 处理断裂比强度较高，其他指标一般。

表 9.7 不同种植密度处理的棉花纤维品质

处理	上半部平均长度/毫米	整齐度指数/%	马克隆值	伸长率/%	断裂比强度/(厘牛/特)
N_1	28.86c	85.1b	5.42a	5.7a	28.8abc
N_2	29.15bc	85.2b	5.37ab	5.8a	29.7a
N_3	29.81ab	84.8bc	4.81c	5.6a	28.5bc
N_4	30.53a	86.6a	4.91c	5.9a	29.3ab
N_5	29.06bc	84.4c	5.22c	5.7a	27.9c

注:同一列数据后小写字母完全不同的表示差异显著($P<0.05$),有任何相同小写字母或无字母的表示差异不显著($P>0.05$)。

不同种植密度处理下麦后直播棉生育进程无明显差异,果节形成高峰期在7月26日—8月5日,成铃高峰期在8月16日—8月25日,高峰期内群体果节日增量和成铃强度随着种植密度增加而加大。麦后直播棉产量由伏桃、秋桃和晚秋桃构成,以秋桃当家,秋桃占53.57%～56.07%。成铃率为19.35%～23.05%,成铃率随着种植密度的增加呈下降趋势。不同种植密度间单株成铃数、群体成铃数和衣分等产量因子差异显著,单铃重无显著差异;绒长、断裂比强度、马克隆值和整齐度等纤维指标差异显著,伸长率无显著差异。各种植密度处理中67 500株/公顷的棉花产量最高,其绒长、断裂比强度、整齐度等纤维品质指标较好。60 000株/公顷处理的棉花产量与67 500株/公顷处理的棉花产量相当(−0.85%),整齐度、马克隆值等纤维品质较好。可见67 500株/公顷和60 000株/公顷是麦后直播棉适宜的种植密度,此种植密度范围内产量在3 300千克/公顷以上,和麦后移栽棉产量相当。

第十章　氮肥对麦后直播棉栽培的影响

麦后直播棉顺应了棉花生产轻简化与适于机械化的需求，成为长江流域棉区棉花生产发展的方向。麦后直播棉由于播种期迟，品种以短季棉为主，高产栽培技术以促棉花早发、集中开花和快速成铃为核心，采用较高的种植密度和依靠群体优势获得高产。但长江流域棉区棉花生长期雨水较多，高密度种植极易造成营养生长与生殖生长失调，影响产量。因此，必须进一步完善麦后直播棉高种植密度种植下配套的高产栽培技术。

较高的生物量是棉花高产优质的基础，而生物量的累积以养分，尤其是氮素的充分吸收为条件。合理氮肥运筹是调控棉花生长、光合生产率及产量形成的重要措施。张旺锋等研究结果表明，施氮量为 0～300 千克/公顷，群体光合速率随氮肥施用量的增加而增强，但过量追施氮肥极易引起棉株旺长，导致生育后期叶面积指数和群体光合速率的迅速下降。Rochester 等研究结果也表明，增施氮肥虽然有利于棉株生物量累积和养分吸收，但过量施氮会导致棉花因营养生长过旺而贪青晚熟和棉花纤维品质下降。由此可见，棉花生物量累积对氮素反应较为敏感，施氮量不足和过高均不利于生物量的累积和产量的形成。此外，合理的氮肥分施比例有利于调节棉花叶片生理功能、生物量累积和产量形成；前期研究结果表明，与氮肥 1 次施用相比，麦后直播棉氮肥 2 次施用能增加吐絮期生物量和氮素累积量，并提高其向生殖器官的分配量。研究结果还表明，长江流域下游棉区麦后直播棉施氮为 150 千克/公顷，并分苗肥和花铃肥 2 次施用，可获得较高产量，同时，也有利于提高氮肥利用率。但有关氮肥运筹对麦后直播棉光合性能的影响未见报道。另外，已有研究结果表明，氮素对生物量增长模型的基本形态影响较小，但对其特征值尤其累积速率影响较大。因此，可以通过改变氮肥运筹来影响初花期后棉株生物量生长特征值而获得高产。而氮肥运筹对麦后直播棉生物量累积动态和特征值的影响仍需进一步研究。

第一节　氮肥运筹对直播棉光合性能、氮素累积及产量的影响

本研究以早熟棉中棉所50为材料，分析氮肥运筹对麦后直播棉光合性能、生物量、氮素累积及产量形成的影响，揭示麦后直播棉高产的生理和物质基础，以期为调控麦后直播棉生长发育和提高产量提供理论依据。本研究采用二因素裂区设计，主区因素为施氮量，设置0千克/公顷(N_0)、75千克/公顷(N_1)、150千克/公顷、(N_2)、225千克/公顷(N_3)和300千克/公顷(N_4)5个施氮量；副区因素为氮肥施用次数，设1次(T_1)和2次(T_2)两个水平。T_1处理氮肥于出苗后7天全部施入，T_2处理氮肥按4∶6分别于出苗后7天和初花时(10%棉株见花)施入。试验共计9个处理，每个处理重复3次，共27个小区，小区面积为28平方米。试验进行两年，两年均于大麦收获后5月25日直播，种植密度为7.5×10^4株/公顷，行距为76厘米。磷肥(P_2O_5)和钾肥(K_2O)的施用量分别为112.5千克/公顷和225千克/公顷，分别于苗期与花铃期各施50%。其他田间管理措施同大田生产。

一、氮肥运筹对麦后直播棉功能叶SPAD值和净光合速率的影响

由表10.1可知，氮肥运筹对初花期和吐絮期功能叶SPAD值和净光合速率均有显著影响。初花期，SPAD值和净光合速率随施氮量增加而增加，且T_1处理高于T_2处理，这表明，初花期1次施氮有利于提高棉株前期叶片叶绿素含量和光合速率。吐絮期，SPAD值和净光合速率随施氮量增加而显著增加，但T_2处理高于T_1处理，这表明，吐絮期2次施氮有利于提高棉株后期叶片叶绿素含量和光合速率，延缓叶片衰老。此外，施氮量和施用次数对净光合速率及吐絮期SPAD值均有显著互作效应，且施氮量效应大于施用次数效应。初花期，N_4T_1处理和N_4T_2处理的SPAD值最高，N_2T_1处理、N_3T_1处理和N_4T_1处理的净光合速率较高；吐絮期，N_4T_2处理的SPAD值和净光合速率最高。

表 10.1 氮肥运筹对麦后直播棉功能叶 SPAD 值和净光合速率的影响

施氮量	施用次数	初花期		吐絮期	
		SPAD 值	净光合速率/(微摩/(米^2·秒))	SPAD 值	净光合速率/(微摩/(米^2·秒))
N_0		35.7f	26.2d	42.0e	17.3cd
N_1	T_1	38.9e	28.6c	33.6g	14.1e
	T_2	36.8f	26.3d	45.8d	16.9cd
N_2	T_1	40.7cd	30.4a	38.9f	16.2d
	T_2	39.6de	28.1c	48.7c	19.7b
N_3	T_1	42.6ab	30.4a	41.7e	18.3bc
	T_2	41.4bc	28.9bc	51.1b	19.2b
N_4	T_1	43.6a	29.9ab	51.0b	18.1bc
	T_2	43.0a	28.1c	53.4a	22.9a

注：N_0、N_1、N_2、N_3 和 N_4 分别代表施氮量为 0 千克/公顷、75 千克/公顷、150 千克/公顷、225 千克/公顷和 300 千克/公顷，T_1 和 T_2 分别代表氮肥施用 1 次和施用 2 次。同一列数据后小写字母完全不同的表示差异显著($P<0.05$)，有任何相同小写字母或无字母的表示差异不显著($P>0.05$)。

二、氮肥运筹对麦后直播棉群体生物量和氮素累积的影响

由图 10.1 可知，氮肥运筹影响棉株生物量的累积，各生育时期棉株生物量随施氮量的增加总体呈增加的趋势；盛花期前，不同施用次数处理的生物量总体上以 T_1 处理高于 T_2 处理，盛花期后，生物量总体则以 T_2 处理高于 T_1 处理，且施氮量效应大于施用次数效应。施氮量与施用次数互作分析的结果显示，盛花期，N_2T_1 处理、N_2T_2 处理和 N_4T_1 处理的生物量较高，吐絮期，N_4T_2 处理的生物量较高。

由表 10.2 可知，生物量理论最大值随施氮量的增加而增加，氮肥施用 2 次处理大于氮肥施用 1 次处理。与 N_0 处理相比，其他各施氮量处理的生物量快速累积起始期和终止期均提前而持续期缩短，最大增长速率增加，且各施氮量处理间，随施氮量的增加，生物量快速累积起始期推迟，N_1 处理和 N_2 处理的持续期较短，N_2 处理、N_3 处理和 N_4 处理的最大累积速率较高。T_2 处理的生物量快速累积期的最大速率高于 T_1 处理。2013 年，在 N_1 处理和 N_2 处理条件下，T_2 处理快速累积终止期提前，而 N_3 处理和 N_4 处理条件下，T_2 处理快速累积起始期和终止期均推迟，但持续期均缩短。2014 年，不同施氮量条件下，T_2 处理快速累积起始期和终止期

均推迟，N_1 处理条件下，T_2 处理快速累积持续期较短，N_2 处理、N_3 处理和 N_4 处理条件下，T_1 处理快速累积持续期较短。年份间差异与气候不同造成的棉花长势差异有关。与 N_0 处理相比，其他各处理间，N_2T_2 处理的快速累积起始期较早、持续期较短而最大速率较高，各特征值协调，且年份间一致。

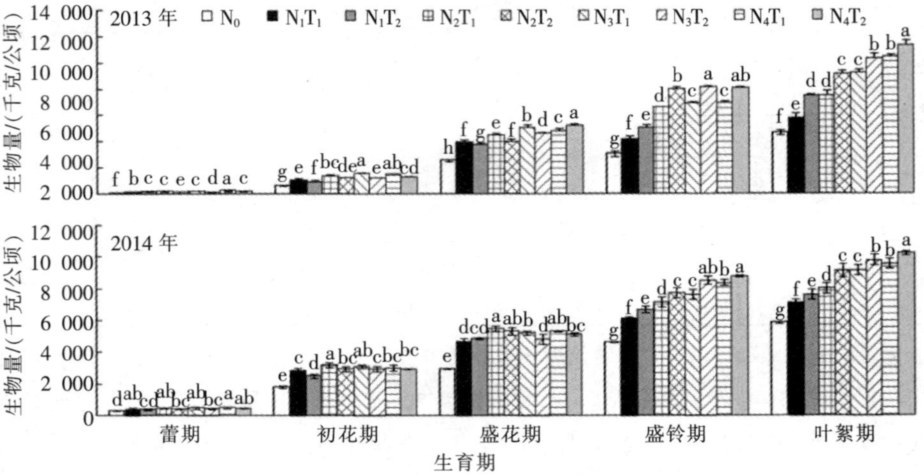

图 10.1　氮肥运筹对麦后直播棉生物量累积的影响

注：施氮量 N_0、N_1、N_2、N_3、N_4 和氮肥施用次数 T_1、T_2 处理见表 10.1 注。同一生育期内小写字母完全不同的表示差异显著（$P<0.05$），有任何相同小写字母或无字母的表示差异不显著（$P>0.05$）。

表 10.2　氮肥运筹对麦后直播棉生物量累积特征值的影响

施氮量	施用次数	2013 年					2014 年				
		W/(千克/公顷)	t_1/天	t_2/天	t_{2-1}/天	V_m/(千克/天)	W/(千克/公顷)	t_1/天	t_2/天	t_{2-1}/天	V_m/(千克/天)
N_0		5 611.0	72.5	98.6	26.1	90.3	6 436.9	64.8	91.9	27.2	99.6
N_1	T_1	6 012.1	63.2	87.0	23.8	106.2	7 350.9	58.2	81.2	23.0	134.1
	T_2	6 537.8	62.1	77.1	15.0	183.3	7 796.3	60.9	81.6	20.7	158.0
N_2	T_1	8 637.0	64.8	86.0	21.2	170.6	8 108.7	58.3	77.6	19.4	175.8
	T_2	9 411.6	65.2	82.3	17.1	231.3	9 417.7	62.6	84.1	21.5	183.9
N_3	T_1	9 856.1	65.0	84.6	19.6	203.3	9 910.9	63.9	88.5	24.4	159.9
	T_2	10 687.8	67.2	85.4	18.2	246.7	10 416.4	64.7	89.9	25.2	184.2
N_4	T_1	11 079.2	68.4	92.1	23.7	196.5	10 009.9	62.3	85.4	23.1	182.4
	T_2	12 887.7	71.4	93.5	22.1	245.2	10 832.4	64.7	88.2	23.5	193.8

注：施氮量 N_0、N_1、N_2、N_3、N_4 和氮肥施用次数 T_1、T_2 处理见表 10.1 注。W 表示生物量；

t_1 表示快速增长期起始时间；t_2 表示快速增长期结束的时间；t_{2-1} 表示快速增长持续期；V_m 表示最大增长速率。

由图 10.2 可知，氮肥运筹显著影响麦后直播棉氮素的累积量。随施氮量的增加，初花期前与初花期后氮素的累积量总体呈增加趋势，T_1 处理的初花期前氮素累积量显著高于 T_2 处理的，T_2 处理的初花期后氮素累积量显著高于 T_1 处理的。施氮量与施肥次数间互作的分析结果显示，初花期前 N_3T_1 处理的氮素累积量较高，初花期后 N_3T_2 处理和 N_4T_2 处理的氮素累积量较高，2013 年和 2014 年两年的结果一致。

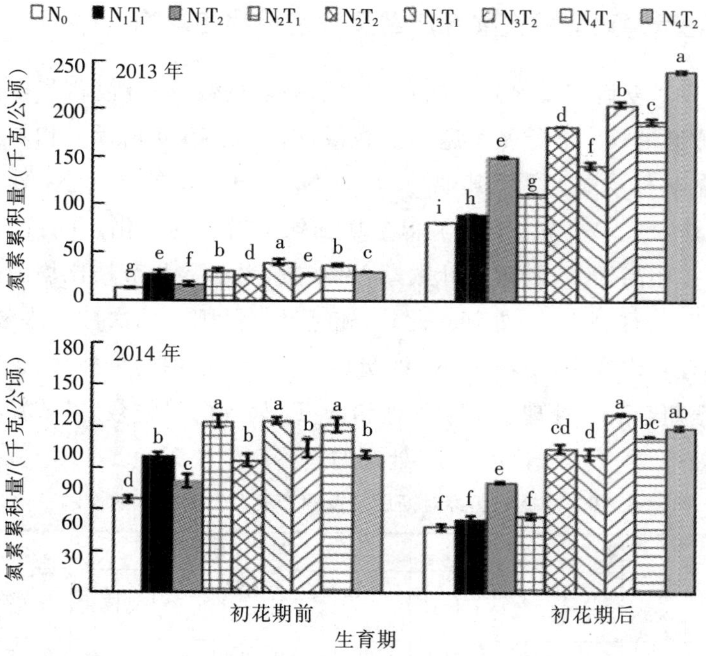

图 10.2　氮肥运筹对麦后直播棉群体氮素累积的影响

注：施氮量 N_0、N_1、N_2、N_3、N_4 和氮肥施用次数 T_1、T_2 处理见表 10.1 注。同一生育期内小写字母完全不同的表示差异显著（$P<0.05$），有任何相同小写字母或无字母的表示差异不显著（$P>0.05$）。

由表 10.3 可知，初花期前，氮素累积量与生物量理论最大值及其特征值相关关系均未达到显著水平，而初花期后，氮素累积量与生物量理论最大值呈极显著正相关关系，与快速累积期的最大速率也呈显著正相关关系。这表明，增加初花期后氮素的累积有利于提高生物量快速期的累积速率及最终的生物量。

表 10.3 麦后直播棉氮素累积与生物量累积特征值的相关关系

年份	生育期	生物量累积特征值				
		W	t_1	t_2	t_{2-1}	V_m
2013	初花期前	0.643	−0.150	−0.059	−0.043	0.430
	初花期后	0.886**	0.238	−0.079	−0.377	0.917**
2014	初花期前	0.570	−0.233	−0.259	−0.248	0.601
	初花期后	0.932**	0.566	0.349	0.045	0.768*

注：生物量累计特征值 W、t_1、t_2、t_{2-1} 和 V_m 见表 10.2 注。$n=9$，$r_{0.05}=0.666$，$r_{0.01}=0.798$；* 表示差异显著（$P<0.05$），** 表示差异极显著（$P<0.01$）。

三、氮肥运筹对麦后直播棉产量及农艺性状的影响

氮肥运筹对麦后直播棉初花期和吐絮期的果枝数、果节数和节枝比均存在显著影响，且施氮量效应大于氮肥施用次数效应，如表 10.4 所示。初花期，N_0 处理和 N_1 处理的果枝数显著低于其他处理，而 N_2 处理、N_3 处理和 N_4 处理间的果枝数差异不显著，果节数、节枝比随施氮量增加均呈增加的变化；T_1 处理的果枝数、果节数及节枝比高于 T_2 处理。吐絮期，果枝数、果节数和节枝比均随施氮量增加而增加，且 T_2 处理高于 T_1 处理。此外，施氮量与氮肥施用次数对果枝数、果节数和节枝比存在互作效应，初花期，N_3T_1 处理和 N_4T_1 处理的果枝数、果节数及节枝比较高，吐絮期，N_4T_2 处理、N_3T_2 处理和 N_2T_2 处理的果枝数、果节数及节枝比较高。N_2T_2 处理、N_3T_2 处理和 N_4T_2 处理的最终产量较高。

表 10.4 氮肥运筹对麦后直播棉产量及产量性状的影响

施氮量	施用次数	初花期			吐絮期			成铃率/%	皮棉产量/（千克/公顷）
		果枝数/（×10⁴个/公顷）	果节数/（×10⁴个/公顷）	节枝比	果枝数/（×10⁴个/公顷）	果节数/（×10⁴个/公顷）	节枝比		
N_0		58.5e	110.2f	1.9f	90.0d	204.7f	2.3e	27.5c	1070.9g
N_1	T_1	67.5c	157.5d	2.3d	99.0c	247.5e	2.5d	28.3c	1381.6f
	T_2	60.7d	127.5e	2.1e	102.0c	330.0c	3.3ab	30.2ab	1837.9d
N_2	T_1	69.7abc	173.3e	2.5c	99.0c	285.7d	2.9c	28.4c	1639.9e
	T_2	67.5c	159.0d	2.3d	107.3b	351.7ab	3.3a	31.4a	2130.4a
N_3	T_1	72.0a	184.5b	2.6b	99.0c	292.5d	3.0c	31.6a	1956.3c
	T_2	68.31bc	160.5d	2.4d	110.3ab	358.5a	3.3ab	31.2a	2063.3ab
N_4	T_1	71.3ab	193.5a	2.7a	108.0b	341.2bc	3.2b	28.9bc	1999.0bc
	T_2	69.0abc	171.8c	2.5c	112.5a	353.2ab	3.2b	30.4a	2119.2a

注：施氮量 N_0、N_1、N_2、N_3、N_4 和氮肥施用次数 T_1、T_2 处理见表 10.1 注。同一生育期内数

据后小写字母完全不同的表示差异显著($P<0.05$),有任何相同小写字母或无字母的表示差异不显著($P>0.05$)。

四、麦后直播棉生物量、氮素累积与产量性状的相关关系

初花期前生物量与初花期果枝数、果节数及节枝比呈极显著正相关关系,但与吐絮期果枝数、果节数、节枝比、成铃率和皮棉产量之间相关性不显著,而初花期后生物量与吐絮期各产量性状和皮棉产量呈显著或极显著正相关关系。氮素累积与产量性状及皮棉产量的关系与生物量类似,但初花期后氮素累积与成铃率的正相关未达显著水平。说明初花期前生物量和氮素累积有利于营养体建成,但对产量形成影响不显著;初花期后生物量和氮素累积有利于提高果枝数、果节数、节枝比和成铃率,有利于产量形成,如表 10.5 所示。

表 10.5　麦后直播棉生物量、氮素累积量与产量性状的相关关系

累积量		初花期			吐絮期			成铃率	皮棉产量
		果枝数	果节数	节枝比	果枝数	果节数	节枝比		
生物量	初花期前	0.978**	0.982**	0.975**	0.456	0.435	0.455	0.389	0.602
	初花期后				0.918**	0.908**	0.841**	0.684*	0.932**
氮素	初花期前	0.972**	0.976**	0.960**	0.390	0.349	0.367	0.334	0.529
	初花期后				0.946**	0.915**	0.816**	0.659	0.892**

注:$n=9$,$r_{0.05}=0.666$,$r_{0.01}=0.798$。* 表示差异显著($P<0.05$),** 表示差异极显著($P<0.01$)。

生产上,氮肥的合理施用一直是调控作物光合生产率及生长的主要措施之一。早熟棉个体生长量小,对氮肥施用敏感。本试验中,棉花功能叶 SPAD 值与净光合速率随施氮量的增加而增加,但施氮量为 0～75 千克/公顷时,麦后直播棉功能叶 SPAD 值和净光合速率显著降低,这不利于光合产物形成,影响营养体建成和生物量累积,难以实现高产。苗期 1 次施用氮肥提高了初花期棉花叶片的 SPAD 值和净光合速率,而吐絮期棉花叶片的 SPAD 值和净光合速率则以氮肥施用 2 次较高。可见,在施用苗肥的基础上初花期追施氮肥,可促进生育中后期光合性能的提高和光合产物累积,有利于高产。

适宜的生物累积量及其协调的累积动态是建立棉花良好群体结构和实现高产的最重要目标,而生物量累积以养分吸收为基础。生产上,麦后直播棉往往存在迟

发、晚熟的问题，因此，调整施肥技术以促进棉苗早发和生物量的快速累积是早熟棉高产的关键。施氮量为75千克/公顷时，氮素累积量低，生物量快速累积期最大速率低，理论生物量较低，难以高产；施氮量为150～300千克/公顷时，氮素累积量较高，生物量快速累积期最大速率较高，理论生物量高，有利于高产。但施氮量为75～300千克/公顷时，随着施氮量的增加，生物量快速增长，起始期和终止期推迟，且持续期延长，说明施氮量在225千克/公顷以上时，不能满足麦后直播棉生物量累积"早、集中"的要求。从群体结构看，果枝数、果节数和节枝比随施氮量增加而增加，成铃率在施氮量低于225千克/公顷时，也随施氮量增加而增加，但高于此施氮量时，成铃率呈下降的变化，对进一步提高产量不利。

麦后直播棉有效生育期短，氮肥在苗期1次性施用可显著增加生育前期生物量和氮素累积量，促进初花期果枝和果节生成，但这一时期正是长江流域梅雨季节，施氮量过高极易造成营养器官过旺生长和肥料的流失。而氮肥施用2次可增加盛花期后的生物累积量和吐絮期的氮素累积量，这一结果与Yang等移栽棉氮肥后移(增加盛花期氮肥比例)可以提高棉花对氮肥的吸收总量的结果相似。本研究还发现，氮肥施用2次有利于提高生物量最大累积速率，有利于生物量的集中累积；此外，氮肥施用2次促进了吐絮期果枝和果节生成，并提高了成铃率。施氮量与施用次数互作分析结果表明，施氮量为150～300千克/公顷时，氮肥施用2次处理的果枝数和果节数及产量较高。

增加初花期后氮素累积有利于提高生物量快速累积期最大速率和最终的生物量，且初花期后生物量、氮素累积有利于增加吐絮期果枝数、果节数和节枝比，有利于增加产量。但施氮量为75～300千克/公顷时，随施氮量增加，生物量、氮素累积量向生殖器官的分配比例降低。其原因可能是较高的施氮量易造成营养与生殖生长失调，影响了熟性。本研究结果表明，对于麦后直播棉，施氮量为150～300千克/公顷时，在出苗后和初花期2次施用氮肥，能显著提高功能叶的光合性能，有利于初花期后生物量和氮素的累积，提高吐絮期的果枝数、果节数、节枝比及成铃率，最终产量较高。尤其是施氮量为150千克/公顷时，2次施用氮肥处理的麦后直播棉的生物量累积特征值最优，最有利于实现高产。

第二节　氮肥运筹对麦后直播棉产量与氮素利用的影响

施氮是调控作物生长发育和产量形成的重要措施，传统作物生产中以高氮肥投入来获得高产。然而，相关研究已表明，氮肥的过量投入并不利于实现高产，并且还会导致氮肥利用效率低下，造成资源浪费和环境污染。此外，棉田传统的施肥方式全生育期施肥次数多，增加了棉田用工，降低收益，不利于棉田高效发展。因此，研究基于保护环境的棉田合理氮肥减量、简化运筹技术具有重要的意义。与传统的育苗移栽棉相比，麦后直播棉具有省工节本且利于机械化生产等特点，已成为长江流域棉区棉花生产发展的方向。麦后直播棉有效生育期短，品种宜采用早熟常规棉，高产栽培技术以促进棉花早发、集中开花和快速成铃为核心，因此，不能沿用传统育苗移栽棉的氮肥运筹技术。已有的研究表明，不同基因型的棉花在不同生态条件下，适宜的施氮量差异较大，且运筹方式亦显著影响着棉花的产量与肥料利用率。当前，有关长江流域下游棉区麦后直播棉施氮量报道较少。张国伟等研究表明，秸秆还田条件下麦后直播棉的推荐施氮量为150～180千克/公顷，大幅度低于育苗移栽棉。但有关露地直播条件下，麦后直播棉适宜的氮肥运筹技术却少见报道。基于长江流域下游棉区气候生态条件和麦后直播棉生育特性，以早熟棉中棉所50为材料，研究氮肥运筹对麦后直播棉产量和氮素利用率的影响，以期为制定该棉区麦后直播棉田合理的养分管理技术提供理论依据。

试验以早熟棉品种中棉所50为材料，设施氮量和氮肥施用次数两个试验因子，采用裂区试验设计，主区因素为施氮量，设0千克/公顷(N_0)、75千克/公顷(N_1)、150千克/公顷(N_2)、225千克/公顷(N_3)和300千克/公顷(N_4)5个水平；副区因素为氮肥施用次数，设1次(T_1)和2次(T_2)两个水平。T_1处理氮肥于出苗后7天全部施入，T_2处理氮肥按4∶6分别于出苗后7天和初花时两次施入。试验共计9个处理，每个处理重复3次，共27个小区，小区面积28平方米(4米×7米)。两年均于大麦收获后5月25日直播，种植密度为7.5×10^4株/公顷，行距76厘米，等行距种植。磷肥与钾肥施用量分别为112.5千克/公顷和225千克/公顷，分别于苗期与花铃期各施50%。其他田间管理措施同大田生产。

于初花期、盛花期及吐絮期分别取代表性棉株5株，按根、茎枝、叶、蕾铃等器官分开，在105 ℃杀青30分钟后，80 ℃烘至恒重，称生物量，每个试验重复3次。

计算生殖器官的生物量分配系数。吐絮期植株样本粉碎后用凯氏定氮法测定全氮含量，再根据不同器官的生物量计算棉花氮素累积量与生殖器官氮素分配系数。计算公式如下：

(1) 生殖器官生物量分配系数(%)＝生殖器官生物量×100/总生物量；

(2) 生殖器官氮素分配系数(%)＝生殖器官氮素累积量×100/总氮素累积量；

(3) 氮素表观利用率(NARE,%)＝(施氮区棉株吸氮量－不施氮区棉株吸氮量)×100/氮肥用量；

(4) 氮素农学利用率(NAE,千克/千克)＝(施氮区皮棉产量－不施氮区皮棉产量)/氮肥用量；

(5) 氮素生产效率(NPE,千克/千克)＝单位面积皮棉产量/成熟期单位面积棉株吸氮量。

一、氮肥运筹对麦后直播棉产量及其构成的影响

由表 10.6 可知，施氮量显著影响皮棉产量和产量构成。2013 年，皮棉产量随施氮量增加而增加，但 N_3 处理和 N_4 处理间差异不显著。产量构成中，铃数表现与皮棉产量相似；铃重在 N_0 处理和 N_1 处理下较低；衣分总体表现为随施氮量增加而降低的趋势。2014 年，N_4 处理和 N_2 处理的皮棉产量较高；产量构成因子变化趋势与 2013 年相似。2013 年和 2014 年，氮肥施用次数均显著影响皮棉产量、铃数和衣分，而对铃重无显著影响，T_2 处理的皮棉产量和铃数显著高于 T_1 处理，T_1 处理的衣分高于 T_2 处理。此外，施氮量与施用次数对皮棉产量、铃数和铃重存在显著互作效应，2013 年和 2014 年，N_2T_2 处理和 N_4T_2 处理的皮棉产量均较高；N_2T_2 处理、N_3T_2 处理和 N_4T_2 处理的铃数较高，N_2T_2 处理、N_3T_1 处理、N_4T_1 处理和 N_4T_2 处理的铃重较高。

二、氮肥运筹对麦后直播棉生物量累积和分配的影响

由表 10.7 可知，施氮量和施用次数显著影响麦后直播棉群体生物量。各生育期生物量随施氮量增加而增加；初花期，T_1 处理的生物量高于 T_2 处理，盛铃期和吐絮期则相反。生殖器官生物量分配系数随施氮量增加呈降低趋势，随施用次数增加而增加。施氮量和施用次数对生物量和生殖器官生物量分配系数存在显著互作效应，吐絮期，N_4T_2 处理的生物量较高，N_0 处理的生殖器官生物量分配系数最

高，2013 年和 2014 年的试验趋势一致。

三、氮肥运筹对麦后直播棉氮素累积和利用的影响

由表 10.8 可知，施氮量和施用次数对氮素累积量和生殖器官氮素分配系数有显著影响。氮素累积量随施氮量和施用次数增加而显著增加。2013 年的 N_0 处理、N_1 处理、N_2 处理下的生殖器官氮素分配系数与 2014 年的 N_0 处理、N_1 处理无显著差异，其后随着施氮量继续增加而呈显著降低趋势。生殖器官氮素分配系数随施用次数的增加而显著增加。施氮量和施用次数对氮素累积量和生殖器官氮素分配系数存在显著互作效应，N_4T_2 处理的氮素累积量最高；2013 年，N_1T_2 处理和 N_2T_2 处理的生殖器官氮素分配系数最高；2014 年，N_1T_2 处理的生殖器官氮素分配系数最高。氮素表观利用率（NARE）和氮素农学利用率（NAE）随施氮量增加而降低，随施肥次数增加显著增加。氮素生产效率（NPE）在施氮量为 75 千克/公顷时较高，其后随施氮量增加而降低，氮素生产效率随氮肥施用次数的增加而降低。施氮量和施用次数对氮素生产效率的互作效应表明，2013 年和 2014 年，氮素表观利用率和氮素农学利用率均以 N_1T_2 处理最高，其次是 N_2T_2 处理。2013 年，N_1T_1 处理和 N_2T_1 处理的氮素生产效率较高，2014 年，N_1T_1 处理和 N_1T_2 处理的氮素生产效率较高。

表 10.6 2013 年和 2014 年氮肥运筹对麦后直播棉产量及其构成的影响

施氮量	施氮次数	2013 年				2014 年			
		铃数/（$\times 10^4$ 个/公顷）	铃重/克	衣分/%	皮棉产量/（千克/公顷）	铃数/（$\times 10^4$ 个/公顷）	铃重/克	衣分/%	皮棉产量/（千克/公顷）
N_0		56.3+1.4f	4.6+0.2bcd	41.5+0.2ab	1 070.9+31.6g	41.6+1.5f	4.6+0.1c	41.7+0.8a	799.3+43.1g
N_1	T_1	76.5+5.3e	4.3+0.2e	41.7+0.2a	1 381.6+137.2f	61.0+1.5e	4.5+0.2c	42.0+0.3a	1 156.4+81.3f
	T_2	99.2+2.0c	4.5+0.1dc	41.5+0.3ab	1 837.9+7.1d	64.4+0.8d	5.0+0.1b	41.7+0.2a	1 344.8+20.2e
N_2	T_1	87.9+2.6d	4.5+0.1cd	41.4+0.3ab	1 639.9+79.7c	65.0+1.2cd	5.1+0.2b	41.7+0.2a	1 370.1+65.8de
	T_2	110.2+1.2a	4.7+0.1ab	40.9+0.3bcd	2 130.4+54.2a	74.4+0.9a	5.3+0.0ab	41.3+0.3ab	1 614.0+33.8a
N_3	T_1	99.2+1.3c	4.8+0.1a	41.0+0.1bc	1 956.3+34.4c	67.4+1.7bc	5.1+0.1ab	41.2+0.4abc	1 428.0+82.9cd
	T_2	112.1+1.8a	4.6+0.2bcd	40.3+0.2d	2 063.3+98.5ab	72.6+1.1a	5.1+0.0b	40.4+0.1c	1 483.5+25.6bc
N_4	T_1	104.7+3.3b	4.7+0.1ab	40.7+0.3cd	1 999.0+57.6bc	68.8+1.6b	5.4+0.2a	40.7+0.6bc	1 506.5+50.6b
	T_2	112.1+1.7a	4.7+0.1abc	40.5+0.2cd	2 119.2+82.9a	72.2+1.5a	5.2+0.0ab	40.3+0.3c	1 517.5+10.5b
变异来源									
N		**	**	**	**	**	**	**	**
T		**	ns	*	**	**	ns	*	**
N×T		**	**	ns	**	**	**	ns	*

注：N_0、N_1、N_2、N_3 和 N_4 分别代表施氮量为 0 千克/公顷、75 千克/公顷、150 千克/公顷、225 千克/公顷和 300 千克/公顷。T_1 和 T_2 分别代表氮肥施用 1 次和施用 2 次。数据为重复 3 次的平均值±标准误差。同一列数据后小写字母完全不同的表示差异显著（$P<0.05$），有任何相同小写字母或无字母的表示差异不显著（$P>0.05$）。* 表示差异显著（$P<0.05$），** 表示差异极显著（$P<0.01$）；ns 表示差异不显著（$P>0.05$）。

表 10.7 2013 年和 2014 年氮肥运筹对麦后直播棉花不同生育期生物量累积及生殖器官生物量分配系数的影响

施氮量	施氮次数	2013 年生物量 初花期/（千克/公顷）	2013 年生物量 盛铃期/（千克/公顷）	2013 年生物量 吐絮期/（千克/公顷）	2013 年生物量 BDRO/%	2014 年生物量 初花期/（千克/公顷）	2014 年生物量 盛铃期/（千克/公顷）	2014 年生物量 吐絮期/（千克/公顷）	2014 年生物量 BDRO/%
N_0		587.8+25.7c	2 877.7+64.4g	4 258.5+3.7g	66.5+2.1a	1 635.2+62.3d	3 966.7+89.1e	4 434.4+100.2h	58.1+1.1a
N_1	T_1	940.5+37.3d	3 855.3+61.2f	5 405.4+142 f	60.2+1.1b	2 279.6+132.b	5 608.1+85.9d	5 688.6+140.1g	54.3+0.1b
	T_2	725.2+47.7d	4 677.7+63.1e	6 931.9+49.3e	61.8+0.0b	1 981.9+70.0c	5 680.1+277.8d	6 299.3+59.3f	55.6+0.8b
N_2	T_1	1 042.6+40.6b	5 989.6+1.2d	6 810.4+75.8e	56.2+1.4c	2 478.2+5.6ab	6 488.8+267.0c	6 731.3+109.8e	51.3+0.2c
	T_2	1 032.8+0.4b	7 153.7+66.4b	8 455.2+6.3d	60.4+0.6b	2 296.5+46.7b	6 758.4+224.6c	7 776.4+137.9d	54.2+0.8b
N_3	T_1	1 224.5+55.9a	6 231+30.2cd	8 518.2+6.3d	55.4+0.4c	2 634.4+59.4a	6 377.2+338.3c	8 124.5+41.1cd	48.1+1.2c
	T_2	938.2+14.3c	7 432.4+6.8a	9 450.9+73.5c	55.8+0.6c	2 476.9+57.8b	7 470.4+100.2ab	8 732.6+373.9b	52.0+0.3c
N_4	T_1	1 202.0+18.3a	6 405.6+19.7c	9 668.4+63.9b	49.5+1.3d	2 607.9+40.6a	6 965.6+65.7bc	8 329.1+169.7bc	47.0+0.9c
	T_2	1 038.3+4.2b	7 494.0+17.5a	10 431.3+88a	53.5+0.3c	2 412.7+106ab	7 925.4+216.6a	9 216.4+223.8a	49.6+0.3d
变异来源									
N		**	**	**	**	**	**	**	**
T		**	**	**	**	**	**	**	**
N×T		*	**	**	*	**	*	*	*

注：BDRO(biomass distribution ratio of reproductive organs)表示生殖器官生物量分配系数。N_0、N_1、N_2、N_3 和 N_4 分别代表施氮量为0 千克/公顷、75 千克/公顷、150 千克/公顷、225 千克/公顷和 300 千克/公顷。T_1 和 T_2 分别代表氮肥施用 1 次和施用 2 次。数据为重复 3 次的平均值±标准误差。同一列数据后小写字母完全不同的表示差异显著($P<0.05$)，有任何相同小写字母或无字母的表示差异不显著($P>0.05$)。* 表示差异显著($P<0.05$)，** 表示差异极显著($P<0.01$)；ns 表示差异不显著($P>0.05$)。

表 10.8　2013 年和 2014 年氮肥运筹对麦后直播棉花氮素利用率的影响

施氮量	施氮次数	2013 年					2014 年				
		NAR/(千克/公顷)	NDRO/%	氮素利用率			NAR/(千克/公顷)	NDRO/%	氮素利用率		
				NARE/%	NAE/(千克/千克)	NPE/(千克/千克)			NARE/%	NAE/(千克/千克)	NPE/(千克/千克)
N_0		95.3+1.0h	61.1+1.3b			11.3+0.3b	92.6+3.8h	51.8+0.0b			8.6+0.4b
N_1	T_1	120.2+2.8g	60.7+0.7b	33.1+2.4f	5.1+0.9c	12.2+0.5a	120.6+2.5g	51.6+0.3b	37.4+1.7de	4.8+0.5b	9.5+0.2a
	T_2	172.6+1.3e	65.7+0.1a	97.6+3.1a	10.1+0.5a	10.9+0.1bc	140.1+2.1f	53.5+0.5a	63.3+2.3a	7.3+0.7a	9.6+0.1a
N_2	T_1	144.8+2.1f	59.1+1.2bc	33.0+0.7f	3.8+0.4cd	11.4+0.6ab	152.7+3.0c	49.1+0.0c	40.1+0.5cd	3.8+0.5c	8.9+0.2a
	T_2	209.9+0.0c	64.0+0.6a	76.3+0.7b	7.1+0.2b	10.2+0.3c	183.9+1.6d	51.9+0.9b	60.9+3.6a	5.4+0.1b	8.7+0.1b
N_3	T_1	188.8+0.2d	56.5+0.6cd	39.1+0.4c	4.0+0.1cd	10.8+0.1bc	191.5+0.4cd	46.9+0.6d	44.0+1.5c	2.8+0.3d	7.4+0.0c
	T_2	207.8+2.5c	55.9+0.4d	61.3+1.6c	4.6+0.2cd	9.1+0.4d	203.4+8.2b	49.3+0.2c	49.2+2.0b	3.0+0.1d	7.3+0.3c
N_4	T_1	239.0+1.9b	46.4+1.2f	43.8+1.0d	3.2+0.2d	9.0+0.1d	196.9+1.8bc	45.2+0.7c	34.8+0.7c	2.4+0.1d	7.6+0.1c
	T_2	249.3+1.8a	50.7+0.1e	58.8+0.2c	3.5+0.2d	7.9+0.4c	219.8+5.1a	48.5+0.3c	42.4+0.4cd	2.4+0.1d	6.9+0.2d
变异来源											
N		**	**	**	**	**	**	**	**	**	**
T		**	**	**	**	**	**	**	**	**	**
N×T		**	**	**	**	*	**	*	**	**	**

注：NAR(nitrogen accumulation rate)表示氮累积量；NDRO(nitrogen distribution ratio of reproductive organs)表示生殖器官氮素分配系数；NARE(nitrogen apparent recovery efficiency)表示氮素表观利用率；NAE(nitrogen agronomic efficiency)表示氮素农学利用率；NPE(nitrogen production efficiency)表示氮素生产效率。N_0、N_1、N_2、N_3 和 N_4 分别代表施氮量为 0 千克/公顷、75 千克/公顷、150 千克/公顷、225 千克/公顷和 300 千克/公顷。T_1 和 T_2 分别代表氮肥施用 1 次和施用 2 次。数据为重复 3 次的平均值±标准误差。同一列数据后小写字母完全不同的，表示差异显著($P<0.05$)，有任何相同小写字母或无字母的表示差异不显著($P>0.05$)。* 表示差异显著($P<0.05$)，** 表示差异极显著($P<0.01$)；ns 表示差异不显著($P>0.05$)。

四、生物量和产量与氮素累积、利用的关系

如表 10.9 所示，麦后直播棉生物量和产量与氮素累积量呈极显著正相关，与生殖器官氮素分配系数相关不显著，这表明，产量与生物量形成是以氮素累积量为基础的，与生殖器官氮素分配系数相关性较小。生殖器官的生物量分配系数与氮素累积量呈显著负相关，与生殖器官氮素分配系数呈极显著正相关。氮素累积不利于生殖器官生物量分配系数提高，且氮素分配和生物量分配一致。生物量与氮素表观利用率和氮素农学利用率相关不显著，与氮素生产效率呈显著负相关，即生物量高则不利于氮素生产效率的提高；生殖器官的生物量分配系数与氮素表观利用率、氮素农学利用率和氮素生产效率呈极显著正相关，这表明，高的生殖器官生物量分配系数有利于提高氮素利用率。产量与氮素利用率相关均不显著，这表明，高的氮素利用率与获得高产存在不一致性。

表 10.9　麦后直播棉花生物量、产量与氮素累积、利用的关系

	NAR	NDRO	NARE	NAE	NPE
生物量	0.986**	−0.365	0.126	−0.421	−0.537*
BDRO	−0.522*	0.899**	0.544**	0.793**	0.777**
产量	0.823**	0.163	0.461	0.153	0.011

注：* 表示差异显著（$P<0.05$），** 表示差异极显著（$P<0.01$）。

五、氮肥运筹对麦后直播棉花产量和生物量的影响

合理施氮是调控作物产量的重要措施。一般认为，棉花产量在低氮水平下随施氮量的增加而增加，达到一定的施氮量后产量不再增加；且施氮量过大时，产量有下降趋势。在本研究中，麦后直播早熟棉在施氮量 150～300 千克/公顷（2013 年）和 150 千克/公顷（2014 年）、施用 2 次氮肥情况下，皮棉产量即达到较高水平，这与本试验条件下的土壤地力较好有关。生产中传统的育苗移栽棉施氮量达到 337.5 千克/公顷以上，分 4～5 次施用。与传统施肥技术相比，施氮量降低 50%、施肥次数减少 2～3 次，有利于作物生产节本增效和农田生态环境保护。

生物量累积是作物产量形成的基础。王子胜等研究表明，过量施氮或氮肥不足均会影响生物量。本试验中，棉花生物量随施氮量增加而增加，但生殖器官的生物量分配系数呈相反趋势。当施氮量 0～75 千克/公顷时，生殖器官的生物量分配

系数较高，这可能是低氮条件下，营养生长受抑制，光合产物优先分配给能保持较强库力的器官。生殖器官的生物量分配系数随施氮量增加而降低，这表明，施氮量增加以促进营养体建成为主，因此，过量施氮易造成棉花生育后期营养生长与生殖生长失调。氮肥施用次数对生物量也有显著影响。初花期，1 次施氮的生物量高于 2 次施氮，其后生物量及生殖器官的生物量分配系数均以 2 次施氮较高。这表明，苗期 1 次施氮促进了初花期前营养体的快速建成，但 2 次施氮的最终生物累积量高，且营养和生殖生长协调。

六、氮肥运筹对氮素累积和利用的影响

生物量的累积是以养分吸收为基础的，本试验中氮肥运筹对麦后直播棉氮素累积和分配与生物量基本同步。本试验中施氮量在 75 千克/公顷以上时，氮素利用率随施氮量增加而降低，这表明，施氮量过高不利于提高氮素利用率。与 1 次施氮相比，2 次施氮的氮素表观利用率和农学利用率有增加趋势。这表明，氮肥 2 次施用更有利于氮素累积及产量增加。施氮量与施用次数互作显示，施氮量为 75～150 千克/公顷、2 次施氮处理的氮素利用率较高。

七、生物量和产量与氮素累积、利用的关系

相关分析表明，氮素累积是生物量、产量形成的基础。本试验中，施氮量为 75 千克/公顷时，氮素累积量大幅度低于其他施肥处理，生物量和产量也显著降低。而过高施氮量下，如施氮量为 300 千克/公顷时，氮素累积量和生物量显著高于施氮量为 150 千克/公顷时的，但产量差异不显著，这可能与过量施用氮肥影响熟性有关。可见，施氮量过低和过高均不利于产量形成。本试验条件下，施氮量在 150 千克/公顷以上时，不仅皮棉产量不再增加，氮素利用率也降低。进一步分析发现，氮素利用率与产量相关性不显著。这表明存在适宜的氮肥运筹方式，在获得较高产量的同时兼顾提高氮素利用率。

氮肥运筹影响麦后直播棉的氮素累积和分配，从而影响棉花的生物量和产量。氮肥 2 次施用条件下，施氮量在 150 千克/公顷以上时，皮棉产量增加不显著；施氮量为 75～150 千克/公顷时，氮肥利用率较高，其后随施氮量增加而降低，如施氮量为 150 千克/公顷的棉花氮肥表观利用率和农学利用率比施氮量为 300 千克/公顷时分别高 3.6 千克/千克（2013 年）和 3.0 千克/千克（2014 年）。本试验条件下，施氮量为 150 千克/公顷，分苗期与花铃期两次施用，是麦后直播早熟棉最佳氮肥运

筹方式。

第三节　施氮量对麦后直播棉氮素吸收利用的影响

棉花是我国重要的经济作物,长期以来育苗移栽一直是长江流域棉区主要的植棉方式,但是传统的营养钵育苗移栽技术存在用工多、劳动强度大和不利于机械化操作等缺陷,而麦后棉花直播技术具有省工、简化和利于机械化操作等优点。研究表明,采用合适的品种和调控措施,麦后直播棉模式可以实现粮棉双丰收,解决粮棉争地矛盾。因此,有必要加强麦后直播棉优质高产配套栽培技术研究,为麦后直播棉的推广提供技术支撑。施氮是棉花优质高产的重要调控措施。麦后棉直播技术以早熟棉为种植品种,具有生育期短、生长速度快、单株生物量低和开花结铃吐絮集中等特性,其栽培措施与传统育苗移栽棉存在较大差异。此外,在长江流域下游棉区,棉农长期倾向于增施氮肥以获得高产,导致肥料利用率低下,肥料流失严重。因此,必须明确长江流域下游棉区麦后直播棉花氮素的吸收利用规律,并制定合理的氮肥运筹措施。作物的高产以较高的生物量为前提,而生物量的累积是以养分吸收为基础。有研究认为,棉花生物量或氮素累积特征符合 Logistic 模型,施氮对其增长模型的基本形态影响较小,但对增长速率影响较大。因此,可以通过不同的施氮量来调节快速生长期的生长特征值,以提高作物产量和品质。薛晓萍和王子胜等分别研究长江流域下游棉区育苗移栽棉花和东北特早熟棉区棉花氮素吸收利用规律,确定了适宜的施氮量,但针对长江流域下游棉区麦后直播棉花氮素吸收利用的研究未见报道。本文基于长江流域下游棉区麦后直播棉生长特性,以早熟棉中棉所 50 为材料,研究不同施氮量对麦后直播棉花不同果枝氮素吸收利用的影响,以期为制定长江流域下游棉区麦后直播棉田合理的养分管理技术提供科学依据。

一、材料与方法

(一) 试验与设计

试验于 2013 年和 2014 年在江苏省南京市江苏省农业科学院试验站(北纬 32°02′,东经 118°50′)进行,供试土壤为黏质土,2 年试验 0～20 厘米土层土壤的

pH 值分别为 6.0 和 5.9，分别含有机质 12.8 克/千克和 13.1 克/千克、全氮 1.01 克/千克和 1.08 克/千克、速效氮（铵态氮和硝态氮之和）21.5 毫克/千克和 20.8 毫克/千克、速效磷 36.8 毫克/千克和 36.1 毫克/千克、速效钾152.5毫克/千克和 153.1 毫克/千克。中棉所 50 为长江流域下游棉区麦后直播棉适宜品种。本研究以中棉所 50 为试验材料，设置 0 千克/公顷、60 千克/公顷、120 千克/公顷、150 千克/公顷、180 千克/公顷和 240 千克/公顷等 6 个施氮量，每个处理重复 3 次，随机区组排列。氮肥在作物生育期的分配为基肥和花铃肥，各占 50%。磷肥（P_2O_5）和钾肥（K_2O）的施用量分别为 80 千克/公顷、160 千克/公顷，全部作为基肥。小区长 4 米、宽 3 米，5 行为一小区，根据机采棉要求和前期研究结果，设置行距 76 厘米、株距 20 厘米，折合密度为 66 000 株/公顷。前茬作物为小麦，小麦收获后秸秆直接粉碎埋入地下 5～15 厘米。2013 年和 2014 年分别于 6 月 8 日和 6 月 7 日直播棉花，不整枝，8 月 15 日打顶，全生育期间用缩节胺化控 3 次，总量为 90 克/公顷。

（二）测定项目与方法

分别于初花期 7 月 30 日后 1 天、10 天、20 天、30 天、40 天、50 天和 57 天在每小区取生长发育一致的棉株，重复 3 次，参照邹方刚等的方法，将棉株分为下（1～5 果枝，L）、中（6～10 果枝，M）、上（≥11 果枝，U）3 个部位调查生物量与养分空间分布，在 105 ℃杀青 30 分钟后，80 ℃烘至恒量，称生物量。样品粉碎后用凯氏定氮法测定全氮含量，再根据各部位的干物质量计算棉花氮素累积量。收获时对每小区定点的 20 株棉花按照不同部位分收棉铃，测定产量。

（三）棉花氮素累积特征值的计算方法

棉株氮素累积量的增长符合 Logistic 曲线，其基本模型为 $W=W_m/(1+ae^{bt})$，分别对模型求 1 阶、2 阶和 3 阶导数，可得相应生长曲线的最大相对生长速率（V_m）及其出现时间（t_m）、快速累积期持续时间（T）等特征参数。

（四）棉花氮肥利用率的计算方法及数据处理

（1）生物量经济系数＝吐絮期生殖器官生物量/吐絮期棉株生物量；

（2）氮的经济系数＝吐絮期生殖器官氮累积量/吐絮期棉株氮累积量；

（3）氮肥表观利用率（NARE）＝（施氮区棉株吸氮量－不施氮区棉株吸氮量）/施氮量×100%；

（4）氮肥农学利用率（NAE，千克/千克）＝（施氮区皮棉产量－不施氮区皮棉产量）/施氮量；

(5) 氮肥偏生产力(NPP,千克/千克)=施氮区单位面积产量/单位面积施氮量;

(6) 氮素生产效率(NPE,千克/千克)=单位面积皮棉产量/成熟期单位面积棉株吸氮量。

利用 SPSS 11.0 软件进行单因素方差分析,采用最小差异显著法(LSD)进行多重比较($\alpha=0.05$)。采用 Excel 软件作图。

二、结果与分析

(一) 施氮量对棉花产量的影响

由图 10.3 可知,皮棉产量对施氮量的响应可用二次曲线进行拟合,对拟合方程求导可以得到皮棉产量边际产量(每增加 1 千克施氮量所增加的皮棉产量)的变化曲线,2013 年和 2014 年皮棉产量的边际产量分别在施氮量为 175.4 千克/公顷和 168.8 千克/公顷时降低为 0,此施氮量为皮棉产量最高时的理论施氮量,当施氮量进一步增加,边际产量为负,实际产量降低。

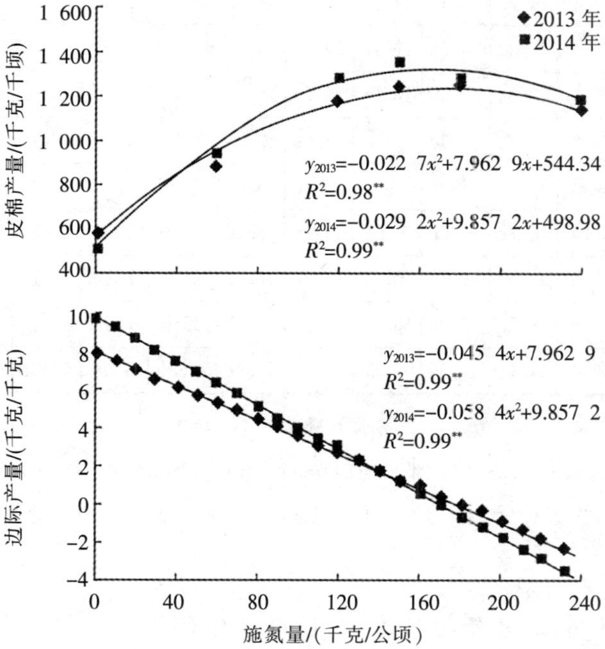

图 10.3　棉花皮棉产量和边际产量与施氮量的关系

注:** 表示差异极显著($P<0.01$)。

(二) 施氮量对棉株生物量和氮素累积分配的影响

由表10.10可知,施氮量显著影响棉花生物量累积分配。整株、中部果枝棉株、生殖器官的生物量均在施氮量为180千克/公顷时最大,下部果枝的生物量在施氮量为150千克/公顷时最大,上部果枝的生物量则随施氮量增加而持续增大。随着施氮量增加,下部果枝的生物量经济系数呈降低趋势,整株、中部和上部果枝的生物量经济系数则呈先升高后降低趋势,其中,整株和上部果枝的生物量经济系数在施氮量为150千克/公顷时最大,中部果枝生物量经济系数在施氮量为180千克/公顷时最大。

表10.10 施氮量对棉株生物量累积和分配的影响

年份	施氮量/(千克/公顷)	植株生物量/克				生殖器官生物量/克				生物量经济系数			
		TP	L	M	U	TP	L	M	U	TP	L	M	U
2013	0	43.3e	24.5e	18.9e	—	19.6e	12.5e	7.2f	—	0.44c	0.51a	0.38d	—
	60	71.3d	35.4d	32.9d	2.9e	32.7d	17.3cd	14.4e	1.0d	0.45bc	0.49b	0.44c	0.33d
	120	94.5c	41.2b	44.0c	9.3d	42.6c	19.8b	18.9d	4.0c	0.45bc	0.48b	0.43c	0.42c
	150	106.3b	44.6a	47.3b	14.5c	48.9ab	21.4a	20.8c	6.7b	0.47a	0.48b	0.44c	0.46a
	180	110.6a	42.7ab	50.9a	17.1b	50.9a	18.3c	24.9a	7.7a	0.46ab	0.43c	0.49a	0.45ab
	240	106.3b	38.3c	49.2ab	18.8a	46.7b	16.1d	22.5b	8.2a	0.44c	0.42c	0.46b	0.44b
2014	0	40.4e	25.1e	15.3d	—	18.0e	12.5d	6.5e	—	0.43b	0.50a	0.43c	—
	60	76.3d	36.7d	36.2c	3.4e	32.1d	16.8b	15.3d	—	0.42b	0.46b	0.42c	—
	120	100.4c	44.7b	47.6b	8.1d	43.2c	18.5a	20.9c	3.9c	0.45ab	0.41c	0.44c	0.47c
	150	109.3b	46.7ab	50.2a	12.4c	51.4a	18.0a	26.3a	7.1b	0.47a	0.39c	0.52a	0.57a
	180	115.6a	49.5a	51.0a	15.1b	49.2a	16.7b	25ab	7.6b	0.42b	0.34d	0.51a	0.49bc
	250	109.4b	41.8c	50.3a	16.6a	46.2b	13.7c	24.0b	8.5a	0.42b	0.33d	0.47b	0.51b

注:TP表示整株(Total plant);L表示下部果枝(Lower fruiting branch);M表示中部果枝(Middle fruiting branch);U表示上部果枝(Upper fruiting branch)。同一列数据后小写字母完全不同的表示差异显著($P<0.05$),有任何相同小写字母或无字母的表示差异不显著($P>0.05$)。

由表10.11可知,随施氮量增加,整株和中部果枝的氮累积量均呈升高趋势,并在升高至一定程度后趋于稳定;下部果枝氮积累量随施氮量增加呈先升高后降低趋势,施氮量为150千克/公顷(2013年)或180千克/公顷(2014年)时,下部果枝氮积累量最高，上部果枝氮积累量则随施氮量增加而持续增大。整株、下部和中部果枝生殖器官生物量均随施氮量增加呈先上升后降低趋势，上部果枝呈持续升高趋势。整株和中部果枝氮经济系数随施氮量增加呈先升高后降低趋势，下部果枝在施氮量小于120千克/公顷时，氮经济系数变化较小，在施氮量大于120千克/公顷时，氮经济系数持续降低，上部果枝氮经济系数在升高至一定程度后趋于稳定。

表10.11　施氮量对棉株氮素累积和分配的影响

年份	施氮量/(千克/公顷)	氮累积量/(千克/公顷)				生殖器官氮累积量/(千克/公顷)				氮经济系数			
		TP	L	M	U	TP	L	M	U	TP	L	M	U
2013	0	40.9e	22.9d	18.0e	—	26.6e	16.7e	9.9f	—	0.64bc	0.73a	0.55d	—
	60	74.5d	35.3c	34.5d	4.7e	49.8d	25.4d	22.4e	2.0e	0.67b	0.72ab	0.65c	0.42c
	120	108.8c	45.0b	50.2c	13.6d	73.6c	32.4b	34.6d	6.5d	0.68a	0.72ab	0.69b	0.48b
	150	131.6b	47.9a	58.8b	24.9c	89.6b	34.0a	42.9c	12.7c	0.68a	0.71b	0.73a	0.51a
	180	144.5a	46.9a	67.4a	29.6b	94.1a	31.1c	48.5a	14.7b	0.65b	0.65c	0.72a	0.50a
	240	144.1a	43.0b	67.9a	33.8a	90.6b	30.4c	45.5b	17.7a	0.63c	0.63d	0.68b	0.51a
2014	0	39.8e	22.5d	17.3e	—	25.2e	16.0e	9.2f	—	0.63b	0.71a	0.54c	—
	60	77.5d	37.6c	35.2d	4.7e	50.3d	26.3d	23.9e	—	0.65a	0.70a	0.68b	—
	120	111.8c	48.5a	49.3c	14.0d	72.5c	33.0a	34.0d	5.5d	0.65a	0.68b	0.69b	0.39b
	150	136.4b	49.8a	60.2b	26.4c	90.5b	33.9a	43.9c	12.7c	0.66a	0.68b	0.73a	0.48a
	180	147.6a	48.9a	68.3a	30.4b	95.9a	31.3b	49.9a	14.7b	0.65a	0.64c	0.73a	0.49a
	250	145.9a	45.5b	66.2a	34.2a	90.5b	27.8c	45.7b	17.0a	0.62b	0.61d	0.69b	0.49a

注：TP表示整株(Total plant)；L表示下部果枝(Lower fruiting branch)；M表示中部果枝(Middle fruiting branch)；U表示上部果枝(Upper fruiting branch)。同一列数据后小写字母完全不同的表示差异显著($P<0.05$)，有任何相同小写字母或无字母的表示差异不显著($P>0.05$)。

（三）施氮量对棉株不同部位氮含量及氮素累积动态的影响

由图10.4可知，不同施氮量处理下棉株各部位的氮浓度均随生育进程而逐渐降低，且棉株各部位在同一时期的氮浓度以上部最高、中部次之、下部最低。不同果枝部位氮浓度随时间的变化趋势可以用负指数函数($y=ae^{-bx}$)拟合。

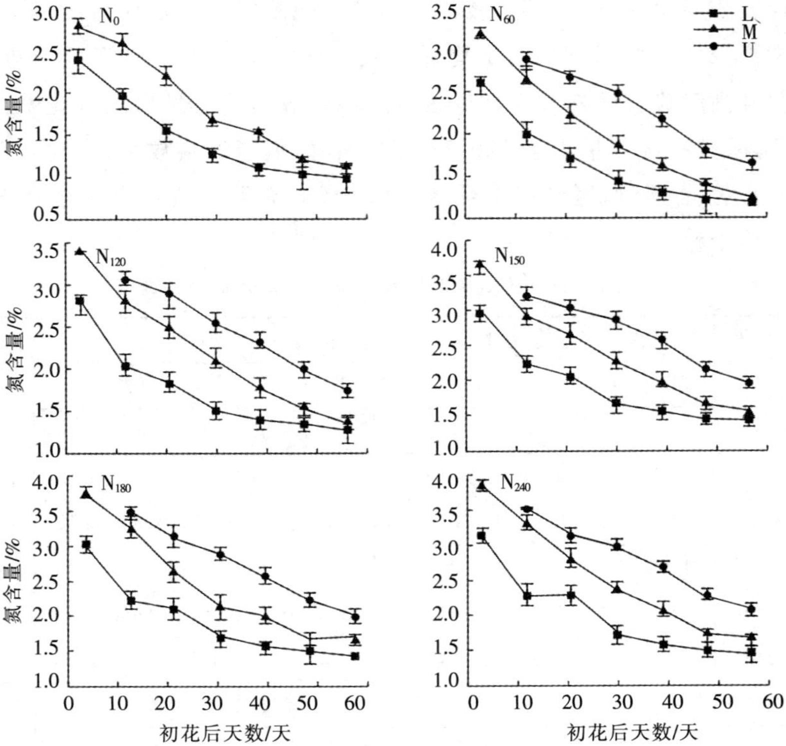

图 10.4　施氮量对棉花不同部位氮浓度的影响

注:L 表示下部果枝(Lower fruiting branch);M 表示中部果枝(Middle fruiting branch);U 表示上部果枝(Upper fruiting branch)。N_0 表示对照(Control);N_{60}、N_{120}、N_{150}、N_{180}、N_{240} 分别表示施氮量为 60 千克/公顷、120 千克/公顷、150 千克/公顷、180 千克/公顷、240 千克/公顷。

由表 10.12 可知,随着施氮量的增加,各果枝部位氮浓度衰减方程的 a 值(即初始值)均持续升高,即氮浓度升高,b 值(下降速率)变化相对复杂,对于下部和中部果枝,b 值表现为随施氮量增加呈先降低后升高的趋势,且分别在施氮量为 120 千克/公顷和 150 千克/公顷时最低,上部果枝则呈持续降低趋势。

表 10.12　不同施氮量处理棉花不同果枝部位氮浓度拟合方程参数(n=7)

施氮量/(千克/公顷)	L			M			U		
	a	b	R^2	a	b	R^2	a	b	R^2
0	2.232	0.0159	0.96**	2.990	0.0176	0.98**			
60	2.371	0.0132	0.93**	3.215	0.0166	0.99**	3.285	0.0114	0.91**
120	2.477	0.0123	0.92**	3.412	0.0157	0.99**	3.514	0.0112	0.96**
150	2.645	0.0127	0.91**	3.522	0.0149	0.97**	3.751	0.0111	0.95**

续表

施氮量/(千克/公顷)	L			M			U		
	a	*b*	R^2	*a*	*b*	R^2	*a*	*b*	R^2
180	2.723	0.0128	0.90**	3.682	0.0151	0.97**	3.833	0.0107	0.95**
240	2.812	0.0132	0.90**	3.861	0.0158	0.99**	3.835	0.0102	0.94**

注：L 表示下部果枝(Lower fruiting branch)；M 表示中部果枝(Middle fruiting branch)；U 表示上部果枝(Upper fruiting branch)。*a* 表示氮浓度衰减方程初始值；*b* 表示氮浓度衰减方程下降速率。** 表示差异极显著($P<0.01$)。

由图 10.5 和表 10.13 可知，随生育进程推进，棉株各部位氮累积量变化符合 Logistic 生长曲线，氮累积动态模型，各部位最大累积速率随施氮量增加而升高，而且升高到一定量后趋于稳定，下部果枝和上部果枝最大累积速率出现时间和快速累积持续时间随施氮量增加而持续升高，中部果枝的最大累积速率出现时间在施氮量为 180 千克/公顷时最迟，之后趋于稳定，而快速累积持续时间则在施氮量为 180 千克/公顷时最长，之后显著降低。

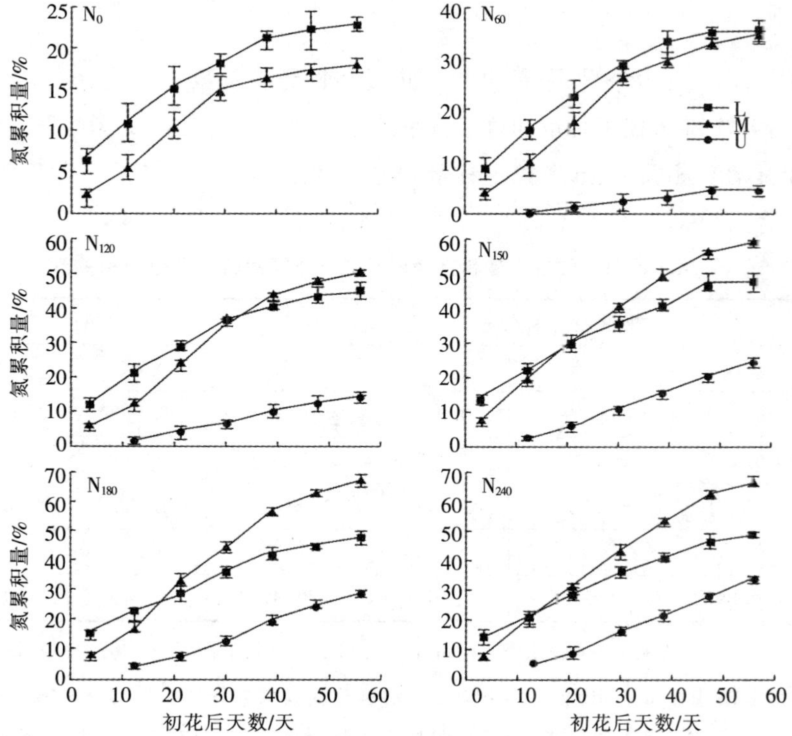

图 10.5 施氮量对棉株不同部位氮累积量的影响

注：L 表示下部果枝(Lower fruiting branch)；M 表示中部果枝(Middle fruiting branch)；

U 表示上部果枝(Upper fruiting branch)。N_0 表示对照(Control);N_{60}、N_{120}、N_{150}、N_{180}、N_{240}分别表示施氮量为60 千克/公顷、120 千克/公顷、150 千克/公顷、180 千克/公顷、240 千克/公顷。

表 10.13 施氮量对不同部位氮累积动态特征值的影响

施氮量/(千克/公顷)	最大累积速率 V_{max}/(千克/(公顷/天))			最大累积速率出现时间 t_m/天			快速累积持续时间 T/天		
	L	M	U	L	M	U	L	M	U
0	0.42	0.38	—	10.44	17.21	—	36.58	34.65	—
60	0.60	0.66	0.11	11.94	19.60	29.71	41.80	37.09	30.95
120	0.74	0.94	0.46	12.84	20.55	30.26	43.18	38.17	31.47
150	0.76	1.07	0.58	13.98	22.03	32.03	44.64	39.90	33.05
180	0.75	1.15	0.60	15.51	23.99	35.21	46.21	43.18	36.28
240	0.76	1.15	0.60	18.19	23.91	36.95	47.89	41.80	36.94

注:L 表示下部果枝(Lower fruiting branch);M 表示中部果枝(Middle fruiting branch);U 表示上部果枝(Upper fruiting branch)。

如表 10.14 所示,棉株下部果枝生物量和氮经济系数与 a 值、t_m 和 T 呈显著负相关,棉株中部果枝生物量和氮经济系数与 a 值、V_{max}、t_m 和 T 呈显著正相关,而与 b 值呈显著负相关,上部果枝生物量和氮经济系数与氮含量回归方程的 a 值和 V_{max}呈显著正相关。

表 10.14 不同部位生物量和氮经济系数与氮累积特征参数的相关系数

参数	生物量经济系数			氮经济系数		
	L	M	U	L	M	U
a	−0.920**	0.819*	0.901*	−0.872*	0.812*	0.946*
b	0.486	−0.975**	−0.663	0.307	−0.999**	−0.685
V_{max}	−0.716	0.936**	0.985**	−0.578	0.933**	0.991**
t_m	−0.957**	0.887*	0.666	−0.941**	0.846*	0.702
T	−0.898*	0.887*	0.681	−0.816*	0.840*	0.707

注:L 表示下部果枝(Lower fruiting branch);M 表示中部果枝(Middle fruiting branch);U 表示上部果枝(Upper fruiting branch)。a 表示氮浓度衰减方程初始值;b 表示氮浓度衰减方程下降速率;V_{max}表示最大累积速率;t_m 表示最大累积速率出现时期;T 表示快速累积持续期。* 表示差异显著($P<0.05$);** 表示差异极显著($P<0.01$)。

（四）施氮量对棉株不同生育阶段的氮素吸收量和吸收比率的影响

由表 10.15 可知，随施氮量升高，出苗到初花期和初花期到盛花期的氮吸收量呈升高趋势，且在升高至一定程度后趋于稳定，而盛花期到见絮期和吐絮期则持续升高。随着施氮量的增加，氮的吸收比例变化规律在不同生育期间差异较大，在出苗到初花期呈降低趋势，并在施氮量大于 150 千克/公顷时，氮的吸收比例趋于稳定，在初花期到盛花期持续降低，在盛花期到见絮期逐渐升高，在吐絮期则持续升高。

表 10.15　施氮量对棉株不同生育阶段氮吸收量和吸收比率的影响

施氮量/(千克/公顷)	出苗期—初花期		初花期—盛花期		盛花期—见絮期		吐絮期	
	氮吸收量/(千克/公顷)	氮吸收比例/%	氮吸收量/(千克/公顷)	氮吸收比例/%	氮吸收量/(千克/公顷)	氮吸收比例/%	氮吸收量/(千克/公顷)	氮吸收比例/%
0	8.04e	19.66a	14.15e	34.59a	17.74f	43.38d	0.97f	2.37d
60	13.41d	18.00b	24.58d	32.99b	34.71e	46.59c	1.80e	2.42d
120	18.52c	17.03c	32.84c	30.18c	51.98d	47.77b	5.46d	5.02c
150	20.91b	15.89d	37.73b	28.67d	65.78c	49.98a	7.18c	5.46c
180	22.75a	15.79d	40.04a	27.79e	71.00b	49.27a	10.31b	7.15b
240	22.58a	15.55d	39.17ab	26.98f	72.15a	49.62a	11.41a	7.86a

注：初花期、盛花期、见絮期和吐絮期分别为见花后第 1 天、第 20 天、第 50 天和第 57 天。同一列数据后小写字母完全不同的表示差异显著（$P<0.05$），有任何相同小写字母或无字母的表示差异不显著（$P>0.05$）。

（五）施氮量对棉株不同生育阶段的氮素吸收量和吸收比率的影响

由图 10.6 可知，氮肥表观利用率随施氮量的变化呈先升高后降低的趋势，其对施氮量的响应可用二次曲线进行拟合，得到最高氮素表观利用率的理论施氮量为 170 千克/公顷（2013 年）和 165 千克/公顷（2014 年）；氮素利用效率、氮肥农学利用率和氮肥偏生产力均随施氮量的增加而降低，三者对施氮量的响应均符合负指数方程（$y=ae^{-bx}$）。

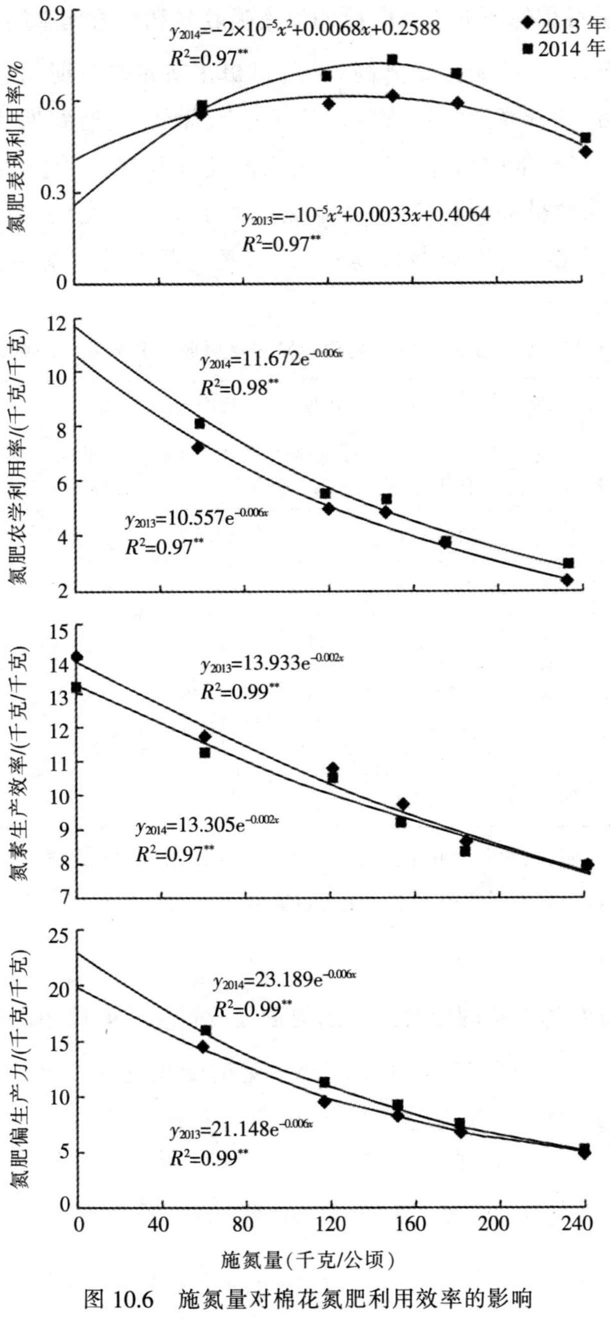

图 10.6 施氮量对棉花氮肥利用效率的影响

注：** 表示差异极显著($P<0.01$)。

三、讨论

合理施氮是调控棉花生长发育与产量形成的重要措施之一。在本研究中，长江流域下游棉区麦后直播棉的皮棉产量和氮素表观利用率最高时的施氮量分别为168～175 千克/公顷和 165～170 千克/公顷。兼顾生产和环境因素效益，结合土壤肥力，本试验田的肥力水平对于长江流域下游棉区肥力具有较强代表性，本研究表明，施氮量为 150～180 千克/公顷，是该区麦后直播棉适宜的施氮量，该施氮量低于长江流域下游棉区育苗移栽棉的适宜施氮量水平(240 千克/公顷)，其原因与麦后直播棉与育苗移栽棉生育特性不同有关。麦后直播棉较育苗移栽棉生育期短、开花结铃集中、栽培密度大、群体生物量大、果枝数高。

研究发现，随着施氮量的增加，氮肥表观利用率呈先升高后降低的趋势，而氮素生产效率、氮肥农学利用率和氮肥偏生产力则呈降低趋势。氮素生产效率降低，表明棉株吸收的氮素向营养器官分配比例增多，而向生殖器官分配比例降低，进而导致氮肥对产量的贡献率降低。而何虎等研究表明，晚稻的氮肥表观利用率随着施氮量增加而升高，这与其氮肥运筹有关。此外，麦后直播棉的棉株中、下部果枝生殖器官生物量和氮积累量显著高于上部果枝，这表明麦后直播棉产量的形成以中、下部果枝为主，这与长江流域育苗移栽棉中养分累积和产量以棉株中、上部果枝为主存在一定差异。因此，施氮量对麦后直播棉氮素向生殖器官转运的影响主要体现在棉株中、下部果枝。进一步研究表明，随着施氮量的增加，下部和中部果枝生殖器官氮累积量呈先升高后降低趋势，且在施氮量为 150～180 千克/公顷时最高，棉株上部果枝氮累积量则持续升高，施氮量小于 120 千克/公顷时，对下部果枝氮向生殖器官分配影响较小，施氮量小于 150 千克/公顷时促进了氮素向棉株中部果枝生殖器官分配，施氮量小于 180 千克/公顷时促进了氮素向上部生殖器官分配，施氮量大于 180 千克/公顷时，氮素倾向于向上部果枝营养器官分配，这也导致了植株营养生长过旺，霜后花比例增多。

植物体内氮浓度的变化与碳水化合物的形成和养分向生殖器官的运输密切相关。本研究表明，随着生育的进程，麦后直播棉各部位的氮浓度变化可用负指数方程拟合，且不同部位果枝生物量和氮经济系数均与氮浓度衰减方程特征值呈显著相关，说明氮浓度的变化过程可以通过影响生物量和氮的生殖分配而影响棉花产量。进一步分析表明，棉花氮素的吸收动态可用 Logistic 生长曲线描述，对于下部果枝，较早的最大累积速率出现时间和较短的快速累积期持续时间有利于光合产物和氮素向生殖器官的转运；对于棉株中部果枝，较高的最大累积速率、较迟的最大累积速率出现时间和较长的氮素快速累积持续时间有利于光合产物和氮素向生殖器官的转运，对于棉株上部果枝，较高的最大累积速率利于光合产物向生殖器官的转运。

棉花生育前期吸收的氮主要是促进棉株营养器官发育，中后期吸收的氮素则对产量和品质形成至关重要。在本研究中，施氮过低增加了麦后直播棉盛花期之前氮的吸收比例，降低了盛花期之后的氮吸收比例，导致后期氮供应不足；过量施氮增加了棉花吐絮期氮的吸收比例，使吐絮期氮的浓度和吸收量显著增加，造成棉花贪青晚熟、产量降低、品质变劣。综上所述，施氮量通过调控棉花不同果枝部位氮含量和氮累积量的动态，影响氮和生物量的累积和转运，进而影响棉花产量。当施氮量为 150～180 千克/公顷时，棉花产量和氮肥表观利用率相对较高，各果枝部位干物质和氮在生殖器官中的分配比例相对较高，氮浓度和氮累积量动态特征参数比较协调，可以作为长江流域下游棉区麦后直播棉的推荐施氮量。

第四节　施氮量对麦后直播棉钾素吸收利用的影响

长期以来，育苗移栽一直是长江流域棉区主要的植棉方式，随着社会经济的发展和农民效益观念的改变，麦后棉花直播技术具有省工、简化、利于机械化操作等优点，近几年推广面积越来越大。相关研究表明，采用合适的品种和调控措施，麦后直播棉模式可以实现粮棉双丰收，解决粮棉争地矛盾。因此，必须加强麦后直播棉优质高产配套栽培技术研究，为麦后直播棉的迅速推广提供技术支撑。施氮是棉花优质高产的重要调控措施，但是过量施入氮肥后，不仅降低氮素利用效率，还会影响到钾的吸收和利用。钾在植物体内以 K^{+} 形态存在，具有较强的移动性，充足的钾供应可以提高光合磷酸化效率，促进棉株中碳水化合物的合成和运输，钾营养不足则会降低叶片中碳水化合物形成和养分向生殖器官的运输。用于生殖器官发育并形成碳水化合物的钾的减少是导致棉花早衰和品质变劣的主要因素之一。由于钾的上述生理功能，棉花对钾的吸收、积累和分配特点关系到棉花的产量形成与施肥技术的确定。

麦后棉花直播技术栽培措施的调整应以促进棉花早发、集中开花和快速成铃为核心，这与传统育苗移栽棉的“前伸后延”延长有效开花结铃期的栽培途径显著不同。前人研究认为，棉花生育后期生殖器官养分积累对产量品质形成具有重要作用。前期对麦后直播棉氮素吸收利用的研究表明，150～180 千克/公顷可作为长江流域下游棉区麦后直播棉的推荐施氮量，但针对长江流域棉区麦后直播棉钾吸收利用的研究尚未见报道。杨长琴等筛选出适于长江流域麦后直播种植的优良品种——中棉所 50。基于前期研究基础，以早熟棉中棉所 50 为材料，进一步系统研究不同施氮量对麦后直播棉花不同果枝部位钾素吸收利用的影响。

一、施氮量对棉花产量的影响

由图 10.7 可知，随着施氮量的增加，麦后直播棉总皮棉产量及上、中和下部皮棉产量均呈先上升后降低的趋势。用二次曲线拟合可知，2013 年和 2014 年，总皮棉产量及上、中和下部皮棉产量分别在施氮量为 167.1 千克/公顷和 168.9 千克/公顷、231.1 千克/公顷和 226.8 千克/公顷、196.4 千克/公顷和 176.8 千克/公顷、124.6 千克/公顷和 119.2 千克/公顷时最高。

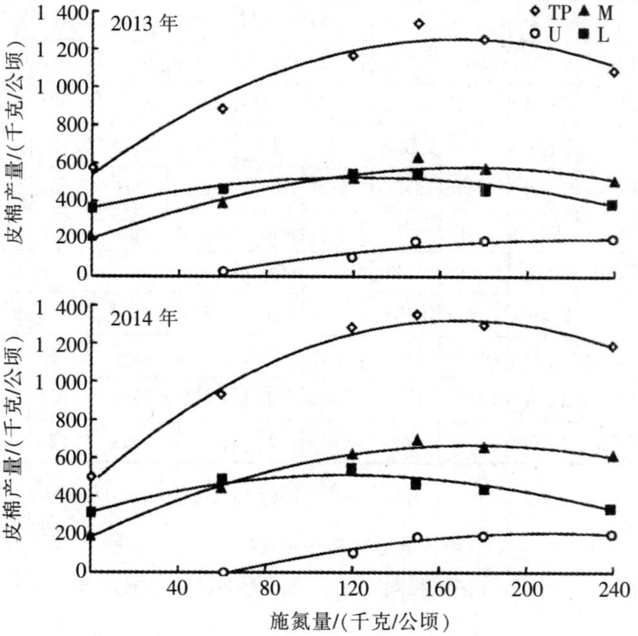

图 10.7　施氮量与皮棉产量的关系

注：TP 表示整株(Total plant)；L 表示下部果枝(Lower fruiting branch)；M 表示中部果枝(Middle fruiting branch)；U 表示上部果枝(Upper fruiting branch)。

二、施氮量对棉花生物量和钾素累积分配的影响

由表10.16可知，施氮量显著影响棉花生物量累积分配。对于棉株和生殖器官的生物量，整株和中部果枝的生物量在施氮量为180千克/公顷时最大，下部果枝的生物量在施氮量为150千克/公顷时最大，上部果枝的生物量则随施氮量增加而持续增大。对于生物量经济系数，随着施氮量的增加，下部果枝的生物量经济系数呈降低趋势，整株、中部和上部果枝的生物量经济系数则呈先升高后降低趋势，且均在施氮量为150千克/公顷时最大，上部果枝的生物量经济系数在升高至一定程度后趋于稳定。

表10.16　施氮量对棉株生物量累积和分配的影响

年份	施氮量/(千克/公顷)	棉株生物量/(千克/公顷)				生殖器官生物量/(千克/公顷)				生物量经济系数			
		TP	L	M	U	TP	L	M	U	TP	L	M	U
2013	0	2 858e	1 617d	1 247e	—	1 294e	825e	475f	—	0.64bc	0.73a	0.55d	—
	60	4 706d	2 336c	2 171d	191e	2 158d	1 142d	950e	66e	0.67b	0.72ab	0.65c	0.42c
	120	6 237c	2 719b	2 904c	614d	2 812c	1 307b	1 247d	264d	0.68a	0.72ab	0.69b	0.48b
	150	7 016b	2 944a	3 122b	957c	3 227b	1 412a	1 373c	442c	0.68a	0.71b	0.73a	0.51a
	180	7 300a	2 818a	3 359a	1 128b	3 359a	1 208c	1 643b	508b	0.65b	0.65c	0.72a	0.50a
	240	7 016a	2 528b	3 247a	1 241a	3 082b	1 063c	1 485a	541a	0.63c	0.63d	0.68b	0.51a
2014	0	2 666e	1 657d	1 010e	—	1 188e	825e	429f	—	0.63b	0.71a	0.54c	—
	60	5 036d	2 422c	2 389d	224e	2 119d	1 109d	1 010e	—	0.65a	0.70a	0.68b	—
	120	6 626c	2 950a	3 142c	535d	2 851c	1 221a	1 379d	257d	0.65a	0.68b	0.69b	0.39b
	150	7 214b	3 082a	3 313b	818c	3 392b	1 188a	1 736c	469c	0.66a	0.68b	0.73a	0.48a
	180	7 630a	3 267a	3 366a	997b	3 247a	1 102b	1 650a	501b	0.65a	0.64c	0.73a	0.49a
	240	7 220a	2 759b	3 320a	1 096a	3 049b	904c	1 584b	561a	0.62b	0.61d	0.69b	0.49a

注：TP表示整株(Total plant)；L表示下部果枝(Lower fruiting branch)；M表示中部果枝(Middle fruiting branch)；U表示上部果枝(Upper fruiting branch)。同一列数据后小写字母完全不同的表示差异显著($P<0.05$)，有任何相同小写字母或无字母的表示差异不显著($P>0.05$)。

由表10.17可知，随着施氮量的增加，整株果枝和中部果枝的钾累积量均呈升高趋势，并在升高至一定程度后趋于稳定；下部果枝的钾累积量呈先升高后降低趋势，且在施氮量为180千克/公顷(2013年)或150千克/公顷(2014年)时最高，上部果枝的钾累积量则随施氮量增加而持续增大。对于生殖器官的钾累积量，整株、下部和中

部果枝均随施氮量增加呈先上升后降低趋势，其中整株和中部果枝的钾累积量在施氮量为 180 千克/公顷时最高，下部果枝的钾累积量在施氮量为150 千克/公顷时最高，上部果枝的钾累积量随施氮量增加呈持续升高趋势。对于钾经济系数，整株和中部果枝随施氮量增加呈先升高后降低趋势，下部果枝的钾经济系数在施氮量低于150 千克/公顷（2013 年）和 120 千克/公顷（2014 年）时变化较小，施氮量高于此水平则持续降低，上部果枝钾经济系数在升高至一定程度后趋于稳定。

表 10.17　施氮量对棉株钾素累积和分配的影响

年份	施氮量/(千克/公顷)	棉株钾累积量/(千克/公顷)				生殖器官钾累积量/(千克/公顷)				钾经济系数			
		TP	L	M	U	TP	L	M	U	TP	L	M	U
2013	0	40.5f	22.9e	17.6e	—	27.1e	17.5e	10.1e	—	0.67c	0.76a	0.57d	—
	60	72.4e	34.6d	34.3d	3.5e	50.7d	26.1d	23.3d	1.5e	0.70ab	0.75a	0.68c	0.44c
	120	103.2d	41.9c	49.9c	11.4d	73.4c	31.6b	36.0c	5.7d	0.71a	0.75a	0.72b	0.50b
	150	126.1c	47.9a	58.6b	19.6c	89.6b	35.6a	44.8b	10.4c	0.71a	0.74a	0.76a	0.53a
	180	137.1a	48.4a	64.8a	23.9b	93.1a	32.9b	48.8a	12.4b	0.68bc	0.68b	0.75a	0.52a
	240	134.1b	44.2b	62.7a	27.2a	88.2b	29.1c	44.6b	14.4a	0.66c	0.66c	0.71b	0.53a
2014	0	34.4e	20.7f	13.7e	—	22.6f	15.4e	7.7e	—	0.66bc	0.74a	0.56c	—
	60	62.6d	34.6e	28.0d	—	42.5e	25.3d	19.9d	—	0.68ab	0.73a	0.71b	—
	120	109.9c	47.4b	46.9c	15.6d	74.6d	35.1a	33.8c	6.3d	0.68ab	0.74a	0.72b	0.40b
	150	133.0b	49.5a	57.4b	26.1c	91.7b	35.2a	43.8b	10.8c	0.69a	0.71b	0.76a	0.41b
	180	138.5a	45.9c	62.7a	29.8b	94.0a	30.7b	47.9a	15.2b	0.68ab	0.67c	0.76a	0.51a
	240	134.3b	42.8d	59.1ab	32.4a	86.9c	27.2c	42.6b	16.5a	0.65c	0.64d	0.72b	0.51a

注：TP 表示整株（Total plant）；L 表示下部果枝（Lower fruiting branch）；M 表示中部果枝（Middle fruiting branch）；U 表示上部果枝（Upper fruiting branch）。同一列数据后小写字母完全不同的表示差异显著（$P<0.05$），有任何相同小写字母或无字母的表示差异不显著（$P>0.05$）。

三、施氮量对棉株不同部位钾浓度和累积动态的影响

棉株不同部位钾浓度和累积动态规律在 2013 年和 2014 年两个年度表现一致，以 2013 年为例进行分析（下同）。由图 10.8 可知，不同施氮量下棉株各部位的氮浓度均随生育进程而逐渐降低，变化范围为 1.4%～3.8%，且各部位在同一时期的钾浓度以上部果枝最高、中部果枝次之、下部果枝最低。回归分析表明，不同果枝部位钾浓度随时间的变化趋势可以用负指数函数方程（$y=ae^{-bx}$）进行拟合。

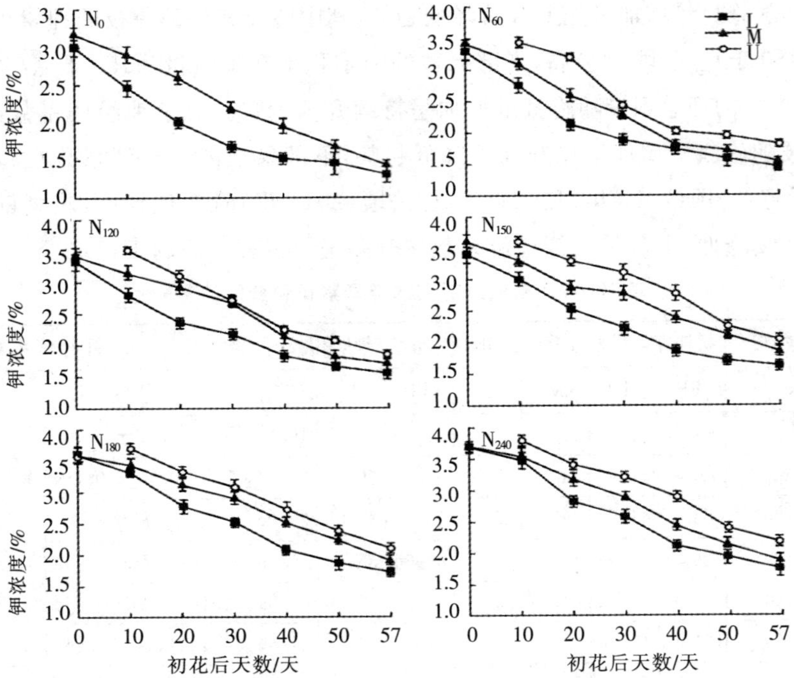

图 10.8　施氮量对棉花不同部位钾浓度的影响(2013 年)

注:L 表示下部果枝(Lower fruiting branch);M 表示中部果枝(Middle fruiting branch);U 表示上部果枝(Upper fruiting branch)。N_0、N_{60}、N_{120}、N_{150}、N_{180}、N_{240} 分别表示施氮量为 0 千克/公顷、60 千克/公顷、120 千克/公顷、150 千克/公顷、180 千克/公顷、240 千克/公顷。

由表 10.18 可知,随着施氮量的增加,各果枝部位钾浓度衰减方程的 a 值(初始值)均持续升高,即钾浓度升高;b 值(下降速率)变化在不同部位的表现差异较大,对于下部果枝和中部果枝,b 值表现为随施氮量增加呈先降低后升高趋势,且分别在施氮量为 120 千克/公顷和 180 千克/公顷时最低,上部果枝 b 值表现为随施氮量呈现持续降低趋势。

表 10.18　不同施氮量下棉花不同果枝部位钾浓度拟合方程参数(2013 年)

施氮量/(千克/公顷)	L			M			U		
	a	b	R^2	a	b	R^2	a	b	R^2
0	2.813 4	0.014 2	0.95**	3.337 8	0.013 9	0.99**	—	—	—
60	3.094 2	0.013 9	0.95**	3.516 2	0.014 5	0.99**	3.981 7	0.014 5	0.95**
120	3.228 8	0.013 3	0.98**	3.647 0	0.013 0	0.97**	4.044 9	0.013 8	0.99**
150	3.400 7	0.013 6	0.99**	3.685 1	0.011 1	0.95**	4.247 7	0.012 1	0.95**
180	3.452 3	0.013 6	0.99**	3.848 2	0.011 0	0.97**	4.257 6	0.116 9	0.98**
240	3.826 4	0.013 8	0.99**	3.965 9	0.012 1	0.97**	4.379 1	0.115 6	0.97**

注：L 表示下部果枝（Lower fruiting branch）；M 表示中部果枝（Middle fruiting branch）；U 表示上部果枝（Upper fruiting branch）。$n=7$，$R_{20.05}=0.57$，$R_{20.01}=0.77$。a 表示钾浓度衰减方程初始值；b 表示钾浓度衰减方程下降速率。同一列数字后 * 表示差异显著（$P<0.05$），** 表示差异极显著（$P<0.01$）。

随着生育进程，棉株各部位钾累积量的变化符合 Logistic 生长曲线。由表 10.19 可知，对图 10.9 数据拟合分析可得到钾累积动态模型的特征值，对于最大累积速率，下部果枝随施氮量升高而升高，且在升高到一定程度后趋于稳定，中、上部果枝则持续升高；对于最大累积速率出现时间和快速累积持续时间，下部和上部果枝随施氮量增加而持续升高，中部果枝的最大累积速率出现时间和快速累积持续时间均在施氮量 180 千克/公顷时最高，之后降低。

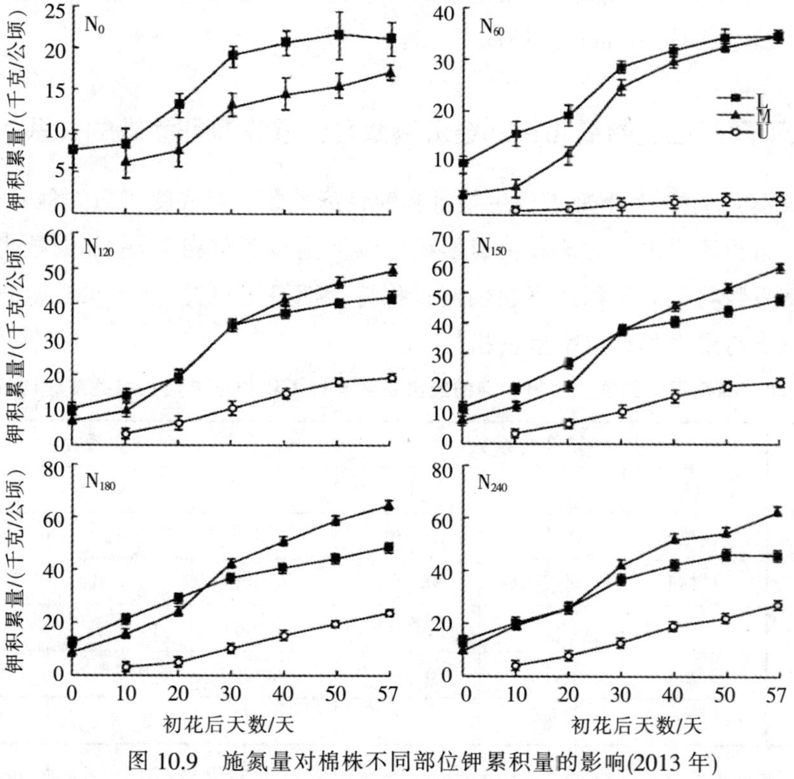

图 10.9　施氮量对棉株不同部位钾累积量的影响(2013 年)

注：L 表示下部果枝（Lower fruiting branch）；M 表示中部果枝（Middle fruiting branch）；U 表示上部果枝（Upper fruiting branch）。N_0、N_{60}、N_{120}、N_{150}、N_{180}、N_{240} 分别表示施氮量为 0 千克/公顷、60 千克/公顷、120 千克/公顷、150 千克/公顷、180 千克/公顷、240 千克/公顷。

表 10.19　施氮量对棉花不同部位钾累积动态特征值的影响(2013 年)

施氮量/(千克/公顷)	最大累计速率 V_{max}/(千克/(公顷·天))			最大累计速率出现时间 t_m/天			快速累积持续时间 T/天		
	L	M	U	L	M	U	L	M	U
0	0.41	0.35	—	6.18	16.78	—	36.58	34.65	—
60	0.58	0.65	0.09	9.24	19.42	28.68	41.80	37.09	30.95
120	0.67	0.91	0.45	10.00	21.21	30.48	43.18	38.17	31.47
150	0.75	1.06	0.48	13.21	23.06	32.51	44.64	39.90	33.05
180	0.75	1.11	0.49	14.79	25.09	36.17	46.21	43.18	36.28
240	0.75	1.16	0.63	16.41	23.98	37.43	47.89	41.80	36.94

注:L 表示下部果枝(Lower fruiting branch);M 表示中部果枝(Middle fruiting branch);U 表示上部果枝(Upper fruiting branch)。

四、不同部位生物量和钾的经济系数与钾累积特征参数的关系

由表 10.20 可知,下部果枝生物量和钾经济系数与钾浓度回归方程 a 值(初始值)、最大累积速率出现时期和快速累积持续期呈显著负相关,中部果枝生物量和钾的经济系数与最大累积速率和快速累积持续期呈正相关,上部果枝生物量和钾的经济系数与最大累积速率呈正相关。

表 10.20　棉花不同部位生物量和钾的经济系数与钾累积特征参数的相关系数(2013 年)

	生物量经济系数			钾经济系数		
	L	M	U	L	M	U
a	−0.846*	0.749	0.862	−0.846*	0.752	0.862
b	0.144	−0.761	0.494	0.144	−0.746	0.494
V_{max}	−0.664	0.909*	0.957*	−0.664	0.909*	0.957*
t_m	−0.890*	0.813*	0.707	−0.890*	0.811	0.707
T	−0.816*	0.887*	0.785	−0.816*	0.885*	0.785

注:L 表示下部果枝(Lower fruiting branch);M 表示中部果枝(Middle fruiting branch);U 表示上部果枝(Upper fruiting branch)。对于下部和中部果枝,$n=6$,$r_{0.05}=0.811$,$r_{0.01}=0.917$;对于上部果枝,$n=5$,$r_{0.05}=0.878$,$r_{0.01}=0.959$。同一列数字后*表示差异显著($P<0.05$),**表示差异极显著($P<0.01$)。

五、施氮对棉株不同生育阶段钾吸收量和吸收比例的影响

由表 10.21 可知，随着施氮量的升高，出苗期到初花期、初花期到盛花期和盛花期到见絮期的钾吸收量呈升高趋势，且在升高至一定程度后趋于稳定，而吐絮期则持续升高。随着施氮量的增加，钾吸收比例变化规律在不同生育期间差异较大，在出苗期到初花期呈降低趋势，并在施氮量高于 150 千克/公顷时钾吸收比例趋于稳定，在初花期到盛花期钾吸收比例持续降低，在盛花期到见絮期钾吸收比例呈先升高后降低趋势，且在施氮量为 150 千克/公顷时钾吸收比例最高，在吐絮期钾吸收比例持续升高。

表 10.21　施氮量对棉株不同生育阶段钾吸收量和吸收比率的影响(2013 年)

施氮量/(千克/公顷)	出苗期—初花期		初花期—盛花期		盛花期—见絮期		吐絮期	
	钾吸收量/(千克/公顷)	钾吸收比例/%	钾吸收量/(千克/公顷)	钾吸收比例/%	钾吸收量/(千克/公顷)	钾吸收比例/%	钾吸收量/(千克/公顷)	钾吸收比例/%
0	8.24e	21.2a	13.73e	35.3a	15.57e	40.1d	1.34f	3.5e
60	13.85d	17.9b	23.01d	29.7b	38.13d	49.2b	2.49e	3.2d
120	18.53c	17.1c	30.72c	28.4c	52.12c	48.2c	6.83d	6.3c
150	19.72b	16.0d	34.33b	27.8d	61.89b	50.1a	7.65c	6.2c
180	22.33a	16.5d	37.12a	27.3d	65.05a	47.9c	11.28b	8.3b
240	22.12a	16.5d	35.09ab	26.2e	64.88a	48.4c	12.10a	9.0a

注：初花期、盛花期、见絮期和吐絮期分别为花后第 1 天、第 20 天、第 50 天和第 57 天。同一列数据后小写字母完全不同的表示差异显著($P<0.05$)，有任何相同小写字母或无字母的表示差异不显著($P>0.05$)。

六、施氮量对棉株钾吸收量和钾吸收边际效应的影响

随施氮量增加，棉株钾吸收量变化规律可用 Logistic 方程拟合，通过对方程求导可以得出氮对钾吸收的边际效应（每增施 1 千克氮促进钾的吸收量）。如图 10.10 可知，随着施氮量的增加，钾吸收的边际效应呈先升高后降低趋势，上、中、下部果枝和整株钾吸收的边际效应分别在施氮量为 131.8 千克/公顷、111.5 千克/公顷、42.8 千克/公顷和 123.8 千克/公顷时达到最大。

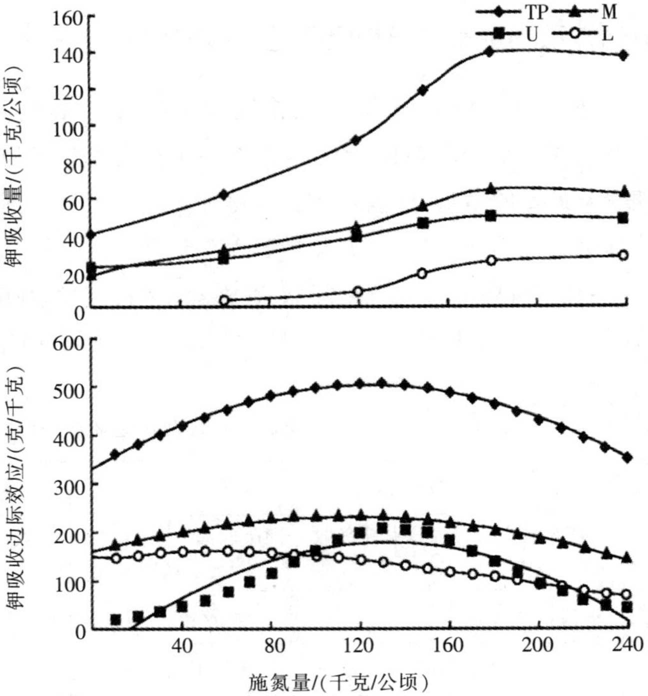

图 10.10　施氮量与钾吸收量和钾吸收边际效应的关系(2013 年)

注:L 表示下部果枝(Lower fruiting branch);M 表示中部果枝(Middle fruiting branch);U 表示上部果枝(Upper fruiting branch)

七、钾吸收量对皮棉产量和皮棉生产效率的影响

由图 10.11 可知,皮棉产量对钾吸收量的响应可用二次曲线拟合,上、中、下部果枝和整株达到最高皮棉产量时的理论吸钾量分别为 37.5 千克/公顷、55.4 千克/公顷、25.5 千克/公顷和 113.5 千克/公顷。对二次方程求导可得到钾吸收量对皮棉生产效率(每吸收 1 千克钾可生产的皮棉产量)的影响,随着钾吸收量的升高,上、中和下部果枝及整株钾的皮棉生产效率均呈线性降低,其降低趋势表现为下部果枝最大,上部果枝次之,中部果枝最低。

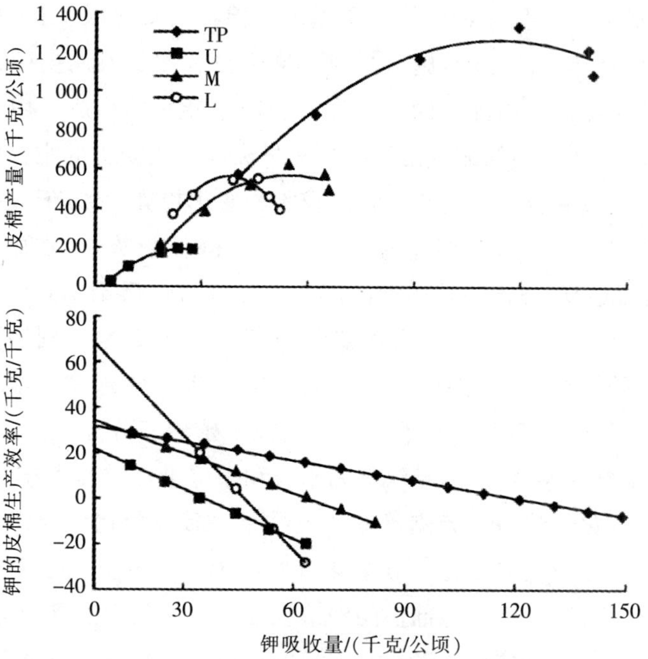

图 10.11　钾吸收量与皮棉产量和皮棉生产效率的关系(2013 年)

注：L 表示下部果枝(Lower fruiting branch)；M 表示中部果枝(Middle fruiting branch)；U 表示上部果枝(Upper fruiting branch)。

随着施氮量的升高，皮棉产量和钾吸收的边际效应均呈先升高后降低趋势，基于皮棉产量和最大钾吸收的边际效应的施氮量分别为 167.1～168.9 千克/公顷和 123.8 千克/公顷，这表明在皮棉理论产量最高时，钾吸收的边际效应已经开始降低，与前人在西瓜和油菜上的研究一致。兼顾生产和环境因素效益，结合本试验田土壤肥力(肥力中等，对长江流域下游棉区肥力水平具有较强代表性)，本研究认为为该区麦后直播棉适宜的施氮量为 150～180 千克/公顷。该施氮量低于薛晓萍等关于长江流域下游棉区育苗移栽棉的适宜施氮量水平(240 千克/公顷)，其原因与麦后直播棉生育期短(麦后直播棉采用早熟品种，生育期 110 天左右，育苗移栽棉采用中晚熟品种，生育期 135 天左右)、开花结铃吐絮集中(麦后直播棉花铃期 55 天左右，育苗移栽棉花铃期 65 天左右)、密度相对较大(麦后直播棉花 60 000～90 000 株/公顷，育苗移栽棉 20 000～30 000 株/公顷)、群体生物量相对较低(适宜施氮量下麦后直播棉 7 000 千克/公顷左右，育苗移栽棉 8 600 千克/公顷左右)、果枝相对较少(麦后直播棉 13 个左右，育苗移栽棉 16 个左右)有关，这也是麦后直播棉整株钾吸收量低于育苗移栽棉的主要原因。棉花具有无限生长习性，受所处环境条件和自身生理年龄的影响，施氮量对不同部位钾累积及向生殖器官转运的影响存在差异，进而影响不同部位的生长发育和产量器官的形成。用于生殖器官发育并形成碳水化合物的钾的减少是导致棉花早衰和品质变劣的主要因素之一。研究表明，尽管棉株各部位及其生殖器官钾吸收量变化趋势一致，但是钾经济系数变化差异较大，中部果枝随施氮量增加呈先升高后降低趋势，且在施氮量为 150～180 千克/公顷时最高，下部果枝的钾经济系数在施氮量低于 150 千克/公顷(2013 年)和 120 千克/公顷(2014 年)时变化较小，施氮量高于此水平则钾经济系数持续降低，上部果枝的钾经济系数在升高至一定程度后趋于稳定，说明施氮量高于 180 千克/公顷时，棉株吸收的钾倾向于向上部果枝生殖器官分配，但在中部果枝和下部果枝则倾向于营养器官分配，导致下部果枝和中部果枝营养生长过旺，钾的利用效率降低，这种变化趋势与邹芳刚等的研究结果一致。植物体内钾参与众多生理代谢过程，棉株中钾浓度的变化与碳水化合物的形成和养分向生殖器官的运输密切相关。随着生育进程，棉株各部位的钾浓度变化可用负指数函数方程拟合，随着施氮量的增加，各果枝部位钾浓度衰减方程的 a 值(初始值)均持续升高，即钾浓度升高，对于下部果枝和中部果枝，b 值(下降速率)表现为随施氮量增加呈先降低后升高趋势，且分别在施氮量为 120 千克/公顷和 180 千克/公顷时最低，这表明施氮量高于 120 千克/公顷和 180 千克/公顷时，加速了下部果枝和中部果枝钾浓度的降低趋势，这可能与高氮处理下棉花群体叶面积过大、冠层通风透光差、下部荫蔽影响下部果枝钾吸收有关，而上部果枝的 b 值呈现持续降低趋势，表明施氮延缓了钾浓度降低。

进一步分析表明，下部果枝较迟出现最大累积速率和较长的快速累积持续期、中部果枝较高的最大累积速率和较长的快速累积持续期、上部果枝较高的最大累积速率均利于光合产物和钾向生殖器官的转运。棉株钾的吸收随施氮量的动态变化可用 Logistic 曲线描述，对其求导可以得到氮对钾吸收的边际效应。研究发现，随施氮量增加，各部位氮对钾吸收的边际效应均呈先升高后降低趋势，且果枝部位越高，基于钾吸收的最大边际效应的施氮量越高，而上、中和下部果枝及整株钾的皮棉生产效率则呈线性降低，这是由于随着不同部位果枝钾的吸收量增加，其皮棉产量增幅逐渐降低，当钾吸收量持续增加，而皮棉产量开始降低时，钾的皮棉生产效率由正值转为负值。

分析表明，下部果枝钾皮棉生产效率的降低趋势最大，上部果枝次之，中部果枝最低，这也与本研究中产量最高时，中部果枝产量比例最高，下部次之，上部最低的结论相符。此外，本研究中、上部果枝的钾的皮棉生产效率明显低于中、下部果枝，而徐娇等研究表明，育苗移栽棉上部果枝的钾的皮棉生产效率显著高于中、下部果枝，主要原因是育苗移栽棉采用中晚熟品种，棉花果枝台数较高，钾吸收与产量形成均以中、上部果枝为主。棉花生育前期吸收的钾主要是促进棉株营养器官发育，后期吸收的钾则对产量形成至关重要。150 千克/公顷的施氮量增加了盛花期之前钾吸收比例，降低了盛花期之后的钾吸收比例；高于 180 千克/公顷的施氮量虽然增加了棉花吐絮期钾吸收比例，使吐絮期钾的浓度和吸收量显著增加，但是过高钾浓度可以反馈促进氮的吸收，导致棉花贪青晚熟，品质下降，可能是过量施氮导致棉花产量降低的原因之一。

综上所述，施氮量通过调控棉花不同果枝部位钾含量和钾累积量的动态影响钾和生物量的累积与转运，进而影响棉花产量。在 150～180 千克/公顷的施氮量范围内，干物质和钾在生殖器官中的分配比例较高，钾浓度和钾累积量动态特征参数比较协调，利于高产形成。高于 180 千克/公顷的施氮量导致皮棉产量增幅下降，氮素对钾吸收的边际效应和钾的皮棉生产效率较低；低于 150 千克/公顷的施氮量时，干物质和钾经济系数较低，不利于高产形成。

第十一章　化学调控技术对直播棉花栽培的影响

第一节　棉花化学调控技术相关研究

化学调控是当今棉花高产、高效、优质栽培模式研究的热点之一，在定向调控棉花群体的生长发育和改变传统的整枝、中耕等单一调控措施及对表现型性状的修饰等方面具有重要作用。近年来，人工成本不断提升、棉花生产机械化水平低、管理用工多、劳动强度大和植棉效益不稳定等一系列问题突出，导致棉农植棉积极性严重受挫，棉花种植面积不断下滑。如何稳定棉花种植面积，提高棉花产量是棉花科研工作者急需研究的问题。

当前，尽管我国棉花栽培技术取得了很大进步，“矮早密膜”、膜下滴灌、航空植保和机采棉等先进的农业装备技术得到应用，但棉花生产所遇到的瓶颈并没有得到根本改观，如棉花打顶技术滞后，密度过大后期脱叶难和机械采收引起的杂质多、品质低等问题。另外，受植棉效益不断下降的影响，黄河流域棉区及长江流域棉区的棉花种植将越来越转向边角零星地、盐碱、高亢和涝洼地，棉田素质普遍下降。加之近年来该区域阴雨寡照天气的增多和棉花早衰、烂铃、落铃等问题比较严重，进一步限制了我国棉花产量的提升。事实上，在通过当前农艺措施来提高棉花产量和品质难有很大突破的情况下，可利用植物生长调节物质对棉株的生长发育进行调控，改善群体光照条件，减少蕾铃脱落，促进生殖生长，以达到预期的增产增效效果。目前，化学调控剂在我国大田作物生产中已被广泛应用于解决一些栽培技术上的难题，但大多数侧重于单一调节剂调控效果或作用机理方面的研究。

一、棉花上应用的植物生长调节剂种类及其作用

基于棉花生长调节剂的生化功效，棉花生长调节剂可分为生长促进剂、生长延缓剂和生长抑制剂3大类，共有100多个品种。生产中能够促进植物细胞分裂、分化和延长生长的化合物都归于生长促进剂类，该类型调节剂是植物生长调节剂种类最多、应用最为广泛的一类，它包括生长素类（生根粉、生长素和2,4-D）、细胞分裂素类（细胞分裂素、6-BA、萘乙酸、激动素和膨大剂）、油菜素甾醇类（油菜素内酯和表高油菜素内酯）、赤霉素类和多胺类（腐胺、尸胺、亚精胺和精胺）。生长延缓剂是能够抑制赤霉素的生物合成和植物亚顶端分生组织的生长，使细胞伸长变慢、节间缩短和植株变矮而不减少细胞数目和节间数目，且不影响叶和花形成的一类调节剂，包括矮壮素、多效唑、烯效唑、比久、健壮素和缩节胺等。植物生长抑制剂可抑制生长素的合成、茎顶端分生组织细胞的核酸和蛋白质的生物合成，使细胞分裂慢、植株矮小，同时，抑制顶端分生组织细胞的伸长和分化，影响当时生长和分化的侧枝、叶片和生殖器官。植物生长抑制剂主要包括脱落酸和乙烯利类。植物生长调节剂在棉花上的研究和应用范围比较广泛，各种类型的植物生长调节剂在棉花上均有应用。

二、化学调控技术对棉花生长发育的影响

（一）化学调控技术对棉花种子萌发和幼苗生长的影响

种子是所有植物生产的物质基础。种子萌发容易受到机械伤害、病害和环境胁迫的影响，是植物生活周期中最重要和最脆弱的阶段。萌发的好坏影响棉花的出苗率、幼苗长势和中后期的生长发育。前人在植物生长调节剂对棉花种子和幼苗的影响方面开展了大量研究，生长调节剂对棉花种子的萌发和棉苗的抗性有积极作用。通过运用生根粉、2-氯-6-（三氯甲基）吡啶、壳聚糖和维生素B6等植物生长调节剂浸种或拌种能明显减轻胁迫因子对种子发芽的抑制，提高发芽率、发芽势、种子活力指数和与种子萌发相关酶活力；缩节胺、水杨酸、甜菜碱和硝普钠等植物生长调节剂浸种对棉花幼苗生理特性均有显著影响，可显著改善根系组织的抗氧化酶系统代谢，提高棉花幼苗根系活力及棉花苗期叶片的光合能力，从而使棉苗生长健壮，增加干物质质量。事实上，植物生长调节剂对棉花种子和幼苗的调控效果与调节剂的浓度密切相关，浓度过高或过低均不利于棉种的萌发。朱伟等通过

研究水杨酸浸种对抗虫棉种子萌发的影响发现低浓度(0～0.2 毫摩/升)水杨酸能够显著提高棉花种子发芽率和发芽势,大于 0.2 毫摩/升的水杨酸处理对种子的发芽促进作用呈下降趋势,高浓度(大于 1.0 毫摩/升)水杨酸处理对种子的发芽呈抑制作用;汪有元等研究认为,150 毫克/升的缩节胺和 20 毫克/升的维生素 B6 能显著提高棉花种子活力和抗盐性。棉花生产应用中不仅要考虑调控剂的类型,而且还需注重其施用的浓度。

(二) 化学调控技术对棉花农艺性状的影响

农艺性状直接反映了棉花生长状况的好坏。棉花具有无限生长特性,在适宜生长条件下,棉株营养体往往会表现出生长过旺现象,易造成蕾铃脱落和产量、品质降低等问题;利用化控技术控制棉花徒长,塑造理想株型,构建良好的群体结构成为棉花优质高产栽培中的一项关键措施。早在 20 世纪 60 年代,我国科研人员就开始探讨有关植物生长调节剂对棉花农艺性状的调节作用,其代表性的成果就是矮壮素的发现及大面积推广应用,很好地解决了棉花徒长的问题。随着研究的不断深入,许多新型植物生长调节剂不断被报道,如缩节胺、辛酸甲酯、癸酸甲酯和 6-BA 等。其作用机理主要是通过控制棉花顶尖幼嫩部分的细胞分裂及细胞伸长,使棉花自动封顶、顶部叶片缩小。植物生长调节剂能够使叶尖也得到较好的控制,有效改善棉花空间通风透光条件。而另外一些学者认为,有些植物生长调节剂不仅能有效控制棉花的株高、果节数、果枝始节高度和棉花中部果枝长度,使株型变得更加紧凑,而且还能增加棉株主茎节数和果枝数,增加内围铃数,更有利于棉花产量和品质的提升,如氟节胺、全精控等。近年来,基于化学调控剂对棉花农艺性状的调控效应,研究人员正在致力于用化学打顶替代人工打顶的技术研究。目前报道的化学打顶剂多数含有缩节胺、乙烯或氟节胺的制剂。研究结果表明,尽管化学打顶的株高较人工打顶高,但其果枝及叶枝长度显著低于人工打顶,因而株型更紧凑;另外,与人工打顶相比,化学打顶具有较高的叶面积指数,中部透光率有增加趋势,有利于提高群体光能利用效率,增加上部及中部果枝铃数。这些化学打顶技术目前还处在小区试验阶段。有关不同种类化学打顶剂及其配合喷施的效果、伴随效应,以及大面积的推广应用有待于进一步探究。但利用化学调控剂来替代人工整枝是解决当前植棉成本高和机械化程度低的一项可行的技术。

(三) 化学调控技术对棉花叶片光合作用的影响

植物大约 95%的干物质来自光合作用合成的有机物,光合作用是所有作物生产实践的基石，使光合作用最优化是作物生产的目的；而叶片作为植物光合作用的主要器官，与外界环境进行物质和能量交换，对生长环境条件最为敏感。利用植物生长调节剂对棉花叶片生长进行调节，来增强叶片的光合作用，促进棉花干物质的积累及产量的形成是提高棉花产量的有效途径之一。通常化学调控剂对叶片光合作用调控效应是通过调节叶片内的激素含量水平来实现的。前人研究结果显示，棉花叶片衰老和叶片的光合性能降低与棉花叶片细胞分裂素含量的下降和脱落酸含量的升高密切相关；喷施缩节胺和植物光合作用增效剂等化学调节剂，不仅能使棉花叶片加厚，叶色变深，叶绿素含量加大，而且有利于高光效冠层结构的形成，增强群体光合生产能力，发挥其生长优势，提高棉花产量。喷施 6-BA 和缩节胺等调节剂也能够显著增加棉花叶片叶绿素含量和可溶性蛋白含量，延缓衰老，调控养分的运输和分配，促进中后期干物质的积累；而在调节棉花叶片光合和衰老中，生长素却表现出前期保持叶片发育和后期促进衰老的双重作用。由此可见，生产中选用植物生长调节剂调控时，需要根据调节剂的类型合理安排使用时间，才能达到理想效果。

（四）化学调控技术对棉花根系的影响

根系是固定植株、吸收养分和水分、合成氨基酸等含氮有机化合物、激素及其他有机养分的重要器官，也是与地上部分进行物质交流的代谢器官，根系的生长发育状况直接影响到地上部分性状和产量。利用外源植物生长调节剂能有效地调控根系内源激素含量水平，进而有效地调控棉花根系生长发育和根系活力。不同的外源植物生长调节剂对根系调控效果也是不一样的：如在使用吲哚丁酸拌种后，主根基部生长素含量及细胞分裂素含量显著增加，而主根根尖和中部生长素、赤霉素含量却显著降低，根系内源激素含量的这种变化显著地提升棉花侧根数，但却抑制了主根的伸长；而在使用助壮素浸种或苗期喷施助壮素后，棉花根系细胞的分化和伸长能力显著增强，不仅加速棉花主根的伸长，而且能促进侧根及根毛的形成和增大，进而增加棉花总体根系数量，促进棉花根系吸收土壤养分的能力，提高棉花产量；唐中杰等研究表明，生根粉 ABT4 号、绿风-95、缩节胺能通过增加棉花侧根数及同化产物向根系分配的比例来促进棉花根系的发育。以上研究表明，大田生产中要想运用促根类植物生长调节剂对根部进行调控，需要基于调控目的有效地选择调节剂类型，才能达到理想效果。

（五）化学调控技术对棉株酶活力的影响

棉株在自然环境条件下，不可避免地会受到多种逆境胁迫，促使植株直接或间接形成过量的活性氧自由基。而活性氧自由基对细胞膜系统、脂类、蛋白质和核酸等大分子具有很强的破坏作用。植株体内存在保护酶系统，保持较高的保护酶活力时，清除氧化自由基的能力强，能够清除多余的自由基，延缓植株的衰老速率。前人研究发现，施用6-卞基腺嘌呤(6-BA)、赤霉素、油菜素内酯、茉莉酸甲酯、甜菜碱和硝普钠等植物生长调节剂能够增加棉株内脯氨酸含量，提高超氧化物歧化酶、过氧化物酶和过氧化氢酶等保护酶活力，降低膜脂过氧化程度，提高渗透调节的能力，保护膜结构的完整性，减轻胁迫伤害。由此可见，利用植物生长调节剂在一定程度上能够提高棉株内保护酶的活力，从而延缓棉花早衰。

（六）化学调控技术对棉花产量和品质的影响

使用植物生长调节剂调控棉花的农艺性状、生理代谢、营养吸收等，其最终的目的是为了增加棉花产量，改善棉花的品质。从李雪等的研究可以看出，叶面喷施化学调控剂可以显著提高果枝数、单株结铃数、铃重和衣分，从而提高产量；刘涛等研究认为，运用化学调控技术不仅可增加各生育时期棉株地上部分干物质积累量、养分吸收量，以及干物质和养分在营养器官和生殖器官中的分配比例，而且能提高棉株干物质的积累与养分吸收的相关性，进而增加棉花产量；沈法富和刘敬然等的研究也证实，化学调控剂可以调节酸性磷酸酶的活力，提高棉铃对位叶光合产物含量，促进蔗糖向葡萄糖的转化，有利于同化物及储存物输向生殖器官，进而加快棉铃的发育；李永山等研究认为喷施化学调控剂之所以能提高棉花产量，主要是因为其可以加快棉花生育进程及缩短棉花吐絮时间(提早2～4天)，避开了中期高温伏旱和后期降温快、霜期早等不良气候逆境胁迫，进而提高单株铃数和铃重(皮棉比对照增产12.23％)；而在喷施适宜的剂量和浓度的芸苔素内酯和复硝钠后，虽可以促进棉花吐絮，增加霜前花产量，并改善棉花纤维品质，但不能增加棉铃总数和棉花总产量。有关化学调控剂对棉花品质影响的研究报道也有很多，多数研究认为，化学调控剂对棉花纤维品质无不良影响。而另外一些研究认为喷施化学调控剂对棉花纤维的上半部平均长度和长度整齐度指数影响不大，但会增加马克隆值，且高浓度处理降低了断裂比强度和伸长率，使棉花纤维品质下降。这说明化学调控剂对提高产量和品质的作用机理和调控效果与其剂型及环境条件有关，大田生产中需要根据当地的生产条件合理选择化学调控剂型。

植物生长调节剂的研究及其在生产上的应用是近代植物生理学及农业科学的重大进展之一。化学调控技术是应用植物生长调节剂影响植株内源激素系统，调控棉花的生长发育和生理代谢，弥补棉花优良品种的某些不足，较好地解决了肥促与疯长、疯长与成铃的矛盾，协调密、肥、水与成铃的关系，使棉花的高产栽培过程接近于目标设计及可控制的生产过程。目前，它已成为提高棉花生产力和实现棉花现代化的先进科技手段，成为当今棉花高产、高效和优质栽培模式研究的热点之一。尽管植物生长调节剂调控技术取得了一些进展，但还仅限于常见的几种植物激素或植物生长调节剂，而且常常单一使用。然而许多植物生长调节剂单独使用往往不能起到较好的调节作用。因此，在未来的发展中，根据不同区域作物生产中出现的诸如高低温、旱涝和病虫草害等问题，研究针对性强的植物生长调节剂及其与肥料或微量元素、农药和除草剂等的配合使用，并发展绿色生长调节剂，重点向水溶性、粒剂、缓释、低毒和低污染方向发展，尽量少用有机溶剂，大力发展以水为基质的乳剂、微乳剂和悬乳剂等性能优良的缓释剂型。

第二节 缩节胺对棉花生长发育的调控效应研究

在棉花生产过程中，运用缩节胺进行化学调控是我国发展轻简化棉花栽培技术的必然趋势。缩节胺对棉花生长发育的调控作用可以分为基本效应和复合效应两类，基本效应指喷施缩节胺后棉花在形态和功能上的直接变化，如农艺性状变化等；复合效应是指在基本效应的基础上，结合外界环境等其他因素共同作用后形成的变化，如产量性状变化等。

在适宜的光照、温度、水肥等环境条件下，棉花具有纵向和横向无限生长发育的特性，其生育前期往往雨水过多且温度较高，易造成营养体生长过旺，从而使得营养生长和生殖生长不协调，最终导致棉花早衰，蕾铃脱落严重，产量和品质降低。因此，协调好棉花营养生长和生殖生长间的关系，是实现棉花优质、高产、高效至关重要的因素。棉花产量和品质等性状不仅受遗传效应的影响，还受大田温度、光照、水分、养分和栽培管理措施等因素的直接影响。施用植物生长调节剂，被列为中华人民共和国成立以来棉花栽培领域三大技术（化学调控、育苗移栽和地膜覆盖）变革之首，且在国内外棉花生产上得到了广泛应用。其中，缩节胺（1.1-dimethyl-piperidinium chloride，DPC）应用最广泛。缩节胺又名健壮素、助壮素，英文名称是 mepiquat chloricie(MC)，商用名称为 Pix，通用名为甲哌嗡，是一种抑制性外源植物生长调节剂。缩节胺是赤霉素(GA)生物合成抑制剂，通过减少棉花内生赤霉素水平抑制细胞的伸长和扩大，进而影响棉花的生长，塑造良好株型，改善生理特性、产量和纤维品质。因此，用机械化、化学化替代人工管理是降低植棉成本，稳定棉花种植面积，提高棉花产量和品质的重要举措。根据作物补偿机制中的得失补偿和差异补偿，发展以轻简化栽培技术为要求的缩节胺化学调控技术，是我国棉花生产发展的必然趋势。缩节胺在实际应用中灵活性比较大，只有根据具体的田间环境条件和棉花生长发育状况进行合理调控，才能达到预期效果。

一、缩节胺在棉花栽培上的使用技术

缩节胺受外界环境条件影响很大，所以并不是施用次数越多越好，也不是任何条件下都采取同一程序。目前，我国棉区主要分为长江流域棉区、黄河流域棉区和西北内陆棉区三大植棉区，不同棉区的缩节胺化控技术不同。别墅和吴慧等研究表明，长江流域棉区一般进行 4～5 次缩节胺化控，分别为 7～10 片真叶时，缩节胺用量为 7.5 克/公顷，兑水 180 千克；12～15 片真叶时，缩节胺用量为 15.0～22.5 克/公顷，兑水 225 千克；初花期，缩节胺用量为 30.0～37.5 克/公顷，兑水 450 千克；盛花期，缩节胺用量为 45.0～52.5 克/公顷，兑水 525 千克；打顶后 5～10 天，缩节胺用量为 60.0～75.0 克/公顷，兑水 600 千克。王延琴和郑洁等研究发现，黄河流域棉区一般进行 3～4 次缩节胺化控，分别为蕾期，缩节胺用量为 7.5～15.0 克/公顷，兑水 150～300 千克；初花期，缩节胺用量为 22.5～37.5 克/公顷，兑水 450～600 千克；盛花期，打顶后 5～7 天，缩节胺用量为 37.5～45.0 克/公顷，兑水 600～750 千克。王大光和王刚等研究表明，西北内陆棉区(以新疆为例)一般进行 5～6 次缩节胺化控，分别为 1～2 片真叶期，缩节胺用量为 4.5～7.5 克/公顷；4～8 叶期，缩节胺用量为 7.5～15.0 克/公顷；初花期，北疆棉田缩节胺用量为 22.5～30.0 克/公顷，南疆用量为 22.5～37.5 克/公顷；盛花期，北疆棉田缩节胺用量为 30.0～37.5 克/公顷，南疆用量为22.5～37.5 克/公顷；打顶后 7～10 天，北疆棉田缩节胺用量为 90～150 克/公顷，南疆为了多结盖顶桃，将缩节胺化控分两次进行，第 1 次在顶部果枝伸长至 8～10 厘米时，用量为 90～120 克/公顷，7 天后进行第 2 次化控，即在顶部果枝第 2 果节伸长至 5～8 厘米时，用量为 120～150 克/公顷。

棉花的化控技术要求很高，缩节胺浓度和施用时期不同，对棉花的形态、产量和纤维品质等性状的影响也不同，而且不同棉花品种对缩节胺化控的敏感性也存在差异。研究表明，棉花苗期喷施低剂量缩节胺能促进生长，可控制棉花营养生长且提高花铃期抗逆性；而高剂量的缩节胺则显著抑制生长，不利于棉株冠层的生长。少量多次喷施缩节胺的效果优于初花期一次喷施，低密度棉花少量少次喷施缩节胺的调控效应较好。研究发现，陆地棉产量等性状对缩节胺化控的响应均大于海岛棉，不同棉花品种在生产上不可采用同一模式进行化控，采用轻量化控比常规化控更有助于干旱地区杂交棉发挥其生长优势。

二、缩节胺对棉花生长发育的调控效应研究

(一) 缩节胺对棉花种子萌发及根系活力的影响

棉花种子萌发容易受到病虫害等外部环境条件的影响，种子萌发的质量对出苗率、幼苗长势、棉花的繁衍与生存等有一定的影响。国内外关于缩节胺对棉花种子萌发的影响已有较多报道，周春江等以新陆早 8 号为供试品种，研究了缓释缩节胺包衣处理对棉花农艺及经济性状的调控效果，结果发现，随着缩节胺使用剂量的增加，3 种缓释材料包衣处理的棉花出苗率均逐渐下降；赵强等以中棉所 49 号为材料，采用高、中、低 3 个剂量的缓释缩节胺对种子进行包衣，结果发现，棉花出苗所需时间随着缩节胺包衣剂量的增加而延长；田晓莉等对棉花种子进行缩节胺拌种，采用生物试法测试发现，未应用缓释技术的拌种对照由于包被在种子表面的缩节胺释放快、释放量大，因此，植株吸收到的缩节胺多、生长受到的延缓作用强；采用^{14}C-缩节胺同位素标记法测试发现，种子经缩节胺拌种后，种壳上的缩节胺一方面直接被种胚吸收，一方面向土壤中扩散进而被幼苗的根系吸收。

根系是植物吸收水分和养分的重要器官，根系活力对根系的生命活动和功能有很大影响。目前，缩节胺对根系活力的影响已有诸多报道。唐中杰等研究表明，缩节胺能通过增加棉花侧根数及同化产物向根系分配的比例来促进棉花根系的发育。田晓莉等以转基因抗虫棉 SGK321 为试验材料，研究了缩节胺与 DTA-6 复配对转基因抗虫棉根系功能的调控，结果发现，缩节胺处理棉花的根系活力在盛花期提高了 13.95%，结铃盛期的根系伤流量提高幅度较大，伤流液中游离氨基酸的流量在盛花期和结铃盛期分别较清水处理的对照提高 8.50%和 32.87%，改善了根系的功能。De Almeida 等用缩节胺处理棉花品种 FM993 的种子，结果表明，缩节胺对棉花幼苗生长有延缓作用，可以促进根系发育，提高根系活力，对根长无显著影响。王宁等以国欣棉 3 号为材料，用 200 毫克/升缩节胺浸种 12 小时，结果表

明，缩节胺浸种处理的棉花幼苗根系活力增强，且显著改善了棉花幼苗根系的ROS代谢水平。根系组织的ROS代谢得到改善可能是缩节胺浸种提高棉花幼苗根系活力的机制之一。

（二）缩节胺对棉花农艺性状的影响

农艺性状是判断棉花生长状况的重要指标。塑造理想株型、防止疯长、构建合理群体，是棉花高产稳产的基础。研究表明，喷施缩节胺可以降低棉花株高、主茎节数和节间长度，还可有效降低果枝始节位置及始节高，增加有效果台数，增大果枝粗度，缩短果枝长度，对棉株上部主茎节间平均长度和中上部果枝平均长度的生长具有抑制作用。杨长琴等以中棉所50为材料，采用裂区设计，研究了种植密度和缩节胺对麦后直播棉产量和冠层结构的影响，结果发现，缩节胺用量越高，不同果枝夹角和长度越低；且缩节胺在蕾期、开花期、打顶后的用量比例为1∶2∶4时，有利于改善冠层特征，实现早熟高产。杨成勋等以新陆早45号和中棉所50、45-21为试验材料，研究了喷施化学打顶剂对棉花冠层结构及群体光合生产的影响，结果表明，田间喷施缩节胺打顶可以塑造株型，改善冠层中下部光环境，调节棉花冠层结构。由于棉花株高、分枝主要受品种遗传和环境条件的影响，所以利用缩节胺对棉花进行化控，塑造良好的冠层结构成为棉花取得优质高产的关键技术。

（三）缩节胺对棉花产量和纤维品质的影响

单位面积结铃数、单铃质量、衣分是棉花产量的3个主要构成因素。其中，衣分主要由遗传特性决定，结铃数和单铃质量则受环境影响比较大，可以通过农艺措施进行调节，尤其是结铃性可塑性较大。棉花产量和纤维品质不仅受棉花品种本身的遗传特性制约，化控等栽培措施对其影响也较大。大量试验研究表明，缩节胺对棉花产量及其构成因素的调控效应是不一致的。任晓明等以清水为对照，分别于苗期、蕾期、初花期、打顶后5天喷施缩节胺，分析发现，缩节胺系统化控对衣分没有显著影响，但使棉花品种国欣棉3号和欣抗4号的单位面积结铃数显著增加，单铃质量也显著提高，2个品种籽棉产量分别比对照显著提高10.2%和13.7%。徐新霞等研究发现，缩节胺喷施3次效果最佳，棉株单株结铃数和单铃质量显著增加，皮棉产量达到3 583.3千克/公顷。宋妮等采用桶栽试验，研究不同水分状况下喷施缩节胺对棉花蕾铃和产量的影响，结果表明，缩节胺对棉株蕾铃生产影响小，土壤含水量较高时喷施缩节胺可使棉花增产。Gwathmey等研究表明，在窄行系统中，喷施缩节胺可以使棉花的下部铃增多，有益于结铃，提高单位面积结铃数和皮棉产量。Yang 等研究发现，在现蕾期和开花期喷施缩节胺可以显著提高皮棉产量。而其他一些研究结果显示，喷施缩节胺可以降低产量或对产量无显著影响，也可以降低单铃质量和衣分或对单铃质量和衣分无显著影响。在棉铃的时间和空间分布上，研究表明，喷施缩节胺可提高伏前桃和秋桃产量，降低上部果枝结铃数和单铃质量，增加中、下部果枝铃数比例。Mao 等研究表明，喷施缩节胺导致棉铃向中、下部果枝集中，增加中、下部果枝成铃数，减少上部果枝铃数，单株结铃数略有增加，可以改变棉花成铃空间的分布。有关缩节胺化控对棉花纤维品质的影响研究也较多，且影响结果也不一致。何钟佩等研究发现，缩节胺处理对棉花纤维细度、纤维强力、断裂长度和成熟系数各项指标均没有不良影响。Wilson 等喷施不同剂量缩节胺进行棉花窄膜试验，结果发现，棉花纤维长度提高了 1.1%～1.8%，而纤维强度、马克隆值、整齐度指数均无显著变化。刘燕等研究了缩节胺和打顶与整枝对华杂棉 H318 产量及纤维品质的影响，结果表明，缩节胺对整齐度指数和马克隆值（没有改变马克隆值等级）有显著影响，但是对纤维上半部平均长度和断裂比强度无显著影响。Ren 等研究表明，在现蕾期或在现蕾期和开花期喷施缩节胺可以显著提高纤维长度（1.7%）和纤维强度（2.8%）。总结发现，缩节胺对棉花产量和纤维品质的影响结果不尽一致，这可能是受光照、温度、水肥、化控等因素综合影响造成的。

（四）缩节胺对棉花生理生化特性的影响

作物产量的 95%来自光合作用形成的有机物，如何提高作物光合能力是科研工作者长期探索和关心的重要内容之一。库源关系的协调是棉花获得高产的基础。大量试验结果表明，喷施缩节胺后，棉花叶片增厚且叶色变得深绿，叶绿素含量增加，光合物质积累增加，光能利用率提高，保证了较高的群体光合能力。研究表明，缩节胺打顶处理棉花叶片的叶绿素含量较人工打顶处理高 31.12%～60.43%，叶面积指数高且高值持续期长，光合面积增加，光合时间延长。刘翠等研究发现，合理的甲哌鎓喷施次数能增强铃对位叶光合能力，促进铃对位叶合成更多的可溶性糖与可溶性蛋白，使更多的光合产物向产量器官转移，延缓叶片衰老进程，提高生育后期叶片光合速率，从而促进棉铃中光合产物的累积。低浓度缩节胺能提高棉花花铃期的叶绿素含量，降低丙二醛含量；而高浓度则使叶绿素含量下降，丙二醛含量上升。周运刚等以新陆早 44 号为材料，研究了不同缩节胺处理对棉花生理生化特性的影响，结果表明，缩节胺处理前期叶片中的叶绿素、游离脯氨酸、可溶性蛋白含量随缩节胺浓度的增大而逐渐增加，而处理后期叶绿素、游离脯氨酸含量则低于用清水处理的对照，适宜的缩节胺浓度可以提高棉花细胞耐渗透压能力，增强抗胁迫能力。冯国艺等研究发现，新疆超高产棉花冠层形成特征表现为，冠层各部位叶片群体光合速率高且在冠层垂直方向呈均匀分布，中下部叶面积指数分布比例高，吐絮期上部叶片群体光合速率下降缓慢。唐光木等发现，喷施缩节胺可以促进叶片同化物向生殖器官转移，使可溶性蛋白含量降低、叶片气孔面积减小，还可以增强叶片硝酸还原酶和谷氨酰胺合成酶活性，抑制棉花植株氨挥发。库源关系的协调还包括干物质分配的协调，棉花群体光合能力的强弱、产量的高低与干物质积累的多少关系密切。Pettigrew 等研究发现，在盛花期喷施缩节胺后，棉铃中干物质质量比例提高了 8%。罗宏海等研究表明，在相同密度下，盛铃期以前群体总干物质累积量在不同缩节胺化控量处理间无明显差异；而盛铃期以后群体总干物质累积量则随缩节胺化控量的增加而降低。此外，徐新霞等研究还发现，缩节胺可以有效协调营养生长与生殖生长的矛盾，合理喷施缩节胺有助于促进棉株生殖器官干物质积累。由此可知，缩节胺可促进棉株干物质的转移，改变源库关系，最终影响棉花的产量和品质。

（五）缩节胺对棉花抗性的影响

缩节胺不仅可以作为棉花生育的调节剂，还具有抑制多种棉花病虫害、提高棉花抗性的作用。束春娥等研究发现，棉苗喷施缩节胺后，叶片上叶螨取食受阻，朱砂叶螨的繁殖率随着缩节胺用量的增加而降低，危害减轻，棉花产量增加。张永军等以转 Bt 基因棉花 GK12 为材料进行缩节胺处理后，转 Bt 基因棉花顶端嫩叶中 Bt 杀虫蛋白的表达量无明显变化，但在一定程度上调节了棉花顶端嫩叶中缩合单宁和芸香苷等抗虫次生物的表达。张祥等以泗抗 1 号和泗杂 3 号为材料，于盛花结铃期应用缩节胺涂抹幼铃，结果表明，在棉铃体积膨大期和充实期，铃壳和棉籽中 Bt 毒蛋白含量增加，应用缩节胺处理棉铃是提高棉铃抗虫能力的有效手段。周运刚等发现，缩节胺对棉蚜无触杀作用，但棉蚜成虫寿命和生殖能力随缩节胺处理时间的延长逐渐下降，同时，缩节胺对棉蚜种群的抑制作用较好。研究还发现，缩节胺可以将棉铃虫在棉株上的落卵量减少 48.8%～88.0%，使棉铃虫低龄幼虫的危害减轻。董志强等研究表明，缩节胺系统化控可显著降低棉株的感病株率，提高棉株抵抗黄萎病菌侵染的能力。另外，适量缩节胺浸种也可提高棉花幼苗的耐盐性。缩节胺化控具有提高棉花抗病虫能力的特性，但对棉花抗早衰是否有影响还有待研究。有研究表明，生长调控和病虫害危害对棉花衰老有影响，棉花早衰的发生和危害已遍及我国西北内陆、黄河流域和长江流域三大主要棉区。采用适量缩节胺对棉花的生长发育进行调控，调节库源比例，是避免棉花早衰的重要策略之一。陈义珍等发现，合理使用植物生长调节剂缩节胺，再结合农艺栽培措施调控棉花的生长发育和衰老，实现正常熟相，可以提高棉花产量和品质。张友昌等从栽培学的角度分析发现，在长江流域棉区合理运用缩节胺可以避免棉花贪青和早衰的发生。

三、缩节胺化控在棉花应用中应注意的问题

棉花的株型、产量和纤维品质等受大田环境直接影响，而缩节胺化控作为棉花高产优质栽培中的配套技术措施，可以改善棉花的株型，有效调节棉花营养生长与生殖生长之间的矛盾，从而提高产量和纤维品质。棉花在喷施缩节胺后会产生一系列的调控效应，可以分为基本效应（包括株高降低、果枝数减少、叶绿素含量增加、光合产物输送和分配增强等，它们只有量的差异且变化方向一致，但没有质的不同）和复合效应（包括烂铃率、脱落率、成铃率和产量等表现，它们既有量的差异也有变化方向和质的不同），在具体应用上要做到定量、定位地控制基本效应，定向诱导出预期的复合效应，从而获得最佳的铃体时空分布，达到增产、增效的目标。但近年来，广大棉区棉农对棉田使用缩节胺化控的认识还存在一些问题，表现为把缩节胺的应用当作一个简单的控“狂”措施，而不是作为一个主动调控手段。该用时不用，该减时不减，造成失时、失量应用，呈现出旺而失控、控而过严的“高、大、空”和“黑、矮、小”等不良结果。所以实际生产中对棉花进行缩节胺化控必须灵活运用，要与品种、地力、水肥、棉花长势长相、密度及气候等因素紧密结合起来，才能发挥其增产、增效作用。因此，对棉花进行缩节胺化控时应注意以下几点：① 根据棉花的生长情况，与水肥结合进行化控。长势旺，量减半；长势弱，施肥浇水促生长。缩节胺喷施 10 天后进行浇水，可以使药效充分发挥。② 缩节胺化控与密度结合。密度大，及早化控，且适当增加化控次数，可以减少荫蔽、棉铃脱落；低密度田可以在中后期使用缩节胺。③ 定向诱导，塑造理想株型。缩节胺的使用采用“三分法”，第一分品种，不同的棉花品种对缩节胺的敏感性不一样，分为钝感型、敏感型、一般型；第二分收法，目前棉花的采摘分为机采和手采两种，它们对应的株型不一样，对缩节胺化控的要求不一样；第三分播期，播种时间不同，缩节胺使用量不同。④ 充分利用缩节胺的双重调控，即棉花内部激素系统和外部栽培条件的调控。加强缩节胺与赤霉素处理在棉花上的互作效应研究，为降低缩节胺化控负效应提供科学依据。⑤ 缩节胺化控与植物生长调节剂复配使用。⑥ 全程化控应遵

循“早、轻、勤”的原则。

四、缩节胺化控技术在棉花育种上的应用展望

棉花育种的最终目的是应用于生产，提高产量和品质，而一个棉花品种是在特定的环境下育成的，只能适应一定的生态区域和栽培条件。缩节胺化控技术的推广，使棉花育种水平上了一个新台阶。育种工作者应该及时把握时机，将新品系从“诞生”到“成人”均置于缩节胺化控环境中，达到育优种的目的。李晓方提出了多基因型种群棉花生态响应研究方法，通过生态区穿梭试验，在棉花花期进行缩节胺化控，确定棉花种群对生态环境响应的敏感性和一致性，从而筛选广适性品种。棉花生态响应试验证明，缩节胺化控在棉花生态响应育种中具有以下优势：① 筛选敏感性不同的棉花材料，建立极端材料池。在不同生态区对棉花群体材料进行缩节胺化控，可筛选出一般性材料、敏感性材料和钝感性材料，建立极端材料池，为棉花育种提供丰富的材料。② 加快棉花良种选育，拓宽适应范围。对育种田中的棉花育种群体进行缩节胺化控，可加快优质资源的选择，以免新选育出的品种因不适应缩节胺化控而遭淘汰。③ 可以适应区域试验的管理环境，加快育种步伐。在各世代育种材料中使用缩节胺，及早适应这一管理环境，有利于产量水平在区域试验中充分发挥，达到快出成果的目的。④ 节约生产成本，提高生产效益。缩节胺化控的及早应用，可以减少育种程序和年限，同时也节约科研经费，提高农民收入。⑤ 植棉化学化与机械化结合，为解放劳动力和加快棉花机械化进程奠定基础。因此，在不同生态区应用缩节胺对棉花群体进行化控，评价棉花群体表现的一致性、稳定性和广适性，一方面顺应棉花生产规模化、机械化、信息化、智能化和服务社会化的未来发展方向，另一方面可以加快实现“快乐植棉”的目标。所以，缩节胺作为化学调控的核心，在棉花育种过程中应用必将为越来越多的育种家所接受，也将作为常规育种的一项重要技术广泛应用于棉花育种。

第三节　麦后直播棉脱叶催熟效果研究

麦后直播棉在东部沿海地区的推广积极策应了现代规模农业，但后期叶片不利于棉桃开裂集中吐絮，采用脱叶催熟技术具有提早成熟、便于机械采收等特点。2016 年，江苏金色农业科技发展有限公司在江苏省棉花栽培集成创新团队“三农

四方”的指导下开展了麦后直播棉脱叶催熟效果研究。2016 年，在江苏滨海棉区进行了麦后直播棉脱叶催熟试验，供试棉花品种为早熟棉品种，分别是中棉所 50 和泗阳 822。设计噻苯隆和乙烯利不同用量组合，其中中棉所 50 设 7 个处理，各处理具体用量设计，如表 11.1 所示。泗阳 822 设 5 个处理，即表 1 中的 T_2、T_3、T_4、T_5、CK 处理。每个处理重复 3 次，按单因素随机区组排列，小区面积为 31.92 平方米(7.00 米×4.56 米)。每个小区 6 行，行距 76 厘米。试验于 10 月 10 日进行叶面喷施，兑水 450 千克/公顷。

表 11.1　各处理噻苯隆和乙烯利具体用量

处理	噻苯隆/(克/公顷)	乙烯利/(毫升/公顷)
T_1	300	4 500
T_2	600	4 500
T_3	900	4 500
T_4	1 200	4 500
T_5	0	4 500
T_6	0	6 000
CK	清水	清水

试验于 10 月 10 日调查叶片数、结铃数和吐絮铃数；11 月 1 日调查脱叶数和吐絮数，计算脱叶率和吐絮率。

一、脱叶效果

由表 11.2 可知，喷药后 20 天，中棉所 50 脱叶率最高是 T_6 处理，为 96.75%；其次是 T_5 处理，为 96.74%；T_1 处理为 95.69%，T_3 处理为 94.48%；T_2 处理为 93.38%；T_4 处理为 92.30%，各处理之间脱叶率无显著性差异，但均极显著高于 CK 处理，CK 处理的脱叶率为 69.99%。

表 11.2　不同处理中棉所 50 的脱叶率及其多重比较

处理	脱叶率/%	差异显著性	
		0.05	0.01
T_1	95.69	a	A
T_2	94.48	a	A
T_3	93.38	a	A

续表

处理	脱叶率/%	差异显著性	
		0.05	0.01
T_4	92.30	a	A
T_5	96.75	a	A
T_6	96.74	a	A
CK	69.99	b	B

注:同一列数据后小写字母完全不同的表示差异显著($P<0.05$),有任何相同小写字母或无字母的表示差异不显著($P>0.05$)。同一列数据后大写字母完全不同的表示差异显著($P<0.01$),有任何相同大写字母或无字母的表示差异不显著($P>0.01$)。

T_2 处理、T_3 处理、T_4 处理、T_5 处理、CK 处理的泗阳 822 的脱叶率分别为 83.9%、82.24%、89.23%、69.74%、50.58%。脱叶率最高的是 T_4 处理,最低的是 CK 处理。CK 处理的未脱落叶片正常生长,而喷药的叶片都枯萎下垂。

二、催熟效果

如表 11.3 所示,中棉所 50 喷药处理前的吐絮率为 28.4%~37.5%,喷药后 20 天,T_1 处理、T_5 处理、T_6 处理的吐絮率都达到 100%,T_3 处理的吐絮率为 99.76%,T_2 处理的吐絮率为 99.15%,T_4 处理的吐絮率为 98.18%,CK 处理的吐絮率为 86.68%。T_1 处理、T_2 处理、T_3 处理、T_4 处理、T_5 处理、T_6 处理之间无显著性差异,但均极显著高于 CK 处理。

表 11.3　不同处理中棉所 50 的吐絮率及其多重比较

处理	吐絮率/%	差异显著性	
		0.05	0.01
T_1	100.00	a	A
T_2	99.15	a	A
T_3	99.76	a	A
T_4	98.18	a	A
T_5	100.00	a	A
T_6	100.00	a	A
CK	86.68	b	B

注:同一列数据后小写字母完全不同的表示差异显著($P<0.05$),有任何相同小写字母或无

字母的表示差异不显著($P>0.05$)。同一列数据后大写字母完全不同的表示差异显著($P<0.01$),有任何相同大写字母或无字母的表示差异不显著($P>0.01$)。

泗阳822喷药处理前的吐絮率为14.3%～30.1%,喷药后20天,T_2处理、T_3处理、T_4处理、T_5处理、CK处理的吐絮率分别为94.64%、93.15%、96.97%、76.92%、43.83%。吐絮率最高的是T_4处理,最低的是CK处理。

三、脱叶催熟剂对铃重和衣分的影响

由表11.4可知,中棉所50喷药处理后单铃重最高的是T_6处理,为3.18克;最低的是T_5处理,为3.05克。各处理间无显著性差异。泗阳822喷药后20天,T_2处理、T_3处理、T_4处理、T_5处理、CK处理的单铃重分别为3.45克、3.32克、3.37克、3.73克、4.43克。单铃重最高的CK处理较最低的T_3处理高出33.4%。

表11.4　不同处理中棉所50的单铃重及其多重比较

处理	单铃重/克	差异显著性测定	
		0.05	0.01
T_1	3.17	a	A
T_2	3.18	a	A
T_3	3.17	a	A
T_4	3.18	a	A
T_5	3.05	a	A
T_6	3.18	a	A
CK	3.14	a	A

注:同一列数据后小写字母完全不同的表示差异显著($P<0.05$),有任何相同小写字母或无字母的表示差异不显著($P>0.05$)。同一列数据后大写字母完全不同的表示差异显著($P<0.01$),有任何相同大写字母或无字母的表示差异不显著($P>0.01$)。

由表11.5可知,中棉所50喷药后20天,衣分最高的是T_4处理,为36.43%;最低的是T_5处理,为35.63%。各处理间无显著性差异。

泗阳822喷药后20天,T_2处理、T_3处理、T_4处理、T_5处理、CK处理的衣分分别为37.9%、37.4%、37.6%、38.1%、40.6%。衣分最高的CK处理较最低的T_3处理高出3.2%。

表 11.5　不同处理中棉所 50 的衣分及其多重比较

处理	衣分/%	差异显著性	
		0.05	0.01
T_1	36.10	a	A
T_2	36.00	a	A
T_3	35.70	a	A
T_4	36.43	a	A
T_5	35.63	a	A
T_6	36.27	a	A
CK	36.10	a	A

注：同一列数据后小写字母完全不同的表示差异显著($P<0.05$)，有任何相同小写字母或无字母的表示差异不显著($P>0.05$)。同一列数据后大写字母完全不同的表示差异显著($P<0.01$)，有任何相同大写字母或无字母的表示差异不显著($P>0.01$)。

试验结果表明，脱叶催熟剂对中棉所 50 的影响表现为：6 种脱叶催熟剂处理都达到机采指标脱叶率≥90%、吐絮率≥90%的要求；对早熟品种中棉所 50 铃重和衣分无影响。

脱叶催熟剂对品种泗阳 822 的脱叶催熟效果表现为：4 种脱叶催熟剂处理都没达到机采指标脱叶率≥90%要求，其中，脱叶率最高的是噻苯隆 1 200 克/公顷＋乙烯利 4 500 毫升/公顷，达 89.23%；4 种脱叶催熟剂中含有噻苯隆的吐絮率都达到≥90%的要求，其中吐絮率最高的是噻苯隆 1 200 克/公顷＋乙烯利 4 500 毫升/公顷，达 96.97%。对泗阳 822 的铃重和衣分表现为脱叶催熟剂有降低铃重和衣分的趋势，其中含有噻苯隆的处理对铃重和衣分的影响更大。泗阳 822 生育期较中棉所 50 迟 5～7 天，且后期长势旺，喷药时处于吐絮初期，故脱叶催熟效果不如中棉所 50，并对铃重衣分影响较大。2016 年的脱叶催熟剂中有无噻苯隆对品种中棉所 50 影响不大，而含有噻苯隆的脱叶催熟剂对泗阳 822 有提高脱叶率和吐絮率的效果，但有降低铃重和衣分的趋势。

第十二章　油后直播棉花短季栽培技术

第一节　早熟棉区棉花调控技术

棉花调控技术是棉花生产中最传统的技术措施。新疆早熟棉区，在匀苗密植的基础上，协调好营养生长与生殖生长、群体与个体的关系，并通过人工整枝、水肥运筹和化学调控，塑造丰产株型和合理的群体结构，形成田间高光效群体长相，提高内围铃的比重和素质，是获得棉花高产的关键措施之一。在宽膜栽培条件下，棉株生育进程加快，棉田群体加大，科学调控棉花群体结构对促进高产优质极其重要。常用的群体调控技术包括人工整枝和化学调控两个方面。

一、人工整枝

(一) 抹油条和脱裤腿

当第 1 个果枝或花蕾出现后，将第 1 果枝以下叶枝及时去掉，仍保留果枝以下主茎叶片，给根系提供有机养料，称为去叶枝或“抹油条”。若连主茎叶片一起打掉称为“脱裤腿”。陆地棉相对海岛棉营养枝较长，特别是一些长果枝品种，在宽膜栽培条件下，叶枝生长快，生长势较果枝强，消耗养分较多，中后期往往造成田间荫蔽；叶枝上着生的花蕾，一般成铃少而小，成熟晚。所以应把“抹油条”或“脱裤腿”作为控制棉苗旺长夺取高产的手段。弱苗和缺苗处的棉株可以不去叶枝，等其伸长后再打边心。去叶枝在现蕾初期进行；“脱裤腿”在盛蕾期进行。对于旺长棉苗要早“脱裤腿”。新疆自育新陆早系列品种中，大部分不需要做这项工作。但如果由于田间管理不到位造成棉田群体生长不协调，部分品种有必要进行这项工作。

(二) 打顶尖及打群尖

打顶后,棉株的光合产物在各部位器官内呈均衡分布,从而增加下部结实器官中养分分配比例,加强了同化产物向根系中的运输,增强了根系活力和吸收养分的能力,进而提高了成铃率,加快了棉铃的发育。打顶方法应采用轻打顶,即摘去顶尖连带 1 片刚展开的小叶,重打顶时可打 2 叶 1 心。为了减少棉田虫源,打顶时带花袋,将打下的顶尖带出田外掩埋。打顶采取“旺苗早打,弱苗晚打,壮苗适时打”的原则。打群尖又叫打边心、打旁心。打边心可控制棉株果枝横向生长,改善田间通风透光条件,有利于提高成铃率,增加铃重,促进早熟。生产上对肥水充足、长势较旺、密度较大的棉田,在田管中、后期,自下而上分次打去群尖,并结合结铃情况,下部留 2～3 个果节,中部留 3～4 个果节,上部可根据当地初霜期早晚,打掉无效花蕾。

二、缩节胺调控技术

(一) 缩节胺的作用和特性

缩节胺是一种植物生长延缓剂,它在棉株体内能阻碍赤霉素的合成,改变赤霉素的含量水平和内源激素系统的平衡,因而既可以定向地控制茎、枝、叶的营养生长,有效地抑制棉株纵横伸展,又可定向诱导棉株生长发育。主要表现在:① 可有效延缓主茎和果枝节间伸长;② 具有显著的促根效应;③ 缩节胺可提高叶绿素含量,增强棉叶光合作用,延缓叶片衰老;④ 可促进蕾、花、铃的发育,提高棉铃品质。总之,缩节胺对棉花器官表现为“双向”调控效应,即:对茎枝及侧芽和顶芽的生长表现为抑制作用;对棉株的主要“源”(叶片和根系)和“库”(蕾、花、铃)的发育及功能则起着积极的促进作用。

(二) 缩节胺化调的原则

(1) 早调。覆膜棉田出苗早,发苗快。苗期生长势强的品种一般在子叶展平时进行第 1 次化调;苗期生长势较弱的品种,一般在 3～4 片真叶时进行第 1 次化调。对于 4 月 25 日以后 5 月初播种的棉田,由于气温和地温迅速上升,各方面条件适宜于种子发芽出土,棉种出土后在膜内高温条件下快速生长,因此,对这类棉田宜在出齐苗后进行第 1 次化调,每亩化控量控制在 0.5～1.0 克。

(2) 轻调。苗、蕾期棉株日生长量较小,化调用量宜轻;施用肥水后和花铃期棉株生势增强,化调用量应适当加大。对于弱苗,蕾期使用缩节胺过量,往往造成棉株发育受抑制，滞涨，株高和果枝台数明显减少，造成严重减产。

（3）勤控。为了能恰到好处地塑造理想株型，根据覆膜棉田早苗早发、群体发展快的特点，应实行“少食多餐”的“轻控、勤控”原则。一般壮苗棉田头水前可化调2～3次，全生育期可化调4～6次。

（4）分段化调，定向诱导。根据研究和调查表明，缩节胺处理后3～5天，主茎的生长量开始下降，7～12天是药效发挥的最大作用期，15天后直接控制营养生长的效应明显减弱。20～25天后药效消失。缩节胺主要影响正在伸长的节间和将要伸长的节间。大田观测调查表明，缩节胺处理后的棉花，因处理时生育期的不同，控制效应也不同。苗期和现蕾期调控，主要影响主茎下部节间和果枝；盛蕾、初花期调控，主要影响中部节间和果枝；花铃期调控，主要影响上部节间和果枝。因此，在不同的生育阶段，化调的目标是不同的。苗蕾期以轻调为主，进行“少量多次早调”，重点是促进根系发育，提高根系活力和叶片的光合作用，实现壮苗早发；蕾铃期调控前轻后重，以保持棉花稳健生长，节间均匀伸长，促进营养生长与生殖生长协调发展，15天左右化调1次。

（5）化学调控与肥水调控结合。化调与水调结合：在灌水前3天化调，缩节胺见效时灌水，使棉株处于地下肥水足、地上缩节胺控制的下促上控环境中稳长，棉株发育均衡，营养生长与生殖生长比较协调。化调与肥调结合：缩节胺化调后，棉株吸肥能力增强，光合效率提高，吸肥高峰提前。因此，花铃肥也宜提早到盛蕾初花期施用。化调与施肥相配合，可以发挥棉花更大的增产潜力。但对肥力较高，长势过旺的棉田，在进行化调的同时，一次性施肥量不宜过大，可分两次施肥或减少和推迟施肥，以提高调控效果。对弱苗棉田可采取施肥促长后再化调，达到促控配合仍高产的目的。

（6）因地、因苗分类调控。缩节胺化调要根据棉花品种特性、土壤肥力、气候情况、棉株发育进程和长势等灵活掌握，不能一刀切。一般特早熟品种对缩节胺敏感，用量宜轻；中晚熟品种和生长势强的品种缩节胺用量相应重些。肥力较高，棉株长势偏旺棉田，缩节胺用量相应增加；土壤瘠薄和沙性大的棉田，棉株长势差，化调次数要少，用量宜轻；即使相同品种，在不同的种植密度条件下，要获得相对高产，也要采取不同的调控措施。长势均匀的棉田宜采用机力化调；点片旺长的要进行点片人工补调；弱苗要偏水偏肥以促为主，适时轻调。做到控旺不控弱，控高不控低，因地因苗分类调控，以促进棉花均衡生长。

(三) 缩节胺的调控决策和使用技术

(1) 苗期。覆膜棉田，棉花出苗早，苗期生长速度快，长势较强，苗期的化调也要相应提早。一般可于 2 叶期用缩节胺溶液(约 0.8 克/亩)轻调 1 次；旺苗控、弱苗促是主要目的。旺苗棉田缩节胺用量可适当增加；弱(僵)苗原则上不进行化控，应选用叶面肥加生长素促进生长。叶面肥可用磷酸二氢钾(150 克/亩)加尿素(200 克/亩)，也可用生长素，但生长素的使用一定要按说明书进行，切忌用量过大，造成棉苗徒长后再进行化控。

(2) 蕾期。棉花现蕾后，生长逐渐加快，节间开始拉长。可在 5～7 叶期用缩节胺(1.0～1.5 克/亩)轻调，一般不超过 2 克/亩。棉株进入盛蕾期，根系增强，生长速度明显加快，营养生长与生殖生长并进。为了促进营养生长与生殖生长协调发展，搭好丰产架子，防止棉花旺长，必须及时进行调控。一般在 8～9 叶期用缩节胺(1.5～2.5 克/亩)喷施；争取将第 3～4 果枝节间平均长度控制在 4.5 厘米左右，主茎日生长量控制在 1.0～1.2 厘米。头水前 2～3 天，用缩节胺(约 3 克/亩)控制水后棉株旺长，争取将第 5～7 个果枝节间长度控制在 5 厘米左右，日生长量控制在1.0 厘米。旺苗棉田：现蕾初期的旺苗田，以缩节胺控制为主，配合切膜、中耕及人工去叶枝等，缩节胺用量一般 2 克/亩。临灌(滴)头水的旺苗田(盛蕾期)，可采用揭膜与灌(滴)水配合进行控制，即根据旺长棉苗程度决定灌(滴)水间隔时间。一般7～12 天即可控制旺长。也可单用肥水调控(少施或不施肥，延迟灌水)，到棉苗略显旱象，生长明显缓慢时再灌(滴)水(结合施肥)。弱苗棉田：一般现蕾初期不进行化控，同时喷施 1～2 次叶面肥，早灌(滴)水、早施肥，此时施尿素一般 10 千克/亩左右。受旱棉田：及时灌(滴)水，若水情紧张，可先喷施旱地龙等抗旱调节剂以减轻旱情。

(3) 花铃期。棉花进入花铃期后，若水肥充足，温度较高，棉花生长势较强，必须及时调控，以防止营养生长过旺。盛花前结合灌(滴)水重施花铃肥，水前用缩节胺(3～4 克/亩)进行控制。适时打顶，打顶后 5～7 天，用缩节胺(6～8 克/亩)控制棉株营养生长。旺苗棉田：减少氮肥施用量，适当延长灌(滴)水间隔时间，并且适当偏早打顶，打顶后 5～7 天，用缩节胺(7～10 克/亩)化控。7 月下旬剪去无效果枝和果节。弱苗棉田：提前灌(滴)水，水前重施花铃肥，施尿素 12 千克/亩，用缩节胺(2～4 克/亩)进行化控或更轻，适当偏晚打顶，打顶后 7 天，用缩节胺(约 6 克/亩)进行化控。根据具体情况，铃期施用叶面肥 1～2 次，补充棉株根外所需养分。

(4) 吐絮期。对于贪青晚熟的棉田,于霜前20天左右,在最高温度高于20 ℃的几天里,用乙烯利进行催熟。有效成分为40%的乙烯利,一般乙烯利用量为每亩120克左右,加水20～30千克。长势偏旺,用药偏晚,气温偏低时,用药量可多些,反之,用药量宜少些。用药时间一般在枯霜前20天左右,且连续几天日最高气温达到20 ℃以上时,于中午施药效果较好。施药要求:由于乙烯利喷在叶片上被叶片吸收后,输向棉铃的极少,所以要求喷洒均匀,尽可能喷在棉铃上。为了实现喷洒均匀,应使用雾点小的机动喷雾器或超低量喷雾器。对于机械采收的棉田,于9月上中旬,根据天气预报,在未来10天内,气温大于18 ℃时,每亩可用脱落宝40克或脱落宝30克加乙烯利70克进行全株喷洒,以达到脱叶效果,便于机采。各块棉田的品种、管理措施、长势长相不尽相同。因此,化学调控必须看棉株的叶片数、株高和主茎日生长量等实施。化调用量则根据棉株叶龄和长势情况确定。

(四) 缩节胺调控的方法

多年试验和生产实践证明,缩节胺化调应在棉花旺长前进行;坚持少量多次早调,一般约3个叶龄化调1次;化调要与棉花发育进程和水肥管理结合进行;缩节胺用量要前轻后重,逐渐增加。为了保证化调效果,化调的方法和设施要根据化调的部位做相应调整。苗期对行喷叶;现蕾到盛蕾期下部油条和果枝开始伸长,应采取上部喷雾和侧面吊臂喷雾结合,以提高对下部油条和果枝的控制效果;花铃期也应采用上述方法,以利于塑造合理株型。在上述调控的基础上,打顶后,化调以喷施上部果枝为主。

第二节 棉花油后直播集中吐絮栽培技术

长江流域棉区棉田种植制度以油棉两熟制为主。为了充分利用光热资源,发挥杂交棉的个体生长优势与生产潜力,通常采取育苗移栽、大棵稀植、大水大肥、延长棉花生育期的高产栽培技术途径。这种"以个体换群体,以时间换空间"为显著特点的杂交棉栽培技术体系,单株生产力得到了充分发挥,在节约用种量、避免蕾期田间荫蔽等方面十分有效。但随着经济社会的发展,农村劳动力转移和劳动力工价的不断升高,这种栽培方式的缺陷已成为棉花生产效率进一步提高的主要限制因素之一。棉花开花结铃时间长,吐絮期也长,从8月上中旬至11月中下旬,甚至 12 月仍在吐絮。因此，收花环节费时、费工，成本高。当前以育苗移栽为主的棉花生产用工 28～32 个/亩，据调查，其中，收获用工占总劳动力成本的 50%左右。由于吐絮期长，不利于发展机械化收花，而且棉铃形成的时空变化很大，大量依靠秋桃增产、棉株外围铃比例增加也导致棉花纤维品质变差。棉花产量进一步提高受到单株生产力的限制，棉花生产季节长也加大了受自然灾害影响的风险。经过近几年的研究与实践，通过调节播种期、适当增加密度、肥水调控与化学调控相结合等措施，构建合理群体结构可使棉花成铃相对集中，再通过肥料和化学催熟相结合等栽培管理综合技术措施，促进棉花集中吐絮，获得了较好的效果，初步形成了棉花集中吐絮的栽培技术体系。这种栽培技术可以使棉花生产缩短吐絮时间，集中在 30～40 天内吐絮，实现集中收花，并为实现机械化收花创造条件，同时为多熟制棉田后茬作物的及时种植提供了有利条件。该技术体系主要包括以下技术措施。

一、选用良种，适当增加种植密度

棉花油后直播可减少育苗环节的用工，大大降低棉花生产的劳动力成本，但播种期较育苗移栽普遍推迟 30～40 天，生长季节缩短，不利于棉株个体生产潜力的充分发挥，因此，需要选择结铃性强、纤维品质好的中早熟棉花品种。将发芽率在 80%以上的中早熟棉花品种的脱绒包衣种子，于 5 月 10 日—25 日油菜收获后及时整地播种，播种最迟不超过 5 月底。采取半精量穴点播的方法，播棉种 1～2 粒/穴；杂交棉行距 70～80 厘米，穴距 30 厘米，播种密度 2 750～3 150 穴/亩，定植密度为2 000～3 000 株/亩。常规棉密度适当增加，可达到 3 000～4 000 株/亩。如 2012 年、2013 年在常德临澧县分别以中熟杂交棉品种湘杂棉 20 号、湘农大棉 1 号为试验材料，5 月 15 日、5 月 20 日油后板田穴点播，株行距 80 厘米×30 厘米，收获密度2 300～2 500 株/亩，分别获得籽棉产量 289.3 千克/亩 和 275.0 千克/亩。

二、适当减氮，平衡磷钾肥施用

与育苗移栽稀植大棵、大水大肥的高产栽培途径相比，油后直播由于密度增加，需适当减少氮肥投入，以免造成徒长和田间荫蔽；并适当增加磷钾肥用量，有利于促进棉花早熟。一般中等肥力水平的棉田，大约施纯氮 15 千克/亩、五氧化二磷 8～10 千克/亩、氧化钾 12 千克/亩。施肥方法：采取整地时一次性施入棉花专用缓（控）释肥；或不施基肥，于棉苗 3～4 叶期，一次性在棉花行间开沟埋施棉花专用缓(控)释肥;也可以分两次施肥,第一次在棉苗3～4叶时施含氮、五氧化二磷、氧化钾各15%的复合肥30千克/亩左右,第2次在棉花初花时施含氮、五氧化二磷、氧化钾各15%的复合肥40～50千克/亩,外加尿素10千克/亩、氯化钾5千克/亩。

三、化学调控,提高成铃率

合理的化学调控对于控制徒长和蕾铃脱落、促进生殖生长具有很好的效果,已成为棉花生产的主要技术措施之一。棉花营养生长与生殖生长重叠时间长且矛盾突出,尤其是杂交棉在高密度下营养生长旺盛,极易出现田间荫蔽,造成严重徒长和蕾铃脱落。因此,常用缩节胺进行调控,以减少脱落和提高成铃率。由于不同棉花品种对缩节胺的敏感性有显著差异,因此,化学调控的次数和缩节胺的用量要因品种而异。与现行的营养钵育苗移栽比较,油后直播、集中吐絮栽培棉花生长季节短,化学调控的次数和缩节胺的用量均减少。苗期一般不需要进行化学调控,蕾期至花铃期根据棉株长势,可喷施缩节胺2～3次,总用量3～5克/亩。

四、简化整枝,适时重度打顶

简化整枝是棉花轻简化生产的主要措施之一。由于油后直播棉播种较迟,生长期间气温较高,且在减少氮肥用量的情况下,叶枝发生较少,因此,中期可不整枝。8月上旬,在棉株高度达到110～120厘米时打顶,去掉顶端10～20厘米的主茎,保留果枝14～16个/株,对于超过6个果节的果枝去掉其顶端,保持每个果枝不超过6个果节。这种打顶方式可使棉株纵向和横向生长均整齐,田间通风透光良好,同时,便于控制棉花群体开花期,有利于棉铃集中成熟吐絮。

五、促早催熟,集中吐絮

打顶后用1%～2%的过磷酸钙浸出液40千克/亩进行叶面喷施,可促进光合产物向棉铃转运,有利于棉花早熟。当棉株吐絮30%～40%时进行化学催熟,可采用乙烯利或乙烯利与百草枯混合进行叶面喷施,也可选择市场上广泛使用的落叶剂如噻苯隆、脱吐隆等。喷药前对已吐絮的棉花进行采收,以免降低纤维品质。或者分2次进行化学催熟,第一次于棉株自然吐絮20%时,用40%的乙烯利30毫升兑水30千克/亩仅对棉株中下部喷施,第二次于9月下旬至10月上旬,当棉株吐絮50%左右时,用20%质量分数的百草枯40毫升,加40%质量分数的乙烯利30毫升兑水40千克进行全株喷施。棉花集中吐絮的栽培技术,与当前长江流域棉区普遍采用的依靠延长棉花生育期获得高产的生产方法比较，具有明显的优势：棉花的全生育期缩短 60～70 天，吐絮期缩短 35～40 天，可在 10 月上中旬吐絮结束，并且产量不减少；通过调节播种期，棉花生长期间温光条件好，棉株生长快、发育早，且省去了育苗移栽环节，节省了育苗移栽所需的劳动力成本；通过合理密植、肥水调控和化学调控优化了群体结构，重度打顶抑制了棉株顶端优势，使棉株高度整齐一致，改善了田间通风透光条件和棉花生长环境，结桃快而集中；通过促使集中成铃并结合化学催熟促进干物质向生殖器官运转和落叶，棉花吐絮集中，解决了常规生产方法棉花吐絮期长、需要多次采收，用工多且难以实现机械化采收的问题，可以实现棉花采收两次即可结束（根据天气和劳动力，棉花采收次数也可以增加 1～2 次），节约了棉花采收环节的劳动力成本，为实现机械化收花创造了良好的条件，并解决了棉花与冬作物生产争地的矛盾。

第三节　短季直播棉栽培技术及病虫害防治要点

人多地少是中国的基本国情，在中国，以占世界 7%的耕地面积解决了占世界 22%人口的吃饭穿衣问题，土地负载量极大。今后“人增地减”的发展趋势在短期内不可逆转。早熟棉生育期短，适合我国一年两熟和多熟制度。从一熟到多熟、从单作到复种，提高棉花复种指数，是扩大棉花种植面积、保障粮食生产安全的重要保障。

一、播前准备

油菜收获后及时耕地，深度大约 30 厘米，播种前及时旋耕，镇压提墒，做到下实上虚，结合旋耕施尿素 300 千克/公顷、磷酸二铵 150 千克/公顷、氯化钾 300 千克/公顷。

二、良种直播，提高播种质量，确保一播全苗

直播棉节省了育苗移栽环节，没有移栽后的缓苗期，棉苗生长速度快，是棉花短季栽培的关键措施之一。棉花直播栽培最关键的问题是如何保证一播全苗。据历史资料分析，湖南省植棉区 5 月上旬日平均气温连续 3 天低于 15 ℃的低温阴雨年份，出现频率高达 58%。该主要灾害性天气，易引起棉花死苗、僵苗迟发。短季

栽培一般在5月中下旬播种，不能晚于5月底播种。此时气温较高且稳定，选择结铃性强、纤维品质好的中早熟棉花品种、发芽率在80%以上的脱绒包衣种子，采取半精量穴点播的方法，每穴播1～2粒棉种，可有效避免缺行断垄。5月20日—5月25日播种，选用生育期105～115天的棉花品种，如JX0010、石早1号、石早2号等。播种前使用除草剂，48%氟乐灵乳油1 500毫升/公顷，兑水600千克均匀喷施于地表，通过耙地混土混匀。播前充分晒种，促进种子后熟，使用棉花播种机播种，不覆盖地膜，等行距0.5～0.6米，种植密度9 000～12 000株/公顷。

三、适当增加种植密度，增大群体光合面积，提高群体日产量

籽棉产量由单位面积的株数、单株成铃数和铃重构成，皮棉产量与衣分有关。棉花短季栽培较现行栽培方法生长季节缩短了1/3左右，不利于棉株个体生产潜力的充分发挥。因此，适当增加种植密度，改大棵稀植栽培的“小群体、大个体”模式为“中群体、中个体”模式，通过群体数量的增加弥补个体生长的不足，依靠群体优势实现高产稳产是棉花短季栽培的关键措施之一。长江流域棉花短季栽培密度可达60 000株/公顷以上，可有效增加群体叶面积、特别是棉花生长前期的群体叶面积，提高棉花群体对光能和土壤的利用效率，从而达到提高群体日均籽棉产量的目的。

四、补苗、定苗，中耕松土与整枝

在棉花子叶期进行查苗，发现少苗时立即移栽芽苗或补种，出真叶后发现缺苗可采用带土移栽。及时疏苗，3～4片真叶时，按照种植密度为9 000～12 000株/公顷定苗。棉花苗期、蕾期雨后及时中耕松土，使土壤透气，不板结，保证根系活力，促进根系下扎。现蕾后去掉果枝下面的营养枝，7月20日—7月25日，果枝数10个左右时及时打顶，做到“枝到不等时，时到不等枝”，长势较旺棉田8月初打群尖。

五、适当减氮，平衡磷钾肥施用，减少施肥次数

棉花短季栽培由于种植密度增大，氮肥过多极易出现徒长和田间荫蔽，导致生殖生长受阻，蕾铃脱落严重。因此，棉花短季栽培应适当减少氮肥投入和增加磷钾肥用量，以利于促进棉花早熟。当前大棵稀植的栽培方式的棉花生长季节长，为了满足棉花全生育期对养分的需求和减少肥料损失，长期以来，棉花栽培强调多次施

肥,这种方法在劳动力资源充足的情况下有较好的效果。短季栽培由于生长季节缩短,可减少施肥次数,最好选择棉花专用缓(控)释肥作为基肥或苗期一次性施入,既能满足棉花各生育阶段对养分的需求,又可节省劳动力。

六、全程化调,防止徒长,提高成铃率

棉花营养生长与生殖生长重叠时间长且矛盾突出,合理的化学调控对于控制徒长和蕾铃脱落具有很好的效果,在棉花生产中发挥了重要作用。棉花短季栽培密度增加,生长在高温季节,如果肥水"碰头"极易出现徒长,形成田间荫蔽,造成蕾铃脱落严重。因此,更应重视全程化学调控,以构建理想的群体结构,提高成铃率。由于不同棉花品种对缩节胺的敏感性有显著差异,化学调控的次数和缩节胺的用量也要因品种而异。根据棉株长势和天气情况进行化控,一般从蕾期开始化控。依据少量多次的原则喷施缩节胺进行化控。少雨干旱,苗情长势不好时不进行化控;雨水较多、出现旺长时应加强化控。缩节胺用量:蕾期 7.5～15 克/公顷,初花期 15～22.5 克/公顷,盛花期 15～30 克/公顷,打顶后1 周左右 30～45 克/公顷,如遇雨水天气可适当增加缩节胺施用量。对成熟较晚棉田可在 10 月初施用 40%乙烯利 1 500 毫升/公顷,兑水 750 千克稀释均匀后喷施,棉花吐絮达到 40%后应及时采收。

七、适时催熟,促集中吐絮

集中吐絮是棉花短季栽培的关键技术之一。在通过播种期、种植密度、肥水和化学调控等系列措施促进集中成铃的基础上,化学催熟脱叶可促进集中吐絮,进一步缩短棉花生产季节。脱叶催熟剂施用时间应根据棉株长势和气候条件而定,一般棉株自然吐絮达 30%～40%时进行化学催熟,可采用乙烯利或乙烯利与百草枯混合进行叶面喷施,也可选择市场上使用较为广泛的落叶剂,如噻苯隆、脱吐隆等进行催熟脱叶。棉花短季栽培要求在 10 月 15 日前吐絮结束,而脱叶剂喷施后要 20 天左右才能达到较好的效果;因此,棉花短季栽培应在 9 月 20 日左右进行化学催熟脱叶。喷药前对已吐絮的棉花进行采收,以免降低纤维品质。

棉花短季栽培较当前长江流域棉区普遍采用的"大棵稀植、大水大肥"栽培法全生育期缩短 70～80 天。根据棉花生长发育和产量形成的生理生态机制,延迟播种日期、合理密植、肥水调控和化学调控等系列措施构建合理的群体结构,通过提高棉花群体的日产量而实现群体高产。短季栽培主要通过栽培技术措施的科学运

用而实现，对棉花品种无特殊要求，选用普通中早熟棉花品种即可，但考虑到种子成本问题，最好选用常规棉品种。这种全新的栽培理念旨在缩短棉花生产时间，减少棉花生产操作环节，从而实现节本高效，具有极为广阔的推广应用前景，可实现长江流域棉田种植制度的三大转变：① 由当前的棉田套作两熟转变为棉田轮作两熟；② 由当前的棉花育苗移栽转变为直播简化栽培；③ 由当前的人工操作转变为全程机械化生产。

八、病虫害防治

（1）蚜虫防治。棉田卷叶株率达到或超过 20％时，用内吸剂农药防治蚜虫。如 10％吡虫啉可湿性粉剂 150～250 克/公顷或 20％啶虫脒可湿性粉剂 30～40 克/公顷，兑水 40 千克喷施，如果蚜虫发生严重，10 天后再喷 1 次。

（2）棉盲蝽蟓防治。百株有虫 5 头或棉株新被害率达到 3％时防治。防治方法：10％的吡虫啉可湿性粉剂 250 克/公顷和 4.5％高效氯氰菊酯乳油 350 毫升/公顷，兑水喷施；或 40％毒死蜱乳油 800 毫升/公顷，兑水喷施；或 40％盲蝽绝杀乳油 1 000 倍液喷施。施药时，从棉田四周向中间喷施，集中连片防治，防止盲蝽蟓飞出棉田，喷药时间一般在上午 8:00 以前，下午 5:00 以后。降雨后要加强监控和防治，雨水多时及时防治。

（3）棉铃虫防治。百株棉株达到二代幼虫 20 头，三代 15 头时开始防治。防治方法：5％甲维盐粉剂 150 毫升/公顷加 5％阿维菌素水剂 450 毫升/公顷，兑水 450 千克喷施；或 20％氯虫苯甲酰胺 3 000 倍液喷施。注意交替轮换用药，喷药后遇到雨水天气应及时补施。

（4）黄萎病防治。① 倒茬轮作：棉花与其他作物倒茬轮作可以有效降低黄萎病发病程度，尤其与水稻轮作效果更好。一般黄萎病较重的棉田种植其他作物 3 年，发病程度明显降低。② 合理施肥：合理施用钾肥、有机肥，促进棉花健康生长，提高棉株抗病能力，减轻黄萎病发生。另外，施用有机肥可改良土壤透气性，改善土壤生态条件，增加土壤中有益菌数量，抑制棉花黄萎病菌数量，降低病菌侵染棉株概率。③ 药物防治：喷施叶面肥加抗菌剂，可以起到预防发病的作用，并且有助于黄萎病发病初期的恢复。可用黄腐酸盐 600 倍液加入多菌灵喷施，7～10 天喷施 1 次，连续喷施 2～3 次。

第四节　长江流域棉区麦(油)后直播棉关键栽培技术

长江流域棉区作为我国棉花的传统优势种植区，在稳定我国棉花产业发展过程中起着非常重要的作用。为适应农村劳动力转移的新形势，探索集成了麦(油)后直播棉在机采条件下的技术模式，取得了显著成效。

一、麦(油)棉播种基础模式

以小麦产量400千克/亩(或油菜200千克/亩)、皮棉100千克/亩为目标，小麦(油菜)播种基础：耕翻前底施优质农家肥1 000～2 000千克/亩或饼肥150千克/亩。此外，油菜播种时基施纯氮6～9千克/亩，五氧化二磷4～6千克/亩，氧化钾9～11千克/亩；小麦播种时基施纯氮8～10千克/亩，五氧化二磷8～10千克/亩，氧化钾4～6千克/亩。为适应采棉机76厘米等行距采收要求，小麦、油菜采取宽窄行种植，收获后在宽行中间直播1行棉花，棉花呈76厘米等行距。小麦、油菜一般于10月下旬至11月上旬播种，最迟不宜晚于11月15日。棉花播种基础：一般于5月20日—5月30日播种，不晚于6月5日。使用基肥、旋耕、整地、播种一体机一次作业完成；因地施三元缓(控)释复混肥，每亩纯氮11～13千克、五氧化二磷2～4千克、氧化钾9～11千克，立足于生育期间少追肥或不追肥。结合小麦(油菜)灌浆期浇水，蓄足底墒；如播种时墒情不足，在播种机上增加补水设施，对于土壤质地黏重出苗困难的，示范推广播种机上增加客土盖种功能，改善墒情和发芽出苗条件。实行精量播种机按照设计密度单粒、双粒相间播种方法，出苗后成苗1～2株不再间、定苗。选择适宜的麦、油、棉品种：小麦以优质、高产、早熟、耐晚播、抗病虫、抗逆性强的品种为宜；油菜以优质、高产、耐晚播、抗寒、花期集中、顶端结角性、抗倒伏、抗逆性强的早熟、宜直播机收的甘蓝型“双低”油菜品种为宜；棉花以生育期105～120天，株高90厘米左右，第1果枝距地面15厘米以上，吐絮相对集中、吐絮畅不掉花、抗风性好，株型适中即不过于松散又不过于紧凑，对脱叶剂敏感具有集中自然落叶，优质高产抗病虫、抗逆性强，有利于提高机采效率和质量的品种为宜。综合多处试验示范结果，长江流域麦(油)后直播机采棉的适宜种植密度为5 000～7 000株/亩，如遇播种期推迟、株型偏紧凑等取种植密度上限，反之取种植密度下限。

二、棉田管理模式

搞好田间沟渠等排灌设施建设，提高排灌效果，按照平衡施肥、培肥地力、生态安全的原则，在增施有机肥、重施基肥、缓(控)释肥的基础上，力争生育期间不追肥或少追肥。通过化学调控预防和控制旺长，协调群体与个体生长发育矛盾。苗期(4～5片真叶)如有旺长趋势，每亩用缩节胺0.1～0.2克，兑水20～30千克，叶面喷洒；蕾期每亩用缩节胺0.5～1.0克，兑水30千克，叶面喷洒协调营养分配；初花期每亩用缩节胺1.5～2.0克，塑造理想株型，打顶后5～7天，每亩用缩节胺3～4克，控制无效花蕾。采用免整枝技术，中早熟棉品种种植密度为5 000～7 000株/亩、单株果枝8～10个，以7月中、下旬人工打顶，不宜晚于8月5日；化学封顶根据药效适当提前，示范氟节胺化学封顶技术。在新的种植模式下，病害防治，特别是棉花枯、黄萎病防治，要以抗病品种为基础，改善土壤生态条件及诱导棉株抗病性相结合的控制棉花枯、黄萎病危害的综合防治技术体系；改善后期田间通风透光条件，控制疫病，防止烂铃发生。特别注意调查防治盲蝽、红蜘蛛、三代棉铃虫、四代棉铃虫、斜纹夜蛾等，示范推广内吸性杀虫剂克百威与棉籽饼、新克黄枯液、锌硼钾钙氨基酸LD、磷酸一铵及氯化钾混合制成药、肥埋施的病虫防治新方法。

三、防治新方法

草害防治，在棉花播种前(或播种后)，用41%草甘膦异丙胺盐(20毫升/亩)喷洒地面，7月中旬视草情进行第2次行间防治。在采收前两周左右，当棉花自然吐絮率达50%～60%、日平均气温保持在20 ℃以上，即在10月初至10月中旬喷洒化学脱叶催熟剂，采用50%噻苯隆(40～60克/亩)与40%乙烯利(150～200毫升/亩)复配或高氯酸镁(150～180克/亩)与40%乙烯利(150～200毫升/亩)复配，脱叶催熟效果较好。

四、机械化作业模式

施肥、旋耕、播种等多功能一体机械化作业，必要时增加补充水分功能、客土盖种功能；中耕、培土、散墒、追肥管理机械，性能稳定，操作便利；田间喷药、喷肥、化调的机械化，向智能化、精准化发展；研制小(大)麦、油菜收获、秸秆粉碎、棉秆粉碎还田机械。培育、筛选适合麦(油)后直播、易于机采的棉花品种以及与机采相协调的种植方式、化学调控、水肥调节促进棉花集中结铃吐絮的栽培技术、脱叶催熟技术等，形成农机农艺配套、技术体系完备的机采棉标准化操作技术规程。研发作业便捷的小型采棉机械及其配套机械，提高机采棉采净率和棉花质量，确保机采效果。推广应用与机采棉相配套的各种机械设备，提高机采棉质量和投资回报率。

五、应用前景

我国是世界上最大的棉花生产国和消费国，也是最大的纺织品生产国与出口国。近几年来，受农村劳动力资源短缺等因素影响，长江流域棉区和黄河流域棉区植棉面积大幅减少，棉花生产安全受到一定威胁。而湖南洞庭湖滨湖植棉区因其独特的地理等条件，棉花年种植面积却稳中略升，维持在 20 万～24 万公顷；但棉花生产方式必将发生很大改变，如生产上将规模化，种植方式也将向油后机械直播发展。充分利用自然资源，与环境条件相匹配。小麦、油菜收获后，在 5 月中下旬至 6 月上旬播种棉花，温度适宜加快了棉花的生育进程；现蕾、开花、结铃集中在 6 月至 8 月，正是温度、光照、雨水的高值期，与棉花自身的生长发育高峰期同步，可充分利用环境条件，促进多结铃、结大铃。从抗逆性角度，直播棉根系发达，植株健壮，抗旱性显著提高；因直播棉生育进程较常规种植发生了较大变化，打破了病虫发生规律，病虫危害减轻；直播棉高密度种植吐絮集中，棉花成熟的一致性好，特别是适应了机械采收。棉花于 10 下旬到 11 月初收获后正是小麦、油菜的适播（栽）期，为麦（油）适期播种创造了良好条件。该模式不仅实现了周年内环境条件的充分利用，同时为作物轮作倒茬、耕作制度改革创造了条件，具有广阔的应用前景。该模式通过密植、化调等技术，将棉花群体吐絮高峰期调节在 10 月中下旬的 20 天左右，为机械采收、实现全程机械化创造了条件。同时，棉花实行麦（油）后直播，不仅减少了育苗移栽棉花 3 月下旬至 5 月中下旬 50 天左右的管理和投资，而且因麦（油）后直播棉集中成熟吐絮，群体生长期缩短，还会减少灌水、追肥、喷药等管理，从根源上解决原植棉方法用工多、投资大的难题，使棉花管理轻简化成为现实，适应农村劳动力转移新形势，增强棉花市场竞争力。《全国农业可持续发展规划（2015—2030 年）》明确指出了“确保国家粮食安全和主要农产品有效供给”的紧迫感、重要性和长期性。该模式种植制度改革，前、后茬作物以最佳方式种植，有利于粮（油）棉双丰收，促进土地等资源的高效利用、投资用工的高额回报，对确保粮食、棉花、油料的有效供给将发挥重要作用，推广应用前景广阔。

第五节　洞庭湖植棉区棉花生产全程机械化的实践

洞庭湖是我国重要的优质棉种植区域，也是湖南省主要植棉区。近年来，随着社会经济的发展，农村劳动力大量转移，致使湖南以及全国劳动力资源短缺、工价上涨。而湖南棉花种植又以营养钵育苗移栽的方式为主，从育苗到收获结束需要8个月，每亩用工20～24个，是水稻、玉米的3倍，小麦、油菜的4倍。费时耗工的生产方式导致植棉成本增加，植棉收益降低，棉农植棉积极性受挫，棉花生产形势不容乐观。但洞庭湖植棉区又因洞庭湖水位下降、种植习惯、重金属污染以及市场环境等条件影响，大豆、玉米和芝麻等作物难以成为本区域的优势作物，棉花在一定时期内难以被其他作物替代。因此，减轻劳动强度，提高植棉效益，实现棉花生产全程机械化是湖南棉花持续稳定发展的必然趋势。

一、国内外棉花机械化进展

棉花生产的根本出路在于机械化。1973年，美国实现了棉花生产全程机械化，随后澳大利亚等农业发达国家也相继实现全程机械化生产。目前，西班牙和希腊等中等农业发达国家的大部分棉花实行机械采摘；阿根廷和巴西等农业欠发达国家机械化应用发展也较快。我国棉花机械化起步较晚，但发展较快，其中新疆棉花生产机械化水平已接近世界先进国家水平。黄河流域棉区棉花生产机械化也得到快速发展；但长江流域棉区机械化程度较低，目前仅在播种、灌溉和植保上有所突破，而机械收花仍处在起始阶段。2012年，财政部和农业部(现农业农村部)启动了“长江、黄河流域棉区棉花采摘机械研制”重大行业计划，成功研制出适合长江、黄河流域棉区棉花机械采摘的中、小型样机。2013年和2014年，农业部(现农业农村部)在中国农业科学院棉花研究所分别召开了棉花机械化采摘收花现场观摩会，展示了采棉机的采收及清花、轧花和打包全过程，促进黄河流域棉区和长江流域棉区棉花生产机械化进程。

二、洞庭湖植棉区棉花全程机械化实践

借助国家现代农业产业技术体系棉花体系洞庭湖试验站和湖南省现代棉花产业技术体系两个平台，通过对洞庭湖植棉区气候特点、种植习惯及发展前景深入研

究，确定了湖南棉花生产全程机械化的总体思路，拟定了机采棉的初步标准，开展了大量先驱性实践工作。

（一）棉花全程机械化理论探索

1. 全程机械化思路

湖南棉花生产农户多、规模小、地块分散，并以种植杂交棉为主，棉花吐絮时间长，采收次数多，采收成本高。而 8 月至 9 月雨水较多，霉、烂铃较重，棉花采收不宜。因此，提出了"5 月中、下旬棉花油后直播-机械化中耕、施肥、除草-病虫害统防统治—调控与化学封顶-9 月下旬化学脱叶-10 月中旬棉铃集中吐絮，实现机械化一次性采收"的工作思路。

2. 机采棉初步标准

选择早熟品种(生育期 100～110 天)，株型紧凑，株高在 80～100 厘米，第一果节距地 20 厘米以上，适宜种植密度为 75 000～90 000 株/公顷，成铃吐絮集中，含絮力适中，对脱叶剂敏感，具有高产稳产、抗病抗逆等特性。

（二）棉花全程机械化实践探索

1. 棉花油后机械精准直播

经过几年的试验示范，目前，湖南省棉花机械精准直播技术已趋于成熟。2014 年 5 月，湖南省现代农业棉花产业技术体系在常德市鼎城区中河口镇东北湾村进行了棉花机械化直播示范，播种密度为 90 000 穴/公顷设计(每穴 1 粒种子)，通过旋耕施肥播种机一次性完成旋耕、播种、施基肥和覆土等多道工序，每天能播 10 公顷左右，空穴率低于 5%，平均每公顷可节约用工 4～6 个。通过机械化精准直播，大大提高了棉花播种效率。

2. 集中施肥

缓(控)释复合肥作为移栽肥一次性施入棉田，即可满足棉花整个生育期需要，达到集中施肥的目的。2010—2013 年，湖南省现代农业棉花产业技术体系对缓(控)释复合肥与普通复合肥施肥效果比较，发现缓(控)释复合肥与普通复合肥对棉株株高影响不大，但缓(控)释复合肥处理的平均籽棉产量高于普通复合肥处理 11.1%，平均每公顷省工 22.5 个。同时，缓(控)释复合肥可作为基肥，通过播种机在棉花播种时一次性施入。

3. 病虫害统防统治

病虫害统防统治是根据病虫测报对病虫进行及时有效的防治。2014 年，湖南棉花科学研究所对棉花病虫害统防统治进行了探究，主要采用机械化（小型飞机）作业，全年每公顷节约用工30个，物化成本降低20%左右，防治效果明显好于人工，而且操作人员可以远离农药危害。

4. 集中吐絮与机械收花

通过选用早熟品种，采取油后直播、增加密度、重度打顶、减氮增磷、化学催熟等技术集成，现初步实现集中成铃、吐絮，将棉花吐絮集中在20～25天内，达到了一次性收花的目标。2013年，湖南省现代农业棉花产业技术体系在常德召开了棉花集中收花现场会，通过小型收花器和人工采摘进行对比，发现小型收花器能减轻劳动强度，但是省工效果不明显。2014年10月，湖南省现代农业棉花产业技术体系在华容对湖南省棉花科学研究所培育的早熟、适合机采棉花新品种机采棉2号及引进品种中棉所60号的集中吐絮现场，采用美国约翰迪尔单行侧挂式采棉机采棉演示，现场采棉机采摘效果很好，每小时能采摘0.3～0.4公顷，采净率超过90%，比人工采收效率提高了近200倍。

5. 选用适宜的品种

目前洞庭湖植棉区主要种植杂交棉，这些品种株型高大、松散，生育期长，吐絮时间长，与机采要求差距过大。多年的机采棉品种筛选仍然没有找到真正适宜洞庭湖植棉区机械化生产的品种。如在熟性上，为协调洞庭湖植棉区“棉、油”两熟栽培耕作制度，湖南机械化植棉棉花吐絮必须集中在9月下旬至10月上旬近25天时间内，10月上旬前利用采摘机械一次性收花完成。从当前品种筛选的情况来看，各品种（系）吐絮时间至少需要30天，10月中下旬才能完成收花，影响了接茬作物正常直播。因此，品种审定部门应加强引导，选育出适宜机械化全程作业的常规棉品种。

6. 棉花防霉、烂铃技术

每年8月至9月，洞庭湖植棉区低温、阴雨天气增多，容易产生僵瓣花，霉铃、烂铃现象常见；同时，随着棉花种植密度加大，棉田荫蔽加重，棉花棉铃霉、烂增多。影响棉花产量和机械化采摘。目前，湖南省积极开展霉、烂铃影响因子调查，认为品种、密度、气候和虫害等因素影响着霉、烂铃的发生，但还未形成系统的防治措施。因此，应加强对株型紧凑、叶型偏小的品种（系）筛选，积极探究杀菌剂的防治效果，通过适当调整播期和肥控化调等栽培手段，摸索出一套合理的防治方案。

(三) 机械化推广

1. 机械本土化

机械采收是植棉全程机械化的最关键环节,是现代植棉的重要内容。目前,洞庭湖植棉区还没有适宜的植棉机械。因此,要在政府扶持下,根据洞庭湖植棉区地理条件,通过农机与农艺相结合,研制出适宜本棉区的具有自主知识产权的小型采棉机械;同时,要综合考虑对棉花机采后续清花、扎花和打包等机械设备的配套。

2. 土地流转

洞庭湖植棉区棉花生产农户多、规模小、地块分散,使得当地棉花生产和销售难以统一,限制了棉花生产的规模,也阻碍了棉花生产机械化进程。加大棉区土地流转力度,推进棉花生产向种植大户集中和转移,培养和发展棉花生产合作社,让棉花种植向适度规模化、集约化发展,是提高植棉规模、增加效益的有效途径。

3. 成立专业合作社

通过成立播种、植保、机收等机械化专业合作社,为棉农提供播种、田间管理、病虫害防治、化学控制、机械采摘、清理加工等服务。利用产业化经营,带动棉花机械化的发展。

参考文献

[1] 董合忠. 棉花轻简栽培的若干技术问题分析[J]. 山东农业科学,2013,45(4):115-117.

[2] 韩迎春,王国平,范正义,等. 麦后移栽棉不同时期喷施催熟剂对产量及品质的影响[J]. 中国棉花,2012,39(8):27-29.

[3] 董合忠,杨国正,田立文,等. 棉花轻简化栽培[M]. 北京:科学出版社,2016.

[4] Du X B,Chen B L,Shen T Y,et al. Effect of crop-ping system on radiation use efficiency in double-cropped wheat-cotton[J]. Field Crops Research,2015(170):21-31.

[5] 中国农业科学院棉花研究所. 中国棉花栽培学[M]. 上海:上海科学技术出版社,2013.

[6] 白岩,毛树春,田立文,等. 新疆棉花高产简化栽培技术评述与展望[J]. 中国农业科学,2017,50(1):38-50.

[7] Lu H Q,Dai J L,Li W J,et al. Yield and economic benefits of late planted short-season cotton versus full-season cotton relayed with garlic[J]. Field Crops Research,2017(200):80-87.

[8] 杨国正. 棉花油后免耕直播轻简高效种植技术研究初报[J]. 中国棉花,2009,36(9):27-28.

[9] 阳会兵,代英男,马一学,等. 短生长周期栽培对耐迟播棉花品种干物质积累的影响研究[J]. 激光生物学报,2018,27(2):12-18.

[10] 阳会兵,马一学,陈金湘,等. 种植方式与密度对油后棉生育特性及产量构成的影响[J]. 激光生物学报,2015,24(2):132-140.

[11] 王欣悦,刘爱玉,邹茜,等. 密度与播种期对直播棉生长发育和产量品质的影响[J]. 作物研究,2014,28(6):597-601.

[12] 管锋,谭旭生,李建彬,等.机采棉发展现状与湖南发展机采棉面临的困难和对策[J].中国种业,2014(10):20-21.
[13] 谢陈灵,李瑞莲,刘爱玉,等.栽培模式对棉花干物质生产和产量形成的影响[J].湖南农业大学学报,2018,44(3):240-243.
[14] 邹茜,刘爱玉,李瑞莲.不同药剂催熟对棉花脱叶和产量品质的影响[J].棉花科学,2015,37(4):25-29.
[15] 王欣悦,刘爱玉,邹茜,等.密度及施氮量对短季直播棉花产量和纤维品质的影响[J].棉花科学,2015,37(2):24-29.
[16] 王欣悦,刘爱玉,邹茜,等.栽培措施对棉花短季直播群体冠层结构和光合作用的影响[J].作物研究,2015,29(2):122-127.
[17] 阳会兵,马一学,陈金湘,等.棉花短季直播栽培模式对产量构成及纤维品质的影响[J].棉花学报,2016,28(2):160-169.
[18] 阳会兵,刘金仓,陈金湘,等.棉花短季直播栽培模式对其农艺性状及干物质积累分配的影响[J].激光生物学报,2016,25(6):564-571.
[19] 邹茜,刘爱玉,李瑞莲,等.棉花短季直播栽培与营养钵育苗移栽产量和效益比较研究[J].中国棉花,2014,41(8):32-35.
[20] 刘爱玉,李瑞莲,邹西,等.棉花油后直播集中吐絮栽培技术[J].湖南农业科学,2014,16(2):41-43.
[21] 李景龙,李飞,郭利双.棉花油后直播在湖南棉田生产机械化中的作用[J].湖南农业科学,2014(3):32-33,36.
[22] 李飞,李彩虹.洞庭湖植棉区棉花生产机械化及铃病防治[J].中国棉花,2014,41(10):31-32.
[23] 代英男.棉花短季栽培干物质积累及产量品质形成的研究[D].长沙:湖南农业大学,2016.
[24] 代英男,马一学,阳会兵,等.施氮量、种植密度和播种期对棉花干物质积累与分配的影响[J].作物研究,2015,29(5):489-492.
[25] 彭凡嘉,刘伟,孙国清,等.适合湖南省的机采棉花杂交种——省工棉2号[J].中国棉花,2014,41(11):23-24.
[26] 中国棉花杂志社.全国机采棉现场观摩暨中棉所棉花新品种展示会在河南安阳召开[J].中国棉花,2013,40(11):23-24.
[27] 肖才升,李育强,李庠,等.洞庭湖植棉区油后直播棉的发展前景探讨[J].中

国棉花,2013,40(11):21-22.

[28] 李育强,刘爱玉,李毅,等.湖南棉花生产现状及全程机械化发展思路[J].湖南农业科学,2013(21):94-97.

[29] 刘爱玉,陈金湘,李瑞莲.论长江流域棉花短季栽培[J].中国棉花,2014,41(2):7-10.

[30] Ghoname A A,Dawood M G,Riad G S,et al. Effect of nitrogen forms and biostimulants foliar application on the growth,yield and chemical composition of hot pepper grown under sandy soil conditions[J]. Research Journal of Agriculture and Biological Sciences,2009,5(5):840-852.

[31] Beednarz C W,Bridges D C,Brown S M. Analysis of cotton yield stability across population densities[J]. Agronomy Journal,2000,92(1):128-135.

[32] 马宗斌,李伶俐,谢德意,等.施肥与缩节胺配合对麦后直播夏棉光合特性及产量的影响[J].中国生态农业学报,2006,14(4):94-97.

[33] 李玉芳,李景龙,杨春安.洞庭湖棉区综合技术示范浅析[J].江西棉花,2011,33(S1):71-73.

[34] Bednarz C W,Shurley W D,Anthony W S,et al. Yield,quality,and profitability of cotton produced at varying plant densities[J]. Agronomy Journal,2005(97):235-240.

[35] Kong X Q,Li X,Li Z H,et al. Monoseeding improves stand establishment through regulation of apical hook formation and hypocotyl elongation in cotton[J]. Field Crops Research,2018,222:50-58.

[36] 杨长琴,张国伟,刘瑞显,等.种植密度和缩节胺调控对麦后直播棉产量和冠层特征的影响[J].棉花学报,2016,28(4):331-338.

[37] Stephenson D O,Barber T L,Bourland F M. Effect of twin-row planting pattern and plant density on cotton growth,yield,and fiber quality[J]. The Journal of Cotton Science,2011(15):243-250.

[38] 董合忠,杨国正,李亚兵,等.棉花轻简化栽培关键技术及其生理生态学机制[J].作物学报,2017,43(5):631-639.

[39] Dai J L,Li W J,Zhang D M,et al. Competitive yield and economic benefits of cotton achieved through a combination of extensive pruning and a reduced nitrogen fertilizer rate at high plant density[J]. Field Crops Research,2017

(209):65-72.

[40] Bednarz C W, Nichols R L. Phenological and morphological components of cotton crop maturity[J]. Crop Science, 2005(45):1497-1503.

[41] Xue H, Han Y, Li Y, et al. Spatial distribution of light interception by different plant population densities and its relationship with yield[J]. Field Crops Research, 2015(184):17-27.

[42] 邢芳芳,李亚兵,韩迎春,等. 棉花冠层光合有效辐射空间分布插值方法[J]. 棉花学报,2016,28(3):260-267.

[43] 姜伟丽,马艳,马小艳,等. 不同脱叶催熟剂在棉花上的应用效果[J]. 中国棉花,2013,40(10):11-14.

[44] 喻树迅,周亚立,何磊,等. 新疆兵团棉花生产机械化的发展现状及前景[J]. 中国棉花,2015,42(8):1-4,7.

[45] 杨成勋,张旺锋,徐守振,等. 喷施化学打顶剂对棉花冠层结构及群体光合生产的影响[J]. 中国农业科学,2016,49(9):1672-1684.

[46] 唐海明,陈金湘. 漂浮育苗移栽棉花的产量构成及生理特性初探[J]. 棉花学报,2008,20(2):148-150.

[47]李亚兵,韩迎春,冯璐,等. 我国棉花轻简化栽培关键技术研究进展[J]. 棉花学报,2017,29:80-88.

[48] 喻树迅,张雷,冯文娟. 快乐植棉——中国棉花生产的发展方向[J]. 棉花学报,2015,27(3):283-290.

[49] 罗宏海,赵瑞海,韩春丽,等. 缩节胺(DPC)对不同密度下棉花冠层结构特征与产量性状的影响[J]. 棉花学报,2011,23(4):334-340.

[50] 唐光木,徐万里,葛春辉,等. 喷施化学调控剂缩节胺、乙烯利对棉花植株氨挥发的影响[J]. 中国农业科学,2010,43(23):4862-4870.

[51] 马宗斌,房卫平,谢德意,等. 氮肥和 DPC 用量对棉花叶片叶绿素含量和 SPAD 值的影响[J]. 棉花学报,2009,21(3):224-229.

[52] Hua S J, Yuan S A, Shamsi I H, et al. A comparison of three isolines of cotton differing in fiber color for yield, quality, and photosynthesis[J]. Crop Science, 2009, 49(3):983-989.

[53] Pettigrew W T, Johnson J T. Effects of different seeding rates and plant growth regulators on early-planted cotton[J]. Journal of Cotton Science,

2005(9):189-198.

[54] Yang F Q, Du M W, Tian X L, et al. Plant growth regulation enhanced potassium uptake and use efficiency in cotton[J]. Field Crops Research, 2014(163):109-118.

[55] Mao L L, Zhang L Z, Zhao X H, et al. Crop growth, light utilization and yield of relay intercropped cotton as affected by plant density and a plant growth regulator[J]. Field Crops Research, 2014(155):67-76.

[56] Nichols S P, Snipes C E, Jones M A. Evaluation of row spacing and mepiquat chloride in cotton[J]. Journal of Cotton Science, 2003(7):148-155.

[57] 唐中杰,房卫平,孙玉堂.不同植物生长调节剂在棉花上的应用效果研究[J].中国农学通报,2006,22(2):179-181.

[58] 冯国艺,姚炎帝,杜明伟,等.缩节胺(DPC)对干旱区杂交棉冠层结构及群体光合生产的调节[J].棉花学报,2012,24(1):44-51.

[59] Siebert J D, Stewart A M. Influence of plant density on cotton response to mepiquat chloride application [J]. Agronomy Journal, 2006, 98(6):1634-1639.

[60] Biles S P, Cothren J T. Flowering and yield response of cotton to application of mepiquat chloride and PGR-IV[J]. Crop Science, 2001, 41(6):1834-1837.

[61] 邓小霞,江海澜,彭俊,等.缩节胺剂量对花铃期棉花生理特性的研究[J].石河子大学学报(自然科学版),2013,31(1):1-5.

[62] 王刚,张鑫,陈兵,等.缩节胺在新疆棉田化学调控上的应用[J].安徽农业科学,2015,43(23):49-50.

[63] 吴慧,王桂霞,刘晓飞,等.江苏地区施用"棉太金"对棉花产量和品质的影响[J].安徽农业科学,2012,40(29):14211-14212.

[64] 别墅,王孝纲,张教海,等.长江中游棉花轻简化栽培技术规范[J].湖北农业科学,2012,51(24):5603-5605.

[65] 黎芳,王希,王香茹,等.黄河流域北部棉区棉花缩节胺化学封顶技术[J].中国农业科学,2016,49(13):2497-2510.

[66] Wang L, Mu C, Du M W, et al. The effect of mepiquat chloride on elongation of cotton (*Gossypium hirsutum* L.) internode is associated with low concentration of gibberellic acid[J]. Plant Science, 2014, 225:15-23.

[67] Copur O, Demirel U, Karakus M, et al. Effects of several plant growth regulators on the yield and fiber quality of cotton (*Gossypium hirsutum* L.) [J]. Notulae Botanicae Horti Agrobotanici Cluj-Napoca, 2010, 38(3): 104-110.

[68] 李颖,陈金湘,李垚垚,等. 缩节胺在棉花上的应用概况[J]. 作物研究,2008,22(5):457-459.

[69] 高伟,张西岭. 长江流域棉花生产现状及“十三五”发展建议[J]. 中国棉花,2016,43(1):3-7.

[70] Rademacher W. Growth retardants: Effects on gibberellins biosynthesis and other metabolic pathways[J]. Annual Review of Plant Physiology and Plant Molecular Biology, 2000, 51: 501-531.

[71] 李永山,董哲生,张建诚,等. 山西省棉区棉花促早熟集成避霜技术研究[J]. 中国生态农业学报,2005,13(1):85-87.

[72] 沈法富,喻树迅,范术丽,等. 不同短季棉品种生育进程中主茎叶内源激素的变化动态[J],中国农业科学,2003,36(9):1014-1019.

[73] 刘涛,文启凯,田长彦,等. 调控技术对棉花干物质积累、养分吸收的影响[J]. 新疆农业科学,2005,42(3):154-157.

[74] 束红梅,郭书巧,巩元勇,等. 油菜素内酯对 NaCl 胁迫下棉花叶片生理特征和基因表达谱的影响[J]. 应用生态学报,2016,27(1):1-5.

[75] 李伶俐,谢德义,马宗斌,等. 麦后直播短季棉不同群体光合特性及产量研究[J]. 河南农业大学学报,2005(3):239-242.

[76] 王国英,吴亚宏,羿国香. 湖北短季棉麦后直播不同密度试验[J]. 江西棉花,2010,32(3):19-22.

[77] 王孝纲,刘章勇,荣义华,等. 麦后棉种植模式的特点及关键栽培技术研究[J]. 湖北农业科学,2011,50(9):1741-1744.

[78] 荣义华,付永红,闫显惠,等. 鄂北棉区麦后移栽棉的实践与思考[J]. 湖北农业科学,2010,49(4):810-812.

[79] 范向阳,梅金安,翟中兵,等. 密度和施氮量对麦后直播棉产量及其结构的影响[J]. 湖北农业科学,2012,51(11):2186-2189.

[80] 羿国香,段银庭,王琪娥,等. 不同密度麦后直播棉生育特性与经济效益分析[J]. 湖北农业科学,2013,52(13):2996-2998.

[81] 马宗斌,严根土,刘桂珍,等. 氮肥分施比例对黄河滩地棉花叶片生理特性、干

物质积累及产量的影响[J]. 植物营养与肥料学报,2013,19(5):1092-1101.
[82] 杨长琴,张国伟,刘瑞显,等. 氮肥运筹对麦后直播棉产量与氮素利用的影响[J]. 中国生态农业学报,2016,24(12):1607-1613.
[83] MILROY S P,BANGE M E. Nitrogen and light responses of cottonphotosynthesis and implications for crop growth[J]. Crop Science, 2003(43):904 -913.
[84] ROCHESTER I J,PEOPLES M B,HULUGALLE NR,et al. Using legumes to enhance nitrogen fertility and improve soil condition in cotton cropping systems[J]. Field Crops Research,2001,70(1):27-41.
[85] BAUER P J,ROOF M E. Nitrogen,aldicarb,and cover cropeffects on cotton yield and fiber properties[J]. Agronomy Journal,2004,96:369-376.
[86] 杨长琴,刘瑞显,杨富强. 长江下游棉区适宜麦后直播棉品种筛选[J]. 江苏农业科学,2013,41(8):81-83.
[87] 张国伟,杨长琴,倪万潮,等. 施氮量对麦后直播棉氮素吸收利用的影响[J]. 应用生态学报,2016,27(1):157-164.
[88] Ju X T,Xing G X,Chen X P,et al. Reducing environmental risk by improving N management in intensive Chinese agricultural systems[J]. Proceedings of the National Academy of Sciences of the United States of America, 2009,106(9):3041-3046.
[89] Yang G Z,Tang H Y,Nie Y C,et al. Responses of cotton growth,yield,and biomass to nitrogen split application ratio[J]. European Journal of Agronomy,2011,35(3):164-170.
[90] 杨长琴,刘瑞显,郭文琦,等. 麦棉两熟不同种植方式棉花生育特性及产量构成[J]. 江苏农业学报,2011,27(5):944-949.
[91] 马一学,阳会兵,陈金湘,等. 棉花种植方式和密度效应研究[J]. 作物研究,2014,28(3):269-271,275.
[92] 冯邦杰. 短季棉中棉所 50 不同种植密度试验研究[J]. 现代农业科技,2016(3):13-14.
[93] 张丽娟,夏绍南,崔爱花,等. 几种棉花脱叶催熟剂在鄱阳湖棉区的应用效果初探[J]. 江西农业学报,2013(5):16-18.
[94] 喻树迅. 我国短季棉 50 年产量育种成效研究与评价[J]. 棉花学报,2005,17

(4):232-239.
[95] 曹鹏,羿国香.湖北省短季棉优质高产技术研究的回顾与展望[J].棉花科学,2016,38(3):37-42.
[96] 曹鹏,羿国香,杨艳斌,等.短季棉油后直播高产栽培技术试验[J].中国农技推广,2015,31(5):36-37.
[97] 喻树迅,张存信.中国短季棉概论[M].北京:中国农业出版社,2003.
[98] 喻树迅,王寒涛,魏恒玲,等.棉花早熟性研究进展及其应用[J].棉花学报,2017,29(Sl):1-10.
[99] 赵会薇,李悦有,翟黎芳,等.超早熟短季棉品种的选育[J].河北农业科学,2012,16(12):49-51,55.
[100] 董合忠,郭庆正,李维江,等.短季棉栽培[M].济南:山东科学技术出版社,1995.
[101] 任桂杰,陈永哲,董合忠,等.棉花花芽分化及部分内源激素变化规律的研究[J].西北植物学报,2000,20(5):847-851,903.
[102] 喻树迅,黄祯茂.我国短季棉生产现状与发展前景[J].中国棉花,1989,16(2):6-8.
[103] 任桂杰,董合忠,陈永喆,等.棉花花芽分化时期茎尖内源激素的变化[J].西北植物学报,2002,22(2):113-118.
[104] Wickland D P, Hanzawa Y. The FLOWERING LOCUS T/TER-MINAL FLOWER 1 gene family: functional evolution and Molecular mechanisms [J]. Molecular Plant,2015,8(7):983-997.
[105] Wang J W. Regulation of flowering time by the miR156-medi-ated age pathway[J]. Journal of Experimental Botany,2014,65(17):4723-4730.
[106] Chen L G, Zhang L P, Yu D Q. Wounding-induced WRKY8 is involved in-basal defense in Arabidopsis [J]. Molecular Plant-Mi-crobe Interactions,2010,23(5):558-565.
[107] 王清连,李飞,孙润润,等.内源激素与microRNAs对陆地棉花芽分化的调控机制研究[C]//中国农学会棉花分会2016年年会论文汇编.安阳:中国棉花杂志社,2016.
[108] Wang Q L, Li F, Sun R R, et al. Study on the regulation machanism flower bud differentiation by endogenous hormones and microRNAs in Gossypium

hirsutum L. [C]// The 2016 Annual Conference of China Agricultural Association Cotton Section, Anyang: China Cotton Magzine House, 2016.
[109] 何钟佩. 作物激素生理及化学控制[M]. 北京:中国农业大学出版社, 1997.
[110] He Z P. Hormonal physiology and chemical controloffieldcrop[M]. Beijing: China Agricultural University Press, 1997.
[111] 承泓良, 喻树迅. 陆地棉早熟性遗传研究进展[J]. 棉花学报, 1994, 6(1): 9-15.
[112] Cheng H L, Yu S X. Studies on the earliness inheretance of upland cottons (*Gossypium hirsutum* L.) [J]. Cotton Science, 1994, 6(1): 9-15.
[113] Kobayashi Y, Weigel D. Move on up, it's time for change mobile signals controlling photoperiod-dependent flowering [J]. Genes & Development, 2007, 21(19): 2371-2384.
[114] 张盼, 范术丽, 宋美珍, 等. 陆地棉开花相关基因 GhFLP 1 的克隆与功能验证[J]. 棉花学报, 2016, 28(3): 199-207.
[115] Zhang P, Fan S L, Song Me Z, et al. Cloning and functional analysis of the flowering-related gene GhFLP1 from up land cotton (*Gossypium hirsutum* L.) [J]. Cotton Science, 2016, 28(3): 199-207.
[116] Nowak G A, Czapla J. Response of soybean to gibberellin A3 application under conditions of high boron availability[J]. Journal of Plant Nutrition, 1995, 18(10): 2179-2190.
[117] Zhang D M, Luo Z, Liu S H, et al. Effects of deficit irrigation and plant density on the growth, yield and fiber quality of irrigated cotton[J]. Field Crops Research, 2016, 197: 1-9.
[118] 王聪聪, 张晓红, 王小艳, 等. 陆地棉开花相关基因 GhFLP5 的表达及功能分析[J]. 中国农业科学, 2017, 50(12): 2220-2233.
[119] Wang C C, Zhang X H, Wang X Y, et al. The expression patterns and function analysis of GhFLP5, a gene related to flowering in upland cotton (*Gossypium hirsutum* L.) [J]. Scientia Agricultura Sinica, 2017, 50 (12): 2220-2233.
[120] Ma Z, He S, Wang X, et al. Resequencing a core collection of upland cotton identifies genomic variation and loci influencing Fiber quality and yield[J].

Nature Genetics,2018,50(6):803-813.

[121] Li L,Zhao S,Su J,et al. High-density genetic linkage map construction by F2 populations and QTL analysis of early-maturitytraits in upland cotton (*Gossypium hirsutum* L.)[J/OL]. PLoSONE, 2017, 12 (8): e0182918. (2017-08-15) [2018-03-20] doi:10. 1371/journol. pone. 018298.

[122] Su J,Pang C,Wei H,et al. Identification of favorable SNP alleles and candidate genes for traits related to early maturity via GWAS in upland cotton [J]. Bmc Genomics,2016,17(1):687.

[123] 代建龙,董合忠,段留生. 棉花盐害的控制技术及其机理[J]. 棉花学报,2010,22(5):486-494.

[124] 喻树迅,姚穆,马峙英,等. 快乐植棉[M]. 北京:中国农业科学技术出版社,2015.

[125] 崔秋红. 利用 RILs 进行棉花早熟和纤维品质性状的 QTL 定位研究[D]. 武汉:华中农业大学,2011.

[126] Guo Y,Mc Carty J C,Jenkins J N,et al. Genetic detection of node of first fruiting branch in crosses of a cultivar with two exotic accessions of upland cotton[J]. Euphytica,2009,166(3):317-329.

[127] Li C Q,Song L,Zhao H H,et al. Identification of quantitative trait loci with main and epistatic effects for plant architecture traits in upland cotton (*Gossypium hirsutum* L.) [J]. Plant Breeding,2014,133(3):390-400.

[128] Jia X Y,Pang C Y,Wei H L,et al. High-density linkage map construction and QTL analysis for earliness-related traits in *Gossypium hirsutum* L. [J]. BMC Genomics,2016,17(1):909.

[129] Su J J,Pang C Y,Wei H L,et al. Identification of favorable SNP alleles and candidate genes for traits related to early maturity via GWAS in upland cotton[J]. BMC Genomics,2016,17(1):687.

[130] 顾超,李超,李晓波,等. 海岛棉 GbMFT1 基因的克隆及表达分析[J]. 作物学报,2013,39(8):1391-1399.

[131] Li C,Zhang Y N,Zhang K,et al. Promoting flowering,lateral shoot outgrowth,leaf development,and flower abscission in to bacco plants overexpressing cotton FLOWERING LOCUS T(FT)-like gene GhFT1[J]. Fron-

tiers in plant science,2015(6):454.
[132] Li F G,Fan G Y,Lu C R,et al. Genome sequence of cultivated upland cotton (Gossypium hirsutum TM-1) provides insights into genome evolution [J]. Nature Biotechnol,2015,33(5):524-530.
[133] 眭书祥,朱青竹,冯恒文,等. 适应不同种植模式早熟棉花品种的选育与应用[J]. 中国农学通报,2011,27(S1):222-225.
[134] 陈金湘,萨摩尔 S D. 墨西哥棉花种质资源及其对世界棉花生产的贡献[J]. 棉花学报,1999,11(4):213-219.
[135] 董合忠,李维江,张旺锋,等. 轻简化植棉[M]. 北京:中国农业出版社,2018.
[136] 董建军,代建龙,李霞,等. 黄河流域棉花轻简化栽培技术评述[J]. 中国农业科学,2017,50(22):4290-4298.

图书在版编目（CIP）数据

棉花轻简化短季直播栽培技术研究 / 阳会兵，周仲华，杨俊兴著．-- 湘潭 ：湘潭大学出版社，2019.9
ISBN 978-7-5687-0359-8

Ⅰ．①棉… Ⅱ．①阳… ②周… ③杨… Ⅲ．①棉花－栽培技术－研究 Ⅳ．① S562

中国版本图书馆 CIP 数据核字（2019）第 209641 号

棉花轻简化短季直播栽培技术研究

MIANHUA QINGJIANHUA DUANJI ZHIBO ZAIPEI JISHU YANJIU

阳会兵 周仲华 杨俊兴 著

责任编辑：王利剑　丁立松
装帧设计：张丽莉
出版发行：湘潭大学出版社
社　　址：湖南省湘潭大学工程训练中心
电　　话：0731-58298960 0731-58298966（传真）
邮　　编：411105
网　　址：http://press.xtu.edu.cn/
印　　刷：长沙印通印刷有限公司
经　　销：湖南省新华书店
开　　本：710 mm×1000 mm 1/16
印　　张：14.5
字　　数：265 千字
版　　次：2019 年 9 月第 1 版
印　　次：2019 年 9 月第 1 次印刷
书　　号：ISBN 978-7-5687-0359-8
定　　价：46.00 元